C语言 >>
从入门到精通

王　征　李晓波◎著

中国铁道出版社有限公司
CHINA RAILWAY PUBLISHING HOUSE CO., LTD.

内容简介

本书从最基本的C语言概念入手，由浅入深，以典型实例、综合实例剖析讲解，一步一步引导初学者掌握C语言知识。本书共15章，其中，第1～5章是基础篇；第6～14章是提高篇；第15章是综合案例实战篇，即通过对手机销售管理系统的编写，使初学者提高对C语言编程的综合认识，并真正掌握编程的核心思想及技巧，从而学以致用。

在讲解过程中既考虑读者的学习习惯，又通过具体实例剖析讲解C语言编程中的热点问题、关键问题及种种难题。

本书适合于大中专学校的师生、有编程梦想的初高中生阅读，更适合于培训机构的师生、编程爱好者、初中级程序员、程序测试及维护人员阅读研究。

图书在版编目（CIP）数据

C语言从入门到精通/王征，李晓波著.—北京：中国铁道出版社有限公司，2020.1

ISBN 978-7-113-26393-5

Ⅰ.①C… Ⅱ.①王… ②李… Ⅲ.①C语言一程序设计 Ⅳ.①TP312.8

中国版本图书馆CIP数据核字（2019）第244617号

书　　名：C语言从入门到精通
作　　者：王　征　李晓波

责任编辑：张亚慧　　**读者热线电话：**010-63560056
责任印制：赵星辰　　**封面设计：**宿　萌

出版发行：中国铁道出版社有限公司（100054，北京市西城区右安门西街8号）
印　　刷：三河市宏盛印务有限公司
版　　次：2020年1月第1版　2020年1月第1次印刷
开　　本：787 mm×1 092 mm　1/16　**印张：**20　**字数：**400千
书　　号：ISBN 978-7-113-26393-5
定　　价：69.00元

PREFACE
前　言

对大部分程序员来说，C语言是学习编程的第一门语言，很少有不了解C语言的程序员。

C语言除了能让读者了解编程的相关概念，带读者走进编程的大门，还能让读者明白程序的运行原理，比如，计算机的各个部件是如何交互的，程序在内存中是一种怎样的状态，操作系统和用户程序之间有着怎样的“爱恨情仇”。这些底层知识决定了读者的发展高度，也决定了读者的职业生涯。

如果读者希望成为出类拔萃的人才，而不仅仅是码农，那么这些知识就是不可或缺的。读者也只有学习C语言，才能更好地了解它们。有了足够的基础，以后学习其他语言，会触类旁通，很快上手。

C语言概念少，词汇少，包含了基本的编程元素，后来的很多语言（C++、Java等）参考了C语言，说C语言是现代编程语言的开山鼻祖毫不夸张，它改变了编程世界。

正是由于C语言简单，其学习成本小，时间短，所以初学者结合本教程能够快速掌握编程技术。

本书结构

本书共15章，具体章节安排如下。

- 第1章：讲解C语言编程的基础知识，如C语言的历史、基本特征、优缺点，以及搭建C语言开发环境、编写C语言程序等。
- 第2～5章：讲解C语言编程的常量和变量，基本数据类型，运算符，类型转换，代码编写注意事项，选择结构，循环结构，基本输出与输入等。
- 第6～10章：讲解C语言编程的函数、数组、字符串、指针、编译预处理、内存管理等。
- 第11～14章：讲解C语言编程的结构体、位域、枚举、共用体、用户定义类型、文件操作、线性表以及栈和队列等。
- 第15章：通过手机销售管理系统综合案例，讲解C语言编程的实战方法与技巧。

本书特色

本书的特色归纳如下。

（1）实用性：本书首先着眼于C语言编程中的实战应用，然后探讨深层次的技巧问题。

（2）详尽的例子：本书附有大量的例子，通过这些例子介绍知识点。每个例子都是作者精心选择的，初学者反复练习，做到举一反三，就可以真正掌握C语言编程中的实战技巧，从而学以致用。

（3）全面性：本书包含了C语言编程中的所有知识，分别是C语言基础知识、搭建C语言开发环境、基本数据类型、运算符、类型转换、代码编写注意事项、选择结构、循环结构、基本输出与输入、函数、数组、字符串、指针、编译预处理、内存管理、结构体、位域、枚举、共用体、用户定义类型、文件操作、线性表以及栈和队列等。

本书适合的读者

本书适合于大中专学校的师生、有编程梦想的初高中生阅读，更适合于培训机构的师生、编程爱好者、初中级程序员、程序测试及维护人员阅读研究。

创作团队

本书由王征、李晓波编写，如下人员对本书的编写提出过宝贵意见并参与了部分编写工作：周凤礼、周俊庆、张瑞丽、周二社、张新义、周令、陈宣各。

由于时间仓促，加之水平有限，书中的缺点和不足之处在所难免，敬请读者批评指正。

编者

2019年11月

目 录

CONTENTS

第 1 章 C 语言程序设计快速入门 / 1

1.1 初识 C 语言 / 2

1.1.1 C 语言是其他编程语言的母语 / 2

1.1.2 C 语言是系统编程语言 / 2

1.1.3 C 语言的历史 / 2

1.1.4 C 语言的基本特征 / 3

1.1.5 C 语言的优缺点 / 4

1.2 搭建 C 语言开发环境 / 5

1.2.1 C 语言的集成开发环境概述 / 5

1.2.2 Dev-C++ 的下载 / 6

1.2.3 Dev-C++ 的安装 / 7

1.2.4 第一次启动的简单设置 / 9

1.3 编写 C 语言程序 / 10

1.3.1 新建源代码文件 / 10

1.3.2 编写代码并保存 / 11

1.3.3 编译运行 / 12

1.3.4 C 语言程序执行流程 / 13

第 2 章 C 语言程序设计的初步知识 / 15

2.1 常量和变量 / 16

2.1.1 常量 / 16

2.1.2 变量与赋值 / 17

2.2 基本数据类型 / 19

2.2.1 整型 / 20

2.2.2 浮点型 / 21

2.2.3 字符型 / 22
2.3 运算符 / 25
2.3.1 算术运算符 / 25
2.3.2 赋值运算符 / 26
2.3.3 位运算符 / 28
2.4 自增(++)和自减(--) / 31
2.5 数据类型的转换 / 32
2.5.1 自动的类型转换 / 32
2.5.2 强制的类型转换 / 33
2.6 C 语言的代码编写注意事项 / 34

第 3 章 C 语言的选择结构 / 35

3.1 if...else 语句 / 36
3.1.1 if...else 语句的一般格式 / 36
3.1.2 实例：奇偶数判断 / 36
3.1.3 实例：游戏登录判断系统 / 37
3.2 多个 if...else 语句 / 39
3.2.1 实例：成绩评语系统 / 40
3.2.2 实例：每周学习计划系统 / 42
3.3 关系运算符 / 43
3.3.1 关系运算符及意义 / 44
3.3.2 实例：求一元二次方程的根 / 44
3.3.3 实例：企业奖金发放系统 / 45
3.4 逻辑运算符 / 47
3.4.1 逻辑运算符及意义 / 47
3.4.2 实例：判断是否是闰年 / 47
3.4.3 实例：输入 3 个数并显示最大的数 / 48
3.4.4 实例：剪刀、石头、布游戏 / 49
3.5 嵌套 if 语句 / 50
3.5.1 嵌套 if 语句的一般格式 / 50
3.5.2 实例：判断一个数是否是 2 或 3 的倍数 / 51
3.5.3 实例：判断正负数 / 52

3.6 条件运算符和条件表达式 / 53

3.7 switch 语句 / 53

3.7.1 switch 语句的一般格式 / 54

3.7.2 实例：根据输入的数显示相应的星期几 / 54

3.7.3 实例：根据输入的年份和月份显示该月有多少天 / 55

第 4 章 C 语言的循环结构 / 57

4.1 while 循环 / 58

4.1.1 while 循环的一般格式 / 58

4.1.2 实例：利用 while 循环显示 26 个小写字母 / 58

4.1.3 实例：随机产生 10 个随机数并打印最大的数 / 59

4.1.4 实例：求 s=a+aa+aaa+……+aa...a 的值 / 60

4.1.5 实例：猴子吃桃问题 / 60

4.2 do-while 循环 / 61

4.2.1 do-while 循环的一般格式 / 62

4.2.2 实例：利用 do-while 循环显示 26 个大写字母及对应的 ASII 码 / 62

4.2.3 实例：计算 1+2+3+……+100 的和 / 63

4.2.4 实例：阶乘求和 / 63

4.3 for 循环 / 64

4.3.1 for 循环的一般格式 / 64

4.3.2 实例：显示 100 之内的奇数 / 64

4.3.3 实例：分解质因数 / 65

4.3.4 实例：小球反弹的高度 / 66

4.4 循环嵌套 / 67

4.4.1 实例：显示 9*9 乘法表 / 67

4.4.2 实例：显示国际象棋棋盘 / 68

4.4.3 实例：绘制？号的菱形 / 69

4.4.4 实例：斐波那契数列 / 70

4.4.5 实例：杨辉三角 / 71

4.4.6 实例：弗洛伊德三角形 / 72

4.5 break 语句 / 73

4.6 continue 语句 / 75

第 5 章 C 语言的基本输出与输入 / 77

5.1 初识输出与输入 / 78
5.2 putchar() 函数 / 78
5.2.1 实例：显示字符及对应的 ASCII 码 / 78
5.2.2 实例：利用 while 循环显示 10 个数字及 ASCII 码 / 79
5.3 getchar() 函数 / 80
5.3.1 实例：输入什么字符，就显示什么字符及对应的 ASCII 码 / 80
5.3.2 实例：判断输入的字符是什么类型 / 81
5.4 printf() 函数 / 82
5.4.1 printf() 函数的语法格式 / 82
5.4.2 数字的格式化输出 / 83
5.4.3 利用格式化控制输入变量值的宽度和对齐方式 / 84
5.4.4 实例：用 * 号输出字母 C 的图案 / 85
5.5 scanf() 函数 / 86
5.5.1 scanf() 函数的语法格式 / 86
5.5.2 数字和字符的格式化输入 / 86
5.5.3 实例：回文数 / 89
5.5.4 实例：求 1!+2!+3!+……+n! 的和 / 90
5.5.5 实例：求两个正整数的最大公约数和最小公倍数 / 91
5.5.6 实例：根据输入的字母显示星期几 / 92

第 6 章 C 语言的函数 / 95

6.1 初识函数 / 96
6.1.1 函数的重要性 / 96
6.1.2 库函数的运用 / 96
6.2 常用的库函数 / 96
6.2.1 math.h 头文件中的常用库函数 / 97
6.2.2 float.h 头文件中的常用库宏 / 98
6.2.3 limits.h 头文件中的常用库宏 / 99
6.2.4 ctype.h 头文件中的常用库函数 / 101
6.3 自定义函数 / 103
6.3.1 函数的定义 / 103

6.3.2 函数调用 / 104
6.3.3 函数调用的 3 种方式 / 105
6.3.4 函数的参数 / 106
6.3.5 递归函数 / 109
6.4 局部变量和全局变量 / 110
6.5 实例：计算一个数为两个质数之和 / 112
6.6 实例：年龄问题的解决 / 114

第 7 章 C 语言的数组 / 117

7.1 初识数组 / 118
7.1.1 数组的定义 / 118
7.1.2 数组内存是连续的 / 118
7.1.3 数组的初始化 / 119
7.2 数组元素的访问 / 119
7.2.1 实例：利用数组元素的索引显示 6×4 行矩阵 / 119
7.2.2 实例：利用 for 循环显示数组中的元素 / 120
7.2.3 实例：利用随机数为数组赋值并显示 / 121
7.3 二维数组 / 122
7.3.1 二维数组的定义 / 122
7.3.2 二维数组的初始化 / 123
7.3.3 二维数组元素的访问 / 123
7.4 判断某数是否在数组中 / 125
7.5 函数在数组中的应用 / 126
7.5.1 把数组作为参数传给函数 / 127
7.5.2 函数的返回值是数组 / 128
7.6 数组中元素的排序 / 129
7.6.1 冒泡排序 / 129
7.6.2 选择排序 / 131
7.6.3 插入排序 / 132

第 8 章 C 语言的字符串 / 135

8.1 初识字符串 / 136

8.1.1 字符串常量 / 136
8.1.2 字符数组 / 136
8.2 字符数组和字符串的显示 / 137
8.2.1 实例：字符数组元素的显示 / 137
8.2.2 实例：字符串的显示 / 138
8.3 字符串长度与字符串在内存中的长度 / 139
8.4 字符串的输入函数 / 140
8.4.1 实例：利用 scanf() 函数实现字符串的输入 / 140
8.4.2 实例：利用 getchar() 函数实现字符串的输入 / 141
8.4.3 实例：利用 gets() 函数实现字符串的输入 / 142
8.5 字符串的输出函数 / 142
8.5.1 实例：利用 putchar() 函数显示字符串 / 143
8.5.2 实例：利用 puts() 函数显示字符串 / 143
8.6 字符串数组 / 144
8.7 字符串处理的常用库函数 / 145
8.8 字符串运用实例 / 147
8.8.1 实例：字符串的截取 / 147
8.8.2 实例：字符串的排序 / 148
8.8.3 实例：字符串首尾倒置 / 149
8.8.4 实例：字符串中的汉字倒置 / 150
8.8.5 实例：删除字符串右边的空格 / 151
8.8.6 实例：删除字符串左边的空格 / 151
8.8.7 实例：汉字和字母的个数 / 152
8.8.8 实例：动态输入 5 个单词并排序 / 153

第 9 章 C 语言的指针 / 155
9.1 初识指针 / 156
9.1.1 什么是地址 / 156
9.1.2 指针变量 / 157
9.1.3 指针变量的赋值 / 157
9.1.4 指针变量的输出 / 158
9.1.5 引用指针变量中的变量 / 159

9.1.6 指向指针变量的指针变量 / 160
9.2 指针的移动 / 161
9.2.1 指针的递增 / 161
9.2.2 指针的递减 / 162
9.2.3 指针的减法运算 / 163
9.2.4 指针的比较 / 164
9.3 指针与函数 / 165
9.3.1 指针变量作为函数的形式参数 / 165
9.3.2 函数的返回值是指针变量 / 166
9.4 指针与数组 / 167
9.5 指针与字符串 / 169
9.6 指针数组 / 170
9.7 实例：输入不同的数字显示不同的月份 / 171

第 10 章 C 语言的编译预处理和内存管理 / 173
10.1 初识编译预处理 / 174
10.2 宏定义 / 175
10.2.1 不带参数的宏定义 / 175
10.2.2 带参数的宏定义 / 176
10.2.3 预定义宏 / 178
10.2.4 预处理器的运算符 / 179
10.3 文件包含 / 180
10.3.1 文件包含的格式 / 181
10.3.2 文件包含的运用 / 181
10.4 条件编译 / 183
10.4.1 #if 命令 / 183
10.4.2 #ifdef 命令 / 184
10.4.3 #ifndef 命令 / 185
10.5 实例：编写一个带参数的宏，实现两个数的交换 / 186
10.6 内存管理 / 187
10.6.1 内存动态分配常用库函数 / 187
10.6.2 动态分配内存 / 188

10.6.3 重新调整内存的大小和释放内存 / 189

第 11 章 C 语言的复合结构 / 193

11.1 初识结构体 / 194

11.1.1 结构体的定义 / 194

11.1.2 结构体变量的定义 / 194

11.1.3 结构体变量的赋初值 / 195

11.1.4 结构体变量的输出 / 195

11.2 结构体数组 / 196

11.2.1 显示结构体数组中的元素 / 197

11.2.2 求所有职工的工资总和及平均工资 / 198

11.2.3 显示所有男性职工的信息及其平均工资 / 199

11.2.4 显示工资大于平均工资的职工信息 / 200

11.3 结构体与指针 / 201

11.4 结构体作为函数的形式参数 / 205

11.5 位域 / 206

11.5.1 位域的定义 / 206

11.5.2 位域变量的定义 / 207

11.5.3 位域变量的赋初值 / 207

11.5.4 位域变量的输出 / 208

11.5.5 无名位域 / 209

11.6 枚举 / 209

11.6.1 枚举的定义 / 210

11.6.2 枚举变量的定义 / 210

11.6.3 枚举变量的赋初值并显示 / 211

11.6.4 遍历枚举元素 / 212

11.6.5 实例：选择喜欢的颜色 / 212

11.7 共用体 / 214

11.7.1 共用体的定义 / 214

11.7.2 共用体变量的定义 / 215

11.7.3 输出共用体成员变量 / 215

11.8 用户定义类型 / 217

第 12 章 C 语言的文件操作 / 219

12.1 初识文件 / 220

12.1.1 C 的源程序文件和执行文件 / 220

12.1.2 C 程序中的数据文件 / 220

12.1.3 输入和输出缓冲区 / 221

12.1.4 C 程序中的文件指针和位置指针 / 221

12.2 创建文件 / 222

12.2.1 在当前目录中创建文件 / 222

12.2.2 在当前目录的子文件夹中创建文件 / 223

12.2.3 在当前目录的上一级目录中创建文件 / 225

12.2.4 利用绝对路径创建文件 / 226

12.3 打开文件并写入内容 / 227

12.3.1 利用 fputc() 函数向文件中写入内容 / 227

12.3.2 利用 fputs() 函数向文件中写入内容 / 229

12.3.3 利用 fprintf() 函数向文件中写入内容 / 231

12.4 读出文件中的内容 / 235

12.4.1 利用 fgetc() 函数读出文件中的内容 / 235

12.4.2 利用 fgets() 函数读出文件中的内容 / 236

12.4.3 利用 fscanf() 函数读出文件中的内容 / 237

12.5 二进制文件 / 238

12.5.1 创建和打开二进制文件 / 238

12.5.2 向二进制文件中写入内容 / 240

12.5.3 读取二进制文件中的内容 / 241

12.6 文件的定位函数 / 243

12.6.1 rewind() 函数 / 243

12.6.2 fseek() 函数 / 243

第 13 章 C 语言的线性表 / 245

13.1 初识线性表 / 246

13.1.1 线性表的前驱和后继 / 246

13.1.2 线性表的特征 / 246

13.2 顺序表 / 246

13.2.1 什么是顺序表 / 246
13.2.2 顺序表的初始化 / 247
13.2.3 向顺序表中插入数据元素 / 248
13.2.4 删除顺序表中的数据元素 / 250
13.2.5 查找顺序表中的数据元素 / 252
13.2.6 修改顺序表中的数据元素 / 253
13.3 链表 / 255
13.3.1 链表概述 / 255
13.3.2 链表的定义及初始化 / 256
13.3.3 向链表中插入数据元素 / 259
13.3.4 删除链表中的数据元素 / 261
13.3.5 查找链表中的数据元素 / 262
13.3.6 修改链表中的数据元素 / 263

第 14 章 C 语言的栈和队列 / 265

14.1 初识栈 / 266
14.2 顺序栈 / 266
14.2.1 顺序栈的定义与初识化 / 266
14.2.2 向顺序栈中添加数据元素 / 266
14.2.3 利用 for 循环向顺序栈中添加字符并显示 / 268
14.2.4 删除顺序栈中的数据元素 / 269
14.3 链栈 / 271
14.3.1 链栈的定义与初识化 / 271
14.3.2 向链栈中插入数据元素 / 271
14.3.3 显示链栈中的数据元素 / 272
14.3.4 删除链栈中的数据元素 / 273
14.4 初识队列 / 274
14.5 顺序队列 / 275
14.5.1 顺序队列的定义与初识化 / 275
14.5.2 向顺序队列中添加数据元素并显示 / 275
14.5.3 删除顺序队列中的数据元素 / 276
14.5.4 顺序队列中的溢出现象 / 278

14.5.5 循环队列 / 278

14.6 链队列 / 280

14.6.1 链队列的定义与初识化 / 280

14.6.2 向链队列中插入数据元素并显示 / 280

14.6.3 删除链队列中的数据元素 / 281

第 15 章 手机销售管理系统 / 283

15.1 手机销售管理系统主程序 / 284

15.2 增加手机信息 / 286

15.3 显示全部手机信息 / 288

15.4 保存手机信息 / 289

15.5 读取手机信息 / 292

15.6 查找手机信息 / 293

15.6.1 利用价格查询手机信息 / 294

15.6.2 利用编号查询手机信息 / 294

15.6.3 利用库存数量查询手机信息 / 294

15.6.4 利用手机名查询手机信息 / 295

15.6.5 调用各种查询函数实现分类查找功能 / 295

15.6.6 查找手机信息效果 / 296

15.7 购买手机功能 / 299

15.8 删除手机信息 / 301

第1章

C 语言程序设计快速入门

C语言是一门面向过程、抽象化的通用程序设计语言，广泛应用于底层开发，即直接与硬件设备（如驱动程序、内核）进行交互。由于C语言所产生的代码运行速度与汇编语言编写的代码运行速度几乎一样，所以采用C语言作为系统开发语言。

本章主要内容包括：

- C语言是其他编程语言的母语
- C语言是系统编程语言
- C语言的历史、基本特征、优缺点
- 搭建C语言开发环境
- 编写C语言程序
- C语言程序执行流程

1.1 初识 C 语言

C 语言为什么被称为编程语言的母语？为什么是系统编程语言？其发展历史、基本特征、优缺点又是怎样的呢？下面进行具体讲解。

1.1.1 C 语言是其他编程语言的母语

C 语言被认为是所有当前编程语言的母语，因为大多数编译器、JVM、Kernals 等用 C 语言编写，大多数编程语言遵循 C 语言语法，例如，C++、Java 等。

C 语言提供了诸如数组、函数、文件处理等核心概念，被用于许多语言，如 C++、Java、Python 等。

1.1.2 C 语言是系统编程语言

C 语言是一种系统编程语言，因为它可以用于执行低级编程。它通常用于创建硬件设备、OS、驱动程序、内核等。例如，Linux 内核是用 C 语言编写的。

C 语言描述问题比汇编语言迅速，工作量小、可读性好，易于调试、修改和移植，而代码质量与汇编语言相当。C 语言一般只比汇编语言代码生成的目标程序效率低 10% ~ 20%。

> **提醒：**C 语言不能用于互联网编程，即不能像 Java、ASP.net、PHP 等那样编程 Web 应用程序。

1.1.3 C 语言的历史

1963 年，剑桥大学将 ALGOL 60 语言发展成为 CPL(Combined Programming Language) 语言。

1967 年，剑桥大学的 Matin Richards 对 CPL 语言进行了简化，于是产生了 BCPL 语言。

1969 年，美国贝尔实验室的 Ken Thompson 将 BCPL 进行了修改，提炼出它的精华，并为它起了一个有趣的名字“B 语言”，并且他用 B 语言写了第一个 UNIX 操作系统。

1973 年，美国贝尔实验室的 Dennis.M.Ritchie 在 B 语言的基础上最终设计出了一种新的语言，他取了 BCPL 的第二个字母作为这种语言的名字，即 C 语言。

为了使 UNIX 操作系统推广，1977 年，Dennis M.Ritchie 发表了不依赖于具体机器系统的 C 语言编译文本《可移植的 C 语言编译程序》，即著名的 ANSI C。

1978 年，由 AT&T（美国电话电报公司）贝尔实验室正式发表了 C 语言。同时 Brian W.Kernighan 和 Dennis M.Ritchie 出版了名著《The C Programming Language》一书。通常简称为《K&R》，也有人称之为《K&R》标准。但是，在《K&R》中并没有定义一个完整的标准 C 语言，后来由美国国家标准协会（American National Standards Institute，ANSI）在此基础上制定了一个 C 语言标准，于 1983 年发表。通常称之为 ANSI C。从而使 C 语言成为目前世界上流行最广泛的高级程序设计语言。

1.1.4 C 语言的基本特征

C 语言的基本特征有 4 个，分别是高级语言、结构式语言、跨平台、使用指针，如图 1.1 所示。

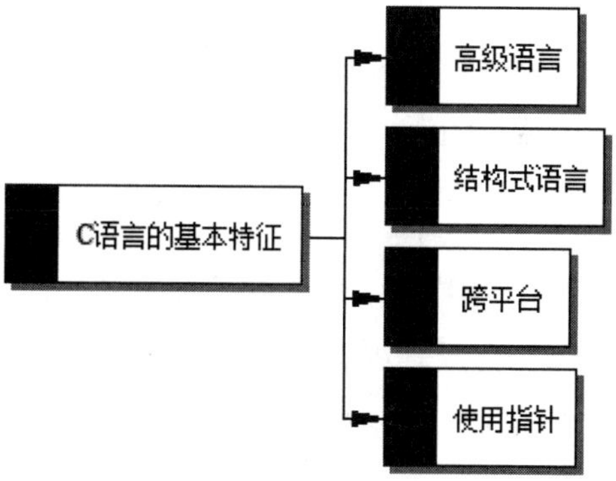

图 1.1 C 语言的基本特征

1. 高级语言

C 语言是把高级语言的基本结构、语句与低级语言的实用性结合起来的工作单元。

2. 结构式语言

结构式语言的显著特点是代码及数据的分隔化，即程序的各个部分除了必要的信息交流外彼此独立。这种结构化方式可使程序层次清晰，便于使用、维护以及调试。

C 语言是以函数形式提供给用户的，这些函数可方便地调用，并具有多种循环、条件语句控制程序流向的特点，从而使程序完全结构化。

3. 跨平台

由于标准的存在，使得几乎同样的 C 代码可用于多种操作系统，如 Windows、Linux、Unix 等，另外也适用于多种机型。C 语言对编写需要进行硬件操作的场合，优于其他高级语言。

4. 使用指针

C 语言可以直接进行硬件的操作，但是 C 的指针操作不做保护，也给它带来了很多不安全的因素。C++ 在这方面做了改进，在保留了指针操作的同时又增强了安全性，受到了一些用户的支持，但是，由于这些改进增加了语言的复杂度，也为另一部分用户所诟病。Java 则吸取了 C++ 的教训，取消了指针操作，也取消了 C++ 改进中一些备受争议的地方，在安全性和适合性方面均取得良好的效果，但其本身解释在虚拟机中运行，运行效率低于 C++/C。一般而言，C、C++、Java 被视为同一系的语言，它们长期占据程序使用榜的前三名。

1.1.5 C 语言的优缺点

C 语言的优点主要表现在 6 个方面，具体如下：

1. 简洁紧凑、灵活方便

C 语言一共只有 32 个关键字，9 种控制语句，程序书写形式自由，区分大小写。C 语言可以像汇编语言一样对位、字节和地址进行操作，而这三者是计算机最基本的工作单元。

2. 运算符丰富

C 语言的运算符包含的范围很广泛，共有 34 种运算符。C 语言把括号、赋值、强制类型转换等都作为运算符处理。从而使 C 语言的运算类型极其丰富，表达式类型多样化。灵活使用各种运算符可以实现在其他高级语言中难以实现的运算。

3. 数据类型丰富

C 语言的数据类型有：整型、实型、字符型、数组类型、指针类型、结构体类型、共用体类型等。能用来实现各种复杂的数据结构的运算，并引入了指针概念，使程序效率更高。

4. 表达方式灵活实用

C 语言提供多种运算符和表达式值的方法，对问题的表达可通过多种途径获得，其程序设计更主动、灵活。其语法限制不太严格，程序设计自由度大，如对整型量与字符型数据及逻辑型数据可以通用，等等。

5. 允许直接访问物理地址，对硬件进行操作

C 语言允许直接访问物理地址，可以直接对硬件进行操作，因此它既具有高级语言的功能，又具有低级语言的许多功能，能够像汇编语言一样对位（bit）、字节和地址进行操作。

6. 可移植性好

C 语言在不同机器上的 C 编译程序，86% 的代码是公共的，所以 C 语言的编译程序便于移植。在一个环境中用 C 语言编写的程序，不改动或稍加改动，即可移植到另一个完全不同的环境中运行。

C 语言的缺点主要表现在两个方面，具体如下：

第一，数据的封装性。这一点使得 C 在数据的安全性上有很大缺陷，这也是 C 和 C++ 的一大区别。

第二，C 语言的语法限制不太严格，对变量的类型约束不严格，影响程序的安全性，对数组下标越界不作检查，等等。从应用的角度，C 语言比其他高级语言较难掌握。也就是说，对用 C 语言的人，要求对程序设计更熟练。

1.2 搭建 C 语言开发环境

搭建 C 语言开发环境，即安装 C 语言编译器或者安装 C 语言的集成开发环境（Integrated Development Environment，IDE）。C 语言在 PC 三大主流平台（Windows、Linux 和 OS X）都可以使用。在这里只讲解 C 语言在 Windows 操作系统下的开发环境配置。

1.2.1 C 语言的集成开发环境概述

在 Windows 操作系统下，C 语言集成开发环境非常多，如 Dev-C++、Visual Studio、Visual C++ 6.0、Turbo C 等。

1. Dev-C++

Dev-C++ 是 Windows 环境下的一个适合于初学者使用的轻量级 C/C++ 集成开发环境（IDE）。它是一款自由软件，遵守 GPL 许可协议分发源代码。它集合了 MinGW 中的 GCC 编译器、GDB 调试器和 AStyle 格式整理器等诸多自由软件。原开发公司 Bloodshed 在开发完 4.9.9.2 后停止开发，所以现在由 Orwell 公司继续更新开发，最新版本：5.11。

Dev-C++ 是全国青少年信息学奥林匹克竞赛（National Olympiad in Informatics，NOI）和全国青少年信息学奥林匹克联赛（National Olympiad in Informatics in Provinces，NOIP）等比赛的指定工具。NOI、NOIP 都是奥林匹克竞赛的一种，参加者多为高中生，获奖者将被保送到名牌大学或者得到高考加分资格。

Dev-C++ 的优点是体积小（只有几十兆），安装和卸载方便，学习成本低，缺点是调试功能弱。

2. Visual Studio

Visual Studio 是目前最流行的 Windows 平台应用程序的集成开发环境，是美国微软公司的开发工具，也是商业开发中使用的 IDE。为了适应最新的 Windows 操作系统，微软每隔一段时间就会对 Visual Studio 进行升级。Visual Studio 的不同版本以发布年份命名，例如，Visual Studio 2008 是微软于 2008 年发布的，Visual Studio 2017 是微软于 2017 年发布的。

需要注意的是，Visual Studio 非常庞大（光安装包就有 3G 左右），并且对计算机的硬件要求很高，这样造成很多计算机无法安装该集成开发环境，所以对初学者来说，不推荐使用。

3. Visual C++ 6.0

Visual C++ 6.0 是 Microsoft 公司推出的以 C/C++ 语言为基础的开发 Windows 环境程序，面向对象的可视化集成编程系统。它具有程序框架自动生成，灵活方便的类管理，代码编写和界面设计集成交互操作，可开发多种程序等优点。

需要注意的是，Visual C++ 6.0 是 1998 年的产品，太老了，在 Win 7、Win 8、Win 10 下会有各种各样的兼容性问题，甚至根本不能运行，所以不推荐使用。

4. Turbo C

Turbo C 是一个快捷、高效的编译程序，同时还是一个易学、易用的集成开发环境，但它是一款古老的、DOS 年代的 C 语言开发工具，程序员只能使用键盘来操作 Turbo C，不能使用鼠标，所以非常不方便，也不推荐使用。

1.2.2 Dev-C++ 的下载

在浏览器的地址栏中输入“https://sourceforge.net/projects/orwelldevcpp”，然后回车，进入 Dev-C++ 的下载页面，如图 1.2 所示。

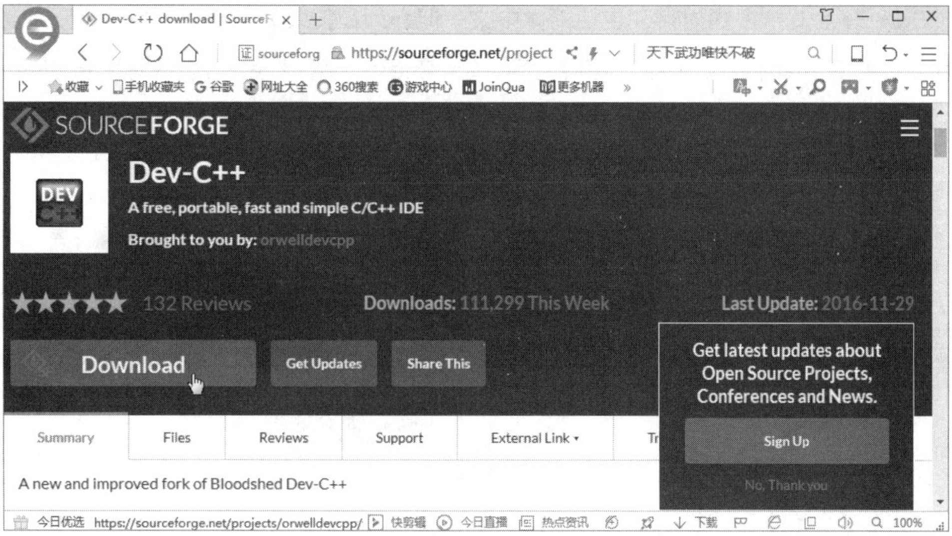

图 1.2　Dev-C++ 的下载页面

单击“Download”按钮，就会弹出“新建下载任务”对话框，如图 1.3 所示。

单击“下载”按钮，就开始下载，下载完成后，即可在桌面看到 Dev-Cpp 5.11 安装文件图标，如图 1.4 所示。

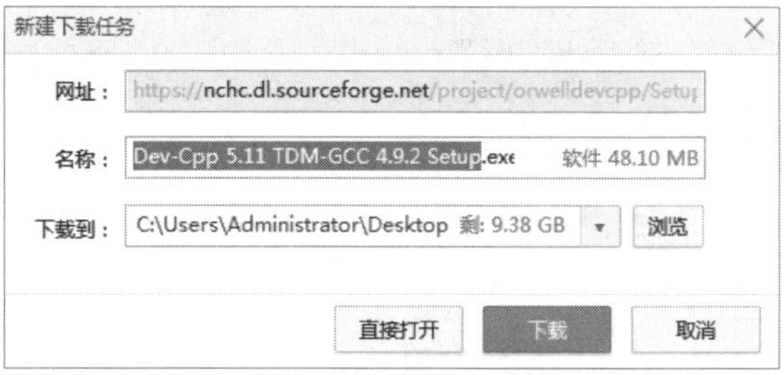

图 1.3　“新建下载任务”对话框

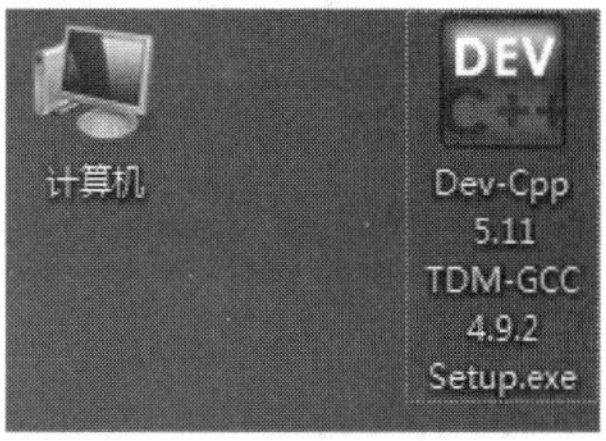

图 1.4　桌面上的安装文件图标

1.2.3　Dev-C++ 的安装

Dev-Cpp 5.11 安装文件下载成功后，双击桌面上的安装文件图标，弹出选择安装语言对话框，如图 1.5 所示。

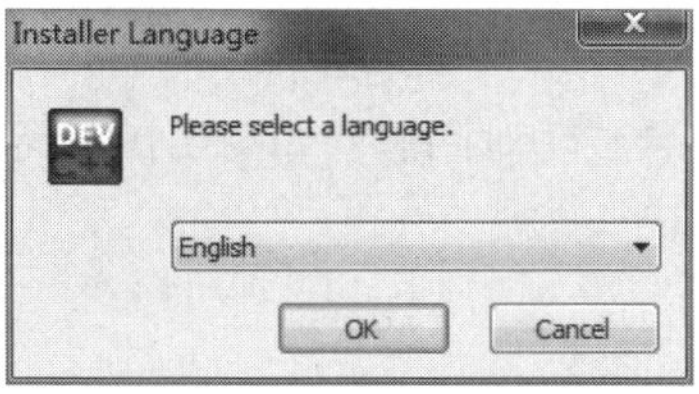

图 1.5　选择安装语言对话框

Dev C++ 支持多国语言，包括简体中文，但必须在安装完成以后才能设置，在安装过程中不能使用简体中文，所以这里选择英文（English），然后单击“OK”按钮，进入同意条款对话框，如图 1.6 所示。

然后单击“I Agree”按钮，进入选择要安装的组件对话框，如图 1.7 所示。

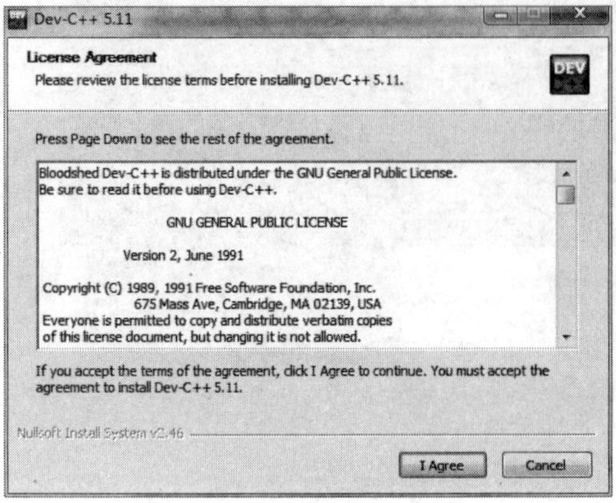

图 1.6　同意条款对话框

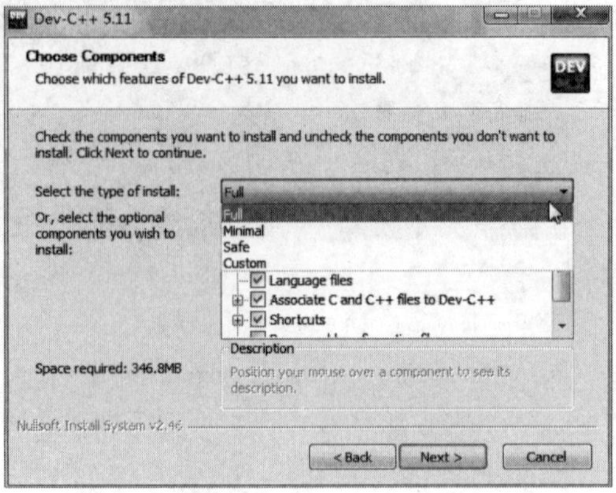

图 1.7　选择要安装的组件对话框

在这里选择“Full”，即选择所有组件，然后单击“Next”按钮，即可选择 Dev-C++ 的安装位置，如图 1.8 所示。

在这里安装到“E:\Dev-Cpp”中，然后单击“Install”按钮，就开始安装 Dev-C++，并显示安装进度提示对话框，如图 1.9 所示。

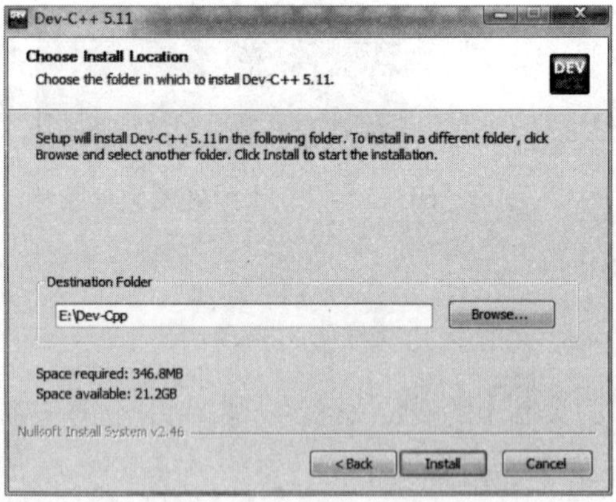

图 1.8　Dev-C++ 的安装位置

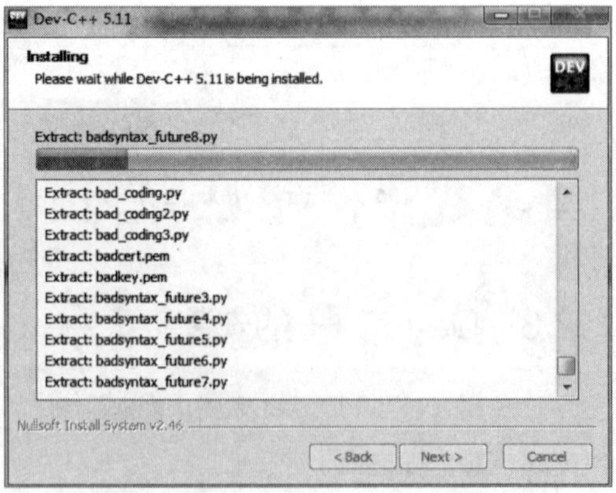

图 1.9　安装进度提示对话框

安装完成后，就会显示安装成功对话框，如图 1.10 所示。

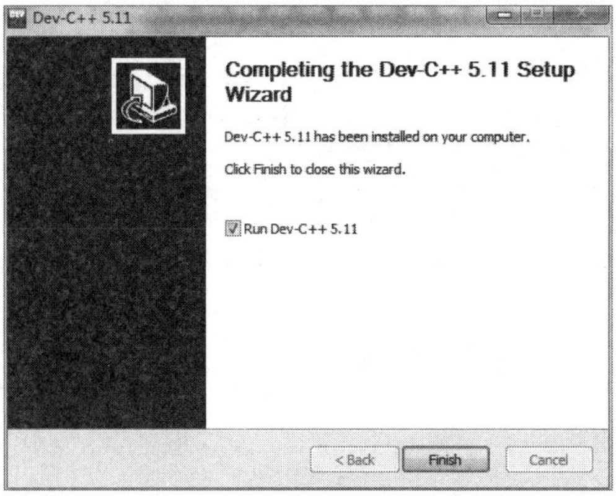

图 1.10　安装成功对话框

单击“Finish”按钮，整个程序安装完毕。

1.2.4　第一次启动的简单设置

Dev-C++ 安装成功后，即可在桌面上看到 Dev-C++ 的桌面快捷图标，如图 1.11 所示。

双击桌面快捷图标，即可打开 Dev-C++ 集成开发环境，注意，如果是第一次打开，就需要进行简单的配置，包括设置语言、字体和主题风格。第一次打开首先要设置的是语言，在这里选择“简体中文”，如图 1.12 所示。

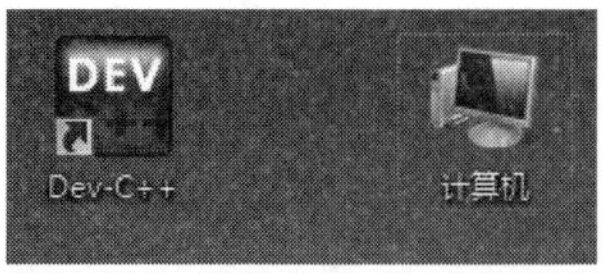

图 1.11　Dev-C++ 的桌面快捷图标

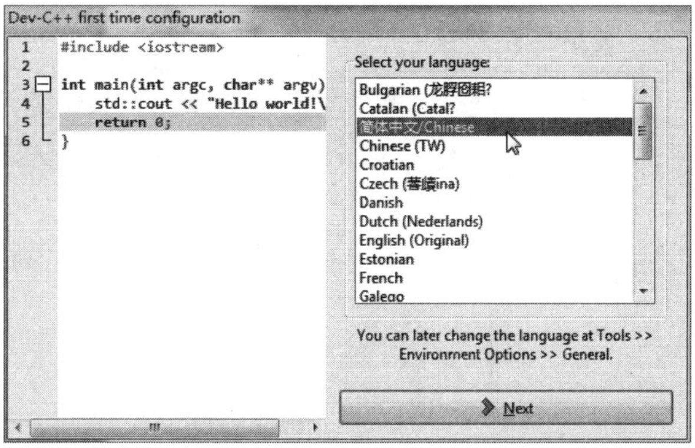

图 1.12　设置语言为“简体中文”

然后单击“Next”按钮，即可选择字体和主题风格，如图 1.13 所示。

在这里采用默认，然后单击“Next”按钮，即可看到 Dev-C++ 已设置成功，如图 1.14 所示。

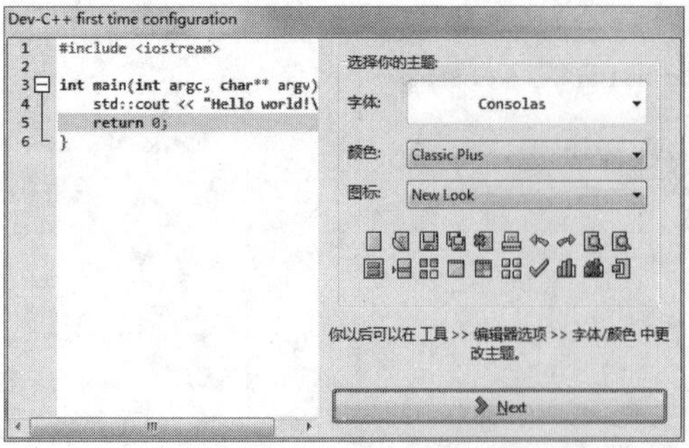

图 1.13　选择字体和主题风格

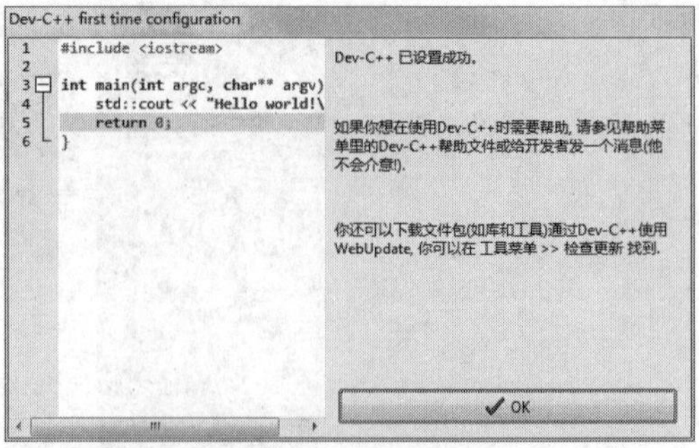

图 1.14　Dev−C++ 已设置成功

Dev−C++ 设置成功后，单击“OK”按钮即可。

1.3　编写 C 语言程序

C 语言开发环境搭建成功后，下面就来编写 C 语言程序。依照传统，学习一门语言，写的第一个程序都叫“Hello World！”，因为这个程序所要做的事情就是显示“Hello World！”。

1.3.1　新建源代码文件

双击桌面快捷图标，即可打开 Dev−C++ 集成开发环境，如图 1.15 所示。

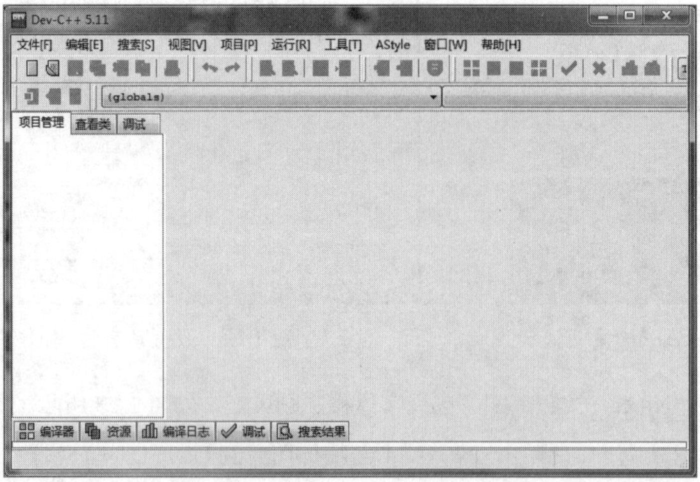

图 1.15　Dev−C++ 集成开发环境

下面来新建 C 语言编程文件。单击菜单栏中的“文件”菜单，弹出下一级菜单，选择“新建”，又弹出子菜单，如图 1.16 所示。

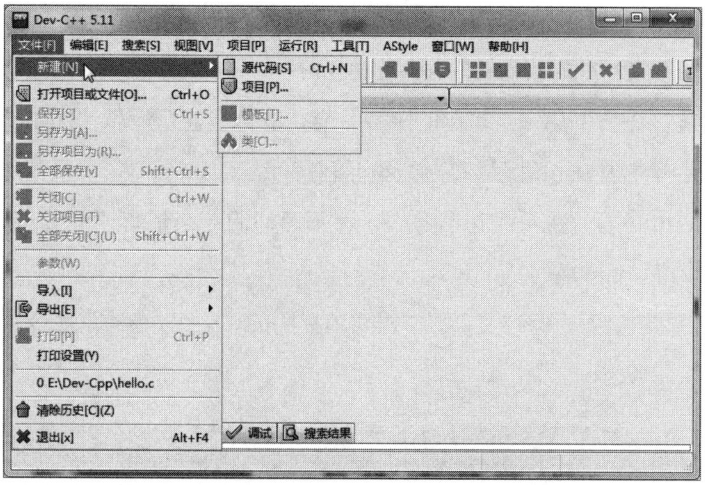

图 1.16　弹出子菜单

在弹出的子菜单中，单击“源代码”命令，即可新建一个源代码文件，如图 1.17 所示。

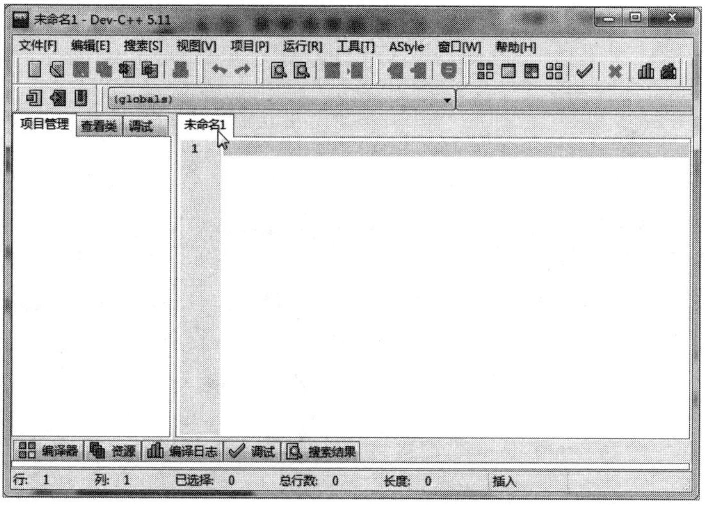

图 1.17　新建一个源代码文件

1.3.2　编写代码并保存

这样就可以在源代码文件中编写 C 语言程序，具体代码如下：

```
#include<stdio.h>
int main()
{
printf("Hello world!") ;
return 0 ;
}
```

下面来解释上述代码。

#include <stdio.h> 是预处理器指令，告诉 C 语言编译器在实际编译之前要包含

stdio.h 头文件。

int main() 是主函数，即程序开始执行的位置。

printf(...) 是 C 语言中另一个可用的函数，会在屏幕上显示消息“Hello World!”。

return 0 是指终止 main() 函数，并返回值 0。

另外，函数体必须放在一对花括号内，每个语句的结束都有“;”，因为这是 C 语言编程语句的结束符号。

在运行代码之前，要先保存文件。单击菜单栏中的“文件 / 保存”命令，弹出“保存为”对话框，如图 1.18 所示。

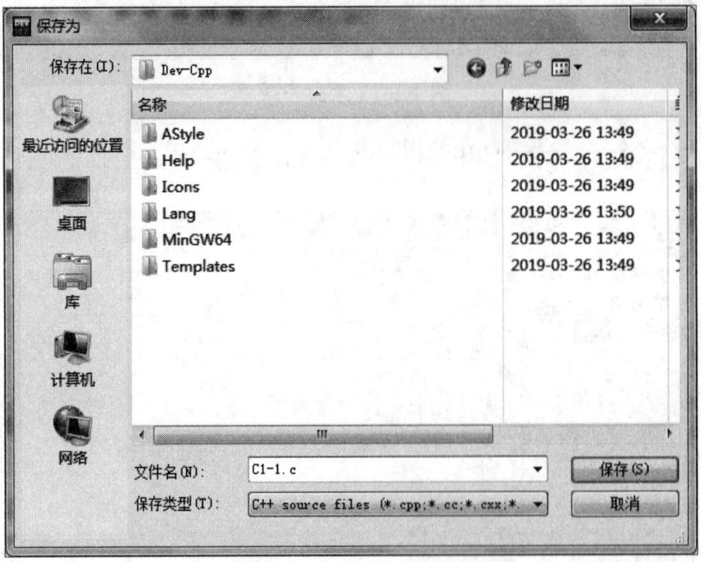

图 1.18　“保存为”对话框

在这里保存位置为 Dev-C++ 的安装位置，即“E:\Dev-Cpp”，文件名为“C1-1.c”，设置完成后，单击“保存”按钮即可。

1.3.3　编译运行

编写代码并保存后，即可进行编译。单击菜单栏中的“运行 / 编译”命令（快捷键：F9），即可编译代码，如图 1.19 所示。

在这里可以看到文件名、编译器名、C编译器及命令，还可以看到编译结果，即错误个数、警告个数、输出文件名、输出文件大小及编译时间。

> **提醒：**C 语言代码由固定的词汇按照固定的格式组织起来，简单直观，程序员容易识别和理解，但是对于计算机的 CPU 来说，C 语言代码就是天书，根本不认识，CPU 只认识几百个二进制形式的指令。这就需要一个工具，将 C 语言代码转换成 CPU 能够识别的二进制指令，也就是将代码加工成 .exe 程序。该工具是一个特殊的软件，叫作编译器（Compiler）。编译器能够识别代码中的词汇、句子以及各种特定的格式，并将它们转换成计算机能够识别的二进制形式，这个过程称为编译（Compile）。

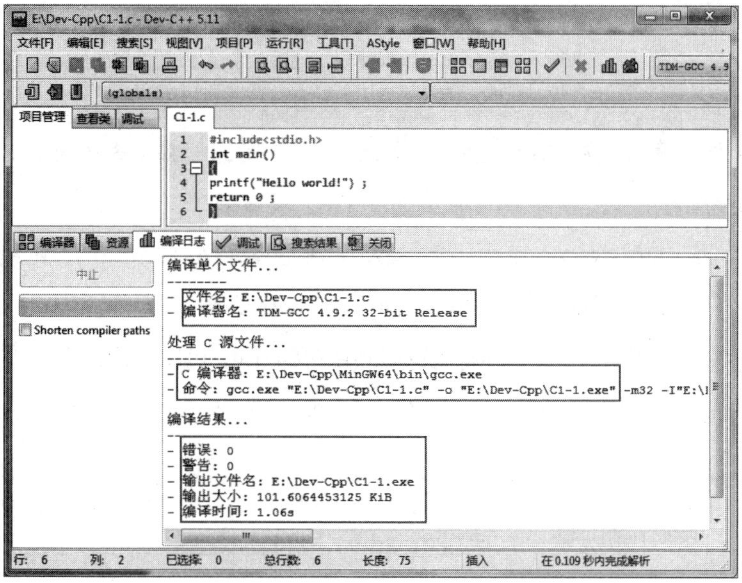

图 1.19 编译代码

编译没有错误，即可运行。单击菜单栏中的“运行 / 运行”命令（快捷键：F10），就可以运行代码，如图 1.20 所示。

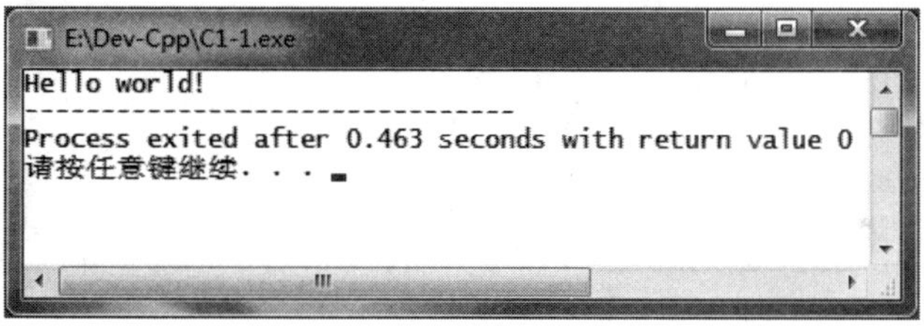

图 1.20 运行代码

提醒：编译成功后，C 语言代码就编译出来可执行文件（二进制形式），这样计算机的 CPU 就可以计算可执行文件，然后把计算结果显示出来，这个过程就是程序的运行。

1.3.4 C 语言程序执行流程

前面编写一个简单的 C 语言程序，然后编译运行。下面来具体讲解 C 语言程序执行流程。

第一步，C 语言程序，即源代码文件，首先发送到预处理器（preprocessor）。预处理器负责将预处理指令转换成各自的值。预处理器生成扩展的源代码（Expanded source code）。

> **提醒：** 预处理器是程序中处理输入数据，产生能用来输入其他程序的数据的程序。输出被称为输入数据预处理过的形式，常用在之后的程序比如编译器中。所作处理的数量和种类依赖于预处理器的类型，一些预处理器只能够执行相对简单的文本替换和宏展开，而另一些则有着完全成熟的编程语言的能力。C 预处理器是采用以“#”为开头的包含文件。

第二步，将扩展源代码 (Expanded source code) 发送给编译器 (Compiler)，编译代码并将其转换为汇编代码。

第三步，汇编代码 (Assembly code) 被发送到汇编器 (Assembler)，汇编代码将其转换成目标代码，即二进制代码。现在生成一个 C1-1.obj 文件。

第四步，目标代码 (Object code) 被发送到连接器 (Linker)，连接到库，例如头文件。然后将其转换为可执行代码。将生成一个 C1-1.exe 文件。

> **提醒：** 连接器（Linker）是一个程序，将一个或多个由编译器或汇编器生成的目标文件外加库连接为一个可执行文件。

第五步，可执行代码发送到加载器 (Loader)，将其加载到内存中，然后利用计算机的 CPU 进行计算执行。执行后，输出将发送到控制台，即显示器或打印机等。

第2章

C 语言程序设计的初步知识

每门编程语言都有自己的语法结构，如常量和变量的定义，基本数据类型，运算符，数据类型转换，等等。虽然大同小异，但各有特点，本章就来讲解C语言程序设计的初步知识。

本章主要内容包括：

- 常量和变量
- 整型、浮点型和字符型
- 算术运算符、赋值运算符和位运算符
- 自增 (++) 和自减 (--)
- 自动的类型转换
- 强制的类型转换
- C语言的代码编写注意事项

2.1 常量和变量

在 C 语言编程中，用户可以让计算机进行数值计算、图片显示、语音聊天、播放视频、发送邮件、图形绘制以及做任何其可以想象到的事情。要完成这些任务，程序需要使用数据，任何数据对用户都呈现常量和变量两种形式。

提醒： 计算机要处理的数据是以二进制的形式存放在内存中的。将 8 比特（Bit）称为一字节（Byte），并将字节作为最小的可操作单元。

2.1.1 常量

常量是指程序在运行时其值不能改变的量。常量不占内存，在程序运行时它作为操作对象直接出现在运算器的各种寄存器中。

提醒： 寄存器是中央处理器（CPU）内的组成部分。寄存器是有限存储容量的高速存储部件，可用来暂存指令、数据和地址。

1. 常量的类型

在 C 语言中，常量有 6 种类型，具体如下：

（1）整型常量，如 10、20、−10、−650 等。

（2）实数或浮点常量，如 10.2、50.8、−450.8 等。

（3）八进制常量，如 021、033、−059 等。

（4）十六进制常量，如 0xaa、0x87、−0xb2 等。

（5）字符常量，如 'a''w''p' 等。

（6）字符串常量，如 "good""C""C++" 等。

2. 常量的表示方法

在 C 语言中，常量的表示方法有两种，分别是关键字 const 和预处理 #define，具体代码如下：

```
const  float  PI = 3.14
#define  PI  3.14
```

双击桌面上的“Dev−C++”桌面快捷图标，打开 Dev−C++ 集成开发环境，然后单击菜单栏中的“文件 / 新建 / 源文件”命令（快捷键：Ctrl+N），新建一个源文件，并命名为“C2−1.c”，然后输入如下代码。

```
# include <stdio.h>
# define  mya  'V'
# define  myb  0xb2
int main()
{
    const float PI = 3.14 ;
    const  int  A = 12 ;
    const  int  B =025 ;
    const  char  C[] = "Java" ;
    printf(" 实数或浮点常量 PI 的值是: %f",PI) ;
    printf("\n") ;
    printf(" 十进制常量 A 的值是 :%d",A);
    printf("\n") ;
    printf(" 八进制常量 B 的值是 :%d",B);
    printf("\n") ;
    printf(" 字符串常量 C 的值是 :%s",C);
    printf("\n\n") ;
    printf(" 字符常量 mya 的值是: %c",mya);
    printf("\n") ;
    printf(" 十六制常量 myb 的值是: %d",myb);
}
```

在上述代码中，利用 #define 定义两个常量，注意：常量名与常量之间没有“=”号。

在 main() 主函数中，利用 const 关键字定义 4 个常量，注意：常量名与常量之间有“=”号。接下来利用 printf() 函数进制输出显示。

单击菜单栏中的“运行 / 编译运行”命令(快捷键：F11)，运行程序，效果如图 2.1 所示。

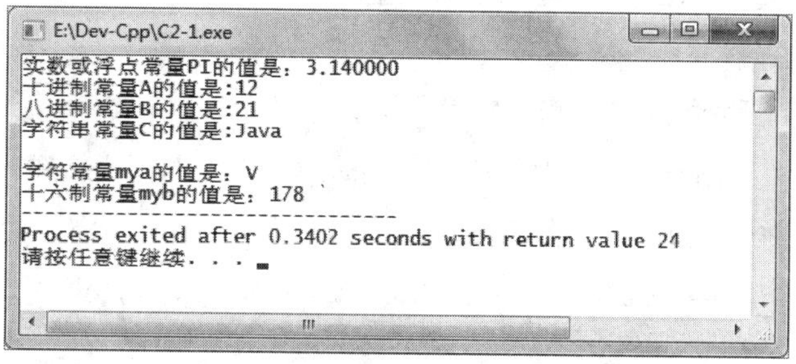

图 2.1　常量

2.1.2　变量与赋值

变量是指在程序执行过程中其值可以变化的量，系统为程序中的每个变量分配一个存储单元。变量名实质上就是计算机内存单元的命名。因此，借助变量名就可以访问内存中的数据。

1. 变量命名规则

变量是一个名称，给变量命名时，应遵循以下规则：

第一，一个变量名可以有字母、数字和下画线。

第二，变量名只能以字母和下画线开头，但是它不能以数字开始。

第三，变量名内不允许有空格。

第四，变量名区分大小写。

第五，变量名不能是任何保留字或关键字，如 char、float 等。

提醒： C 语言中有 32 个保留字或关键字，在后面章节会慢慢讲解，这里不再多赘述。

2. 变量及赋值

例如，定义整型变量 x，具体代码如下：

```
int  x ;
```

注意：int 和 x 之间是有空格的，它们是两个词。同时注意最后的分号，int x 表达了完整的意思，是一个语句，要用分号来结束。

这个语句的意思是：在内存中找一块区域，命名为 x，用它来存放整数。

为变量赋值，具体代码如下：

```
x = 100 ;
```

“=”在数学中叫“等于号”，但在 C 语言中，这个过程叫作赋值。赋值是指把数据放到内存的过程。

可以先定义变量，再赋值，也可以定义变量的同时进行赋值，具体代码如下：

```
int  x = 100 ;
```

双击桌面上的“Dev-C++”桌面快捷图标，打开 Dev-C++ 集成开发环境，然后单击菜单栏中的“文件 / 新建 / 源文件”命令（快捷键：Ctrl+N），新建一个源文件，并命名为“C2-2.c”，然后输入如下代码：

```
# include <stdio.h>
int main()
{
    int  x=100 ;
    printf("变量 x 的初始值：%d\n",x) ;
    x = x+1 ;
    printf("变量 x 加 1 的值：%d\n",x) ;
    x = x* 3 ;
    printf("变量 x 加 1 的和，再乘 3 的值：%d\n",x) ;
}
```

在上述代码中，变量 x 的值有 3 次变化，即变量 x 所指向的内存中存放的数据变化 3 次，具体如下。

第一次：定义变量 x，并赋值为 100，然后显示变量 x 的值，这时变量 x 所指向的内存中存放的数据为 100。

第二次：变量 x+1，再赋值给变量 x，这里变量 x 就变成 101，即变量 x 所指向的内存中的数值发生变化了，由 100 变成 101。

第三次：变量 x 乘 3，即现在的变量 x 的值 101，乘 3，就得到 303，再把这个值赋值给变量 x，这时变量 x 所指向的内存中存放的数据为 303。

单击菜单栏中的“运行 / 编译运行”命令（快捷键：F11），运行程序，效果如图 2.2 所示。

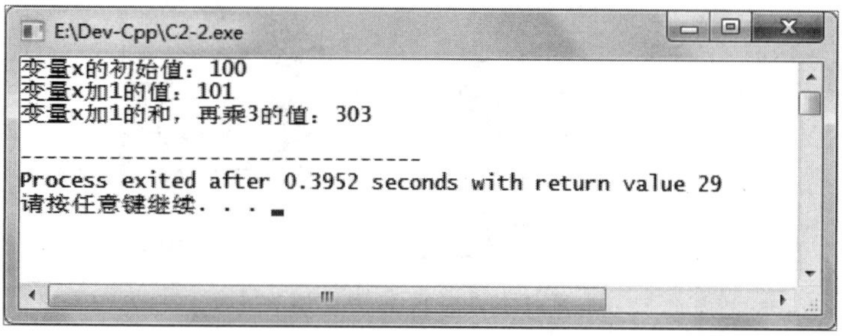

图 2.2　变量及赋值

2.2　基本数据类型

程序中的数据是放在内存中的，变量是给这块内存起的名称，有了变量就可以找到并使用这份数据。但问题是，该如何使用呢？

在计算机中，所有的内容，如图形图像、文字、数字、声音、视频等，都是以二进制形式保存在内存中的，它们并没有本质上的区别，那么 00010011 该理解为数字 19，还是图形图像的像素颜色呢？还是要发出某种声音呢？如果不进行说明，那么用户是不知道的。

这样看来，内存中的数据有多种可能，所以在使用前要进行确定。例如，int x；表示 x 是整数数据，而不是像素颜色，也不是声音等。int 就是数据类型。

所以，数据类型就是用来说明数据的类型，确定数据的解读方式，让计算机和用户不会产生歧义。

在 C 语言中，数据类型有 4 种，分别是基本数据类型、派生数据类型、枚举数据类型和 Void 数据类型（无类型）。在这里先讲解基本数据类型。

基本数据类型可分为 3 种，分别是整型、浮点型和字符型，如图 2.3 所示。

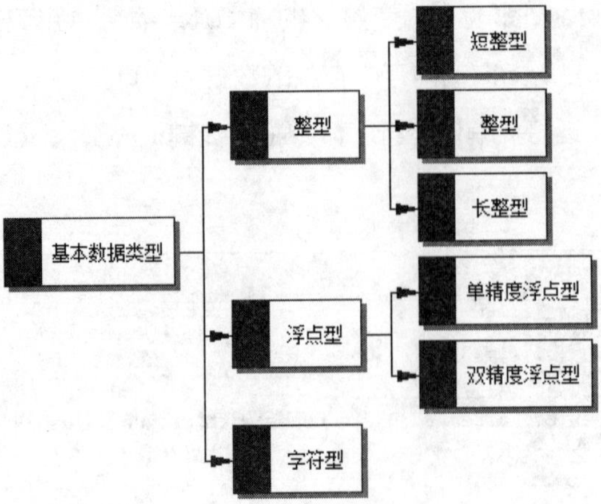

图 2.3　基本数据类型

2.2.1　整型

整型分为 3 种，分别是短整型（short）、整型（int）和长整型（long）。

短整型（short）占有 2 字节，即 16 比特（Bit）。短整型又可分为两种，分别是有符号短整型（signed short）和无符号短整型（unsigned short）。

无符号短整型（unsigned short）的取值范围为 0~65535，可以利用 16 比特（Bit）来计算。如果每个比特都是 1，就是无符号短整型最大值的存放形式，如图 2.4 所示。

1	1	1	1	1	1	1	1	1	1	1	1	1	1	1	1

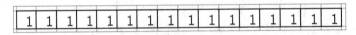

图 2.4　无符号短整型最大值的存放形式

215+214+213+212+211+210+29+28+27+26+25+24+23+22+21+20

= 32768+16384+8192+4096+2048+1024+512+256+128+64+32+16+8+4+2+1=65535

如果每个比特都是 0，那么无符号短整型最小值就是 0。所以无符号短整型的取值范围为 0~65535。

有符号短整型（signed short）的取值范围为 −32768~32767，原因是最高位为符号位，当取最大数时，最高位是 0，如图 2.5 所示。

0	1	1	1	1	1	1	1	1	1	1	1	1	1	1	1

图 2.5　最高位为符号位

214+213+212+211+210+29+28+27+26+25+24+23+22+21+20

= 16384+8192+4096+2048+1024+512+256+128+64+32+16+8+4+2+1=32767

当取最小值，即负数时，最高位的符号位为 1，这样 −215=−32768。所以有符号短整型的取值范围为 −32768~32767。

> **提醒：** 短整型（short）就是有符号短整型，取值范围为 -32768~32767。

整型（int）占有 4 字节，即 32 比特（Bit），取值范围为 −2147483648 ~ 2147483647。

长整型（long）占有 4 字节，即 32 比特（Bit）。长整型又可为两种，分别是有符号长整型（signed long）和无符号长整型（unsigned long）。

有符号长整型（signed long）的取值范围为 −2147483648 ~ 2147483647。无符号长整型（unsigned long）的取值范围为 0 ~ 4294967295。

双击桌面上的“Dev−C++”桌面快捷图标，打开 Dev−C++ 集成开发环境，然后单击菜单栏中的“文件 / 新建 / 源文件”命令（快捷键：Ctrl+N），新建一个源文件，并命名为“C2−3.c”，然后输入如下代码：

```
#include <stdio.h>
int main()
{
    printf("int 存储大小 : %d \n", sizeof(int));
    printf("short 存储大小 : %d \n", sizeof(short));
    printf("long 存储大小 : %d \n", sizeof(long));
    return 0;
}
```

单击菜单栏中的“运行 / 编译运行”命令（快捷键：F11），运行程序，效果如图 2.6 所示。

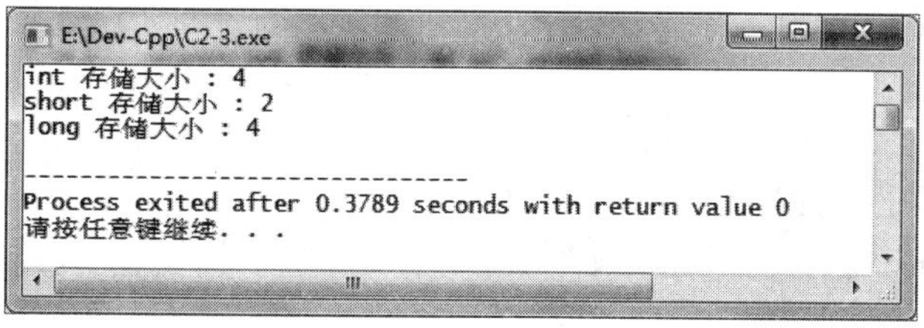

图 2.6　变量及赋值

2.2.2　浮点型

浮点型分为 2 种，分别是单精度浮点型和双精度浮点型。

单精度浮点型（float）是用来表示带有小数部分的实数，一般用于科学计算。占有 4 字节，即 32 比特（Bit），包括符号位 1 位，阶码 8 位，尾数 23 位。其数值范围为 −3.4E38 ~ 3.4E38。单精度浮点型最多有 7 位十进制有效数字，单精度浮点型的指数用“E”或“e”表示。

双精度浮点型（double）占有 8 字节，即 64 比特（Bit）。其数值范围

为 -1.7E308 ~ +1.7E308，双精度完全保证的有效数字最高是 15 位。

双击桌面上的“Dev-C++”桌面快捷图标，打开 Dev-C++ 集成开发环境，然后单击菜单栏中的“文件 / 新建 / 源文件”命令（快捷键：Ctrl+N），新建一个源文件，并命名为“C2-4.c”，然后输入如下代码：

```
#include <stdio.h>
int main()
{
   printf("float 存储大小 : %d \n", sizeof(float));
   printf("double 存储大小 : %d \n", sizeof(double));
   return 0;
}
```

单击菜单栏中的“运行 / 编译运行”命令（快捷键：F11），运行程序，效果如图 2.7 所示。

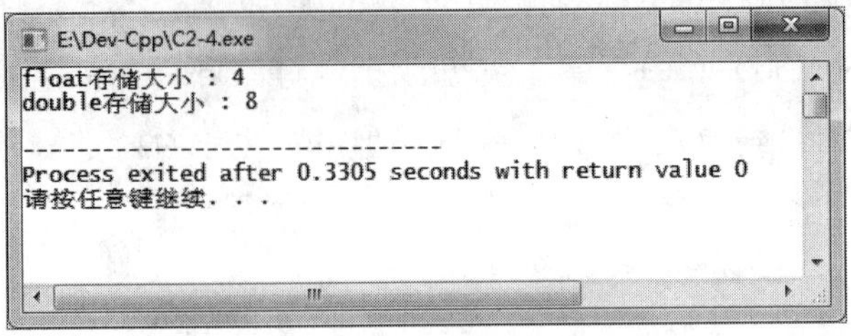

图 2.7　变量及赋值

2.2.3　字符型

字符型（char）的长度是 1，只能容纳 ASCII 码表中的字符，也就是英文字符，还要注意字符型是用单引号（''）表示的。字符型占有 1 字节，即 8 比特（Bit），取值范围为 0~255。

定义一个字符型变量，然后赋值，具体代码如下：

```
char  mychar ;
mychar = 'A'
```

计算机在存储字符时并不是真的要存储字符实体，而是存储该字符在字符集中的编号。对于字符型（char）来讲，它实际上存储的就是字符的 ASCII 码。

无论在哪个字符集中，字符编号都是一个整数。从这个角度考虑，字符类型和整数类型本质上没有什么区别。

用户可以给字符类型赋值一个整数，或者以整数的形式输出字符类型。反过来，也可以给整数类型赋值一个字符，或者以字符的形式输出整数类型。

双击桌面上的“Dev-C++”桌面快捷图标，打开 Dev-C++ 集成开发环境，然后单击菜单栏中的“文件 / 新建 / 源文件”命令（快捷键：Ctrl+N），新建一个源文件，并命名为“C2-5.c”，然后输入如下代码：

```
#include <stdio.h>
```

```
int main()
{
    char x1 ='A' ;
    char x2 ='B' ;
    char x3 ='C' ;
    char x4 = 'D' ;
    char x5 = 69 ;
    char x6 = 70 ;
    char x7 = 71 ;
    char x8 = 72 ;
    printf("x1:%c,%d\n",x1,x1) ;
    printf("x2:%c,%d\n",x2,x2) ;
    printf("x3:%c,%d\n",x3,x3) ;
    printf("x4:%c,%d\n",x4,x4) ;
    printf("x5:%c,%d\n",x5,x5) ;
    printf("x6:%c,%d\n",x6,x6) ;
    printf("x7:%c,%d\n",x7,x7) ;
    printf("x8:%c,%d\n",x8,x8) ;
}
```

单击菜单栏中的“运行 / 编译运行”命令（快捷键：F11），运行程序，效果如图 2.8 所示。

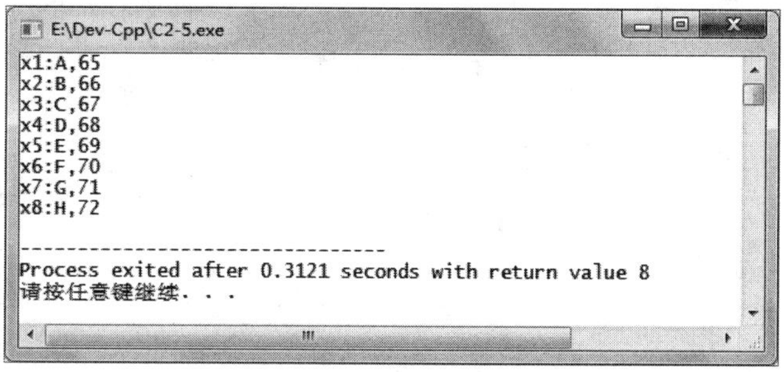

图 2.8　字符型与数学型

在 ASCII 码表中，字符 'A''B''C''D''E''F''G''H' 对应的编号分别是 65、66、67、68、69、70、71、72。

所以，当给一个字符变量赋值时，其实保存到内存中的是该字符对应的 ASCII 码，即整型数字。

在 C 语言中，一个字符除了可以用它的实体（真正的字符）表示，还可以用编码值表示。这种使用编码值来间接地表示字符的方式称为转义字符。

转义字符以 \ 或者 \x 开头，以 \ 开头表示后跟八进制形式的编码值，以 \x 开头表示后跟十六进制形式的编码值。对于转义字符来说，只能使用八进制或者十六进制。

转义字符的初衷是用于 ASCII 编码，所以它的取值范围有限：

八进制形式的转义字符最多后跟 3 个数字，即 \ddd，最大取值是 \177；

十六进制形式的转义字符最多后跟两个数字，即 \xdd，最大取值是 \7f。

超出范围的转义字符的行为是未定义的，有的编译器会将编码值直接输出，有的编译器会报错。

对于 ASCII 编码，0~31（十进制）范围内的字符为控制字符，它们都是不可见的，不能在显示器上显示，甚至无法从键盘输入，只能用转义字符的形式来表示。不过，直接使用 ASCII 码记忆不方便，也不容易理解，所以，针对常用的控制字符，C 语言又定义了简写方式。

所有的转义字符和所对应的意义如表 2.1 所示。

表 2.1　所有的转义字符和所对应的意义

转义字符	意义	ASCII 码值（十进制）
\a	响铃 (BEL)	007
\b	退格 (BS)	008
\f	换页 (FF)	0012
\n	换行 (LF)	010
\r	回车 (CR)	013
\t	水平制表 (HT)（跳到下一个 TAB 位置）	009
\v	垂直制表 (VT)	011
\\	代表一个反斜线字符 ''\'	092
\'	代表一个单引号（撇号）字符	039
\"	代表一个双引号字符	034
\?	代表一个问号	063
\0	空字符 (NUL)	000
\ddd	1 到 3 位八进制数所代表的任意字符	三位八进制
\xhh	1 到 2 位十六进制所代表的任意字符	十六进制

双击桌面上的“Dev–C++”桌面快捷图标，打开 Dev–C++ 集成开发环境，然后单击菜单栏中的“文件 / 新建 / 源文件”命令（快捷键：Ctrl+N），新建一个源文件，并命名为“C2–6.c”，然后输入如下代码：

```
# include <stdio.h>
int main()
{
   printf("A\t") ;
   printf("B\t") ;
   printf("\?\t") ;
   printf("\n") ;
   printf("\141\t") ;
   printf("\142\t") ;
   printf("\\\t") ;
   printf("\n") ;
   printf("\"\t") ;
   printf("D\t") ;
    printf("\'\t") ;
}
```

单击菜单栏中的“运行 / 编译运行”命令（快捷键：F11），运行程序，效果如图 2.9 所示。

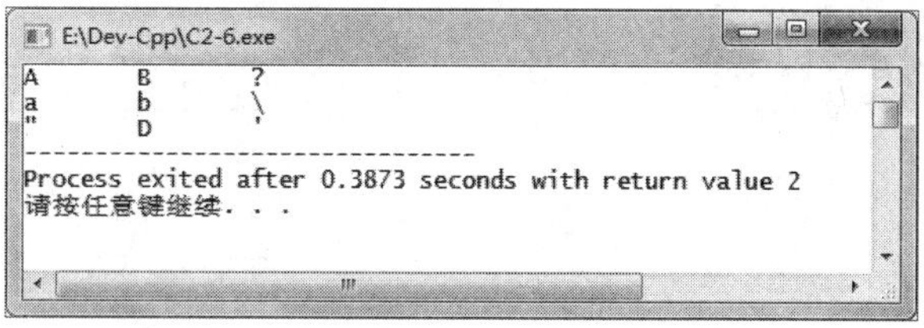

图 2.9　转义字符

2.3　运算符

运算是对数据的加工，最基本的运算形式可以用一些简洁的符号来描述，这些符号称为运算符。被运算的对象（数据）称为运算量。例如，9 − 3 = 6，其中 9 和 3 被称为运算量，“−”称为运算符。

2.3.1　算术运算符

算术运算符及意义如表 2.2 所示。

表 2.2　算术运算符及意义

运算符	意义
+	两个数相加
−	两个数相减
*	两个数相乘
/	两个数相除，求商
%	取模，即两个数相除，求余数
++	自增运算符，整数值增加 1
−−	自减运算符，整数值减少 1

提醒： 取模运算的两侧的操作数必须为整数。

双击桌面上的“Dev−C++”桌面快捷图标，打开 Dev−C++ 集成开发环境，然后单击菜单栏中的“文件 / 新建 / 源文件”命令（快捷键：Ctrl+N），新建一个源文件，并命名为“C2−7.c”，然后输入如下代码：

```
# include <stdio.h>
int main()
{
    int x ;
    int y ;
    int z ;
```

```
    printf("请输入第一个数：" ) ;
    scanf("%d",&x) ;
    printf("请输入第二个数 :") ;
    scanf("%d",&y) ;
    printf("第一个数是：%d \t 第二个数是：%d \n\n",x,y)  ;
    z = x + y ;
    printf("两个数相加等于：%d \n",z) ;
    z = x - y ;
    printf("第一个数减去第二个数等于：%d \n",z) ;
    z = x * y ;
    printf("两个数相乘等于：%d \n",z) ;
    z = x / y ;
    printf("第一个数除以第二个数等于：%d \n",z) ;
    z =  x % y ;
    printf("第一个数除以第二个数的余数等于：%d \n",z) ;
    x++ ;
    printf("x++ 后 x 的值等于：%d \n",x) ;
    x-- ;
    printf("x-- 后 x 的值等于：%d \n",x) ;
}
```

单击菜单栏中的“运行 / 编译运行”命令（快捷键：F11），运行程序，提醒用户输入第一个数，如图 2.10 所示。

在这里输入“42”，然后回车，这时提醒用户输入第二个数，如图 2.11 所示。

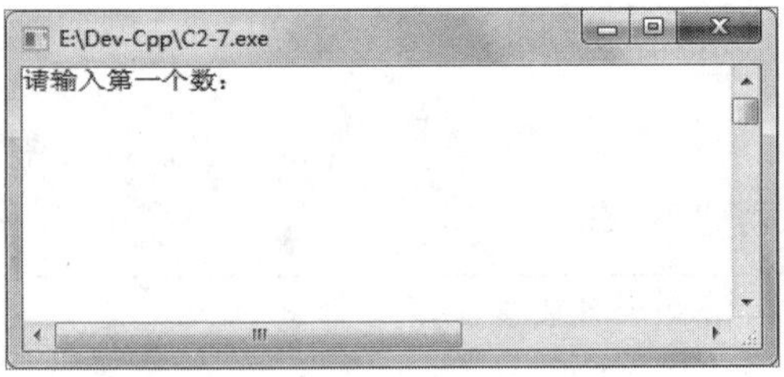

图 2.10　提醒用户输入第一个数

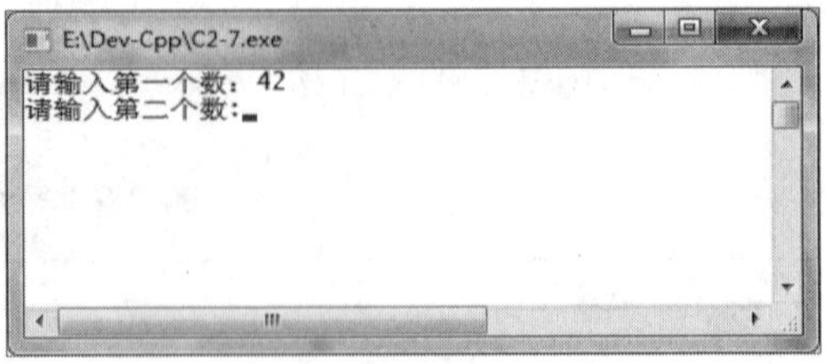

图 2.11　提醒用户输入第二个数

在这里输入“5”，回车，这时就可以看到这两个数的各种算术运算结果，如图 2.12 所示。

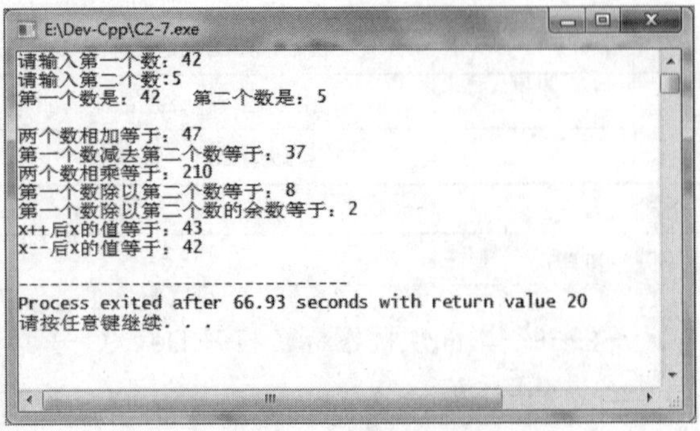

图 2.12　各种算术运算结果

2.3.2　赋值运算符

赋值运算符及意义如表 2.3 所示。

表 2.3 赋值运算符及意义

运算符	意义
=	简单的赋值运算符
+=	加法赋值运算符
-=	减法赋值运算符
*=	乘法赋值运算符
/=	除法赋值运算符
%=	取模赋值运算符
<<=	左移且赋值运算符
>>=	右移且赋值运算符
&=	按位与且赋值运算符
^=	按位异或且赋值运算符
|=	按位或且赋值运算符

注意：后 5 种赋值运算符是按二进制方式来运算的赋值运算符，在讲解位运算符后，再实例讲解它们的运用。

双击桌面上的“Dev-C++”桌面快捷图标，打开 Dev-C++ 集成开发环境，然后单击菜单栏中的“文件 / 新建 / 源文件”命令（快捷键：Ctrl+N），新建一个源文件，并命名为“C2-8.c”，然后输入如下代码：

```
# include <stdio.h>
int main()
{
    /* 定义两个整型变量并赋值 */
    int x1 = 8 ;
    int x2 = 6 ;
    printf("x1=%d,\t x2=%d\n\n",x1,x2) ;
    /* 加法赋值运算符 */
    x2 += x1 ;
    printf("x2 +=x1 后 x2 等于: %d\n",x2 ) ;
    /* 减法赋值运算符 */
    x2 -= x1 ;
    printf("x2 -=x1 后 x2 等于: %d\n",x2 ) ;
    /* 乘法赋值运算符 */
    x2 *= x1 ;
    printf("x2 *=x1 后 x2 等于: %d\n",x2 ) ;
    /* 除法赋值运算符 */
    x2 /= x1 ;
    printf("x2 /=x1 后 x2 等于: %d\n",x2 ) ;
    /* 取模赋值运算符 */
    x2 %= x1 ;
    printf("x2 %%= x1 后 x2 等于: %d\n",x2 ) ;
}
```

单击菜单栏中的“运行 / 编译运行”命令（快捷键：F11），运行程序，效果如图 2.13 所示。

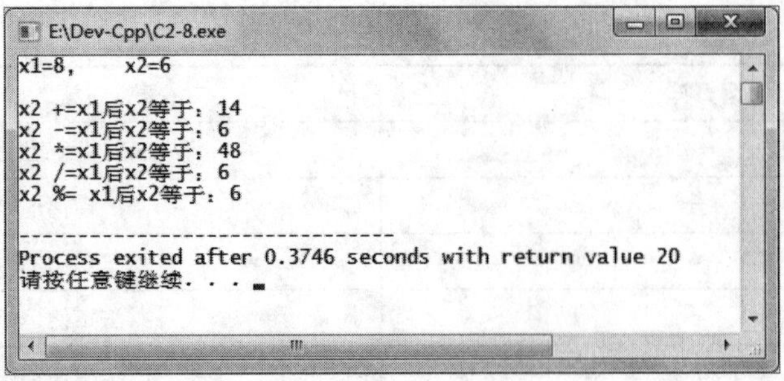

图 2.13　赋值运算符

2.3.3　位运算符

位运算符是把数字看作二进制来进行计算的。位运算符及意义如表 2.4 所示。

表 2.4　位运算符及意义

运算符	意义
&	按位与运算符：参与运算的两个值，如果两个相应位都为 1，则该位的结果为 1，否则为 0
|	按位或运算符：只要对应的 2 个二进位有一个为 1 时，结果就为 1
^	按位异或运算符：当两个对应的二进位相异时，结果为 1
~	按位取反运算符：对数据的每个二进位取反，即把 1 变为 0，把 0 变为 1
<<	左移动运算符：运算数的各二进位全部左移若干位，由“<<”右边的数指定移动的位数，高位丢弃，低位补 0
>>	右移动运算符：把“>>”左边的运算数的各二进位全部右移若干位，“>>”右边的数指定移动的位数

在上述 6 种运算符中，除求反（单目运算）运算符外，都可以与赋值运算符组成复合赋值运算符。

位运算是针对数据的二进制位进行的运算，而 C 语言中的数据的表示形式只有 3 种，分别是八进制、十进制和十六进制。所以，在分析位运算的结果时，需要先将参与运算的数据转化为二进制，再进行相应的运算。运算的结果仍需按输出格式要求转换为相应的进制来表示。

在进行数制的转换时，要注意以 0 开头的整型常量是八进制，用 0x 开头的整型常量是十六进制，不要一律按十进制去分析处理。

双击桌面上的“Dev-C++”桌面快捷图标，打开 Dev-C++ 集成开发环境，然后单击菜单栏中的“文件 / 新建 / 源文件”命令（快捷键：Ctrl+N），新建一个源文件，并命名为“C2-9.c”，然后输入如下代码：

```
# include <stdio.h>
int main()
```

```
{
    int a = 60  ;                               /*60 = 0011 1100 */
    int b = 13  ;                               /*13 = 0000 1101 */
    int c ;
    c = a & b ;                                 /*12 = 0000 1100 */
    printf("a & b 的值是: %d\n",c) ;
    c = a | b ;                                 /*61 = 0011 1101 */
    printf("a | b 的值是: %d\n",c) ;
    c = a ^ b ;                                 /*49 = 0011 0001 */
    printf("a ^ b 的值是: %d\n",c) ;
    c = ~ a ;                                   /*-61 = 1100 0011 */
    printf("c = ~ a 的值是: %d\n",c) ;
    c = a << 2 ;                                /*240 = 1111 0000 */
    printf("a << 2 的值是: %d\n",c) ;
    c = a >> 2 ;                                /*15 = 0000 1111*/
    printf("a >> 2 的值是: %d\n",c) ;
}
```

单击菜单栏中的“运行 / 编译运行”命令（快捷键：F11），运行程序，效果如图 2.14 所示。

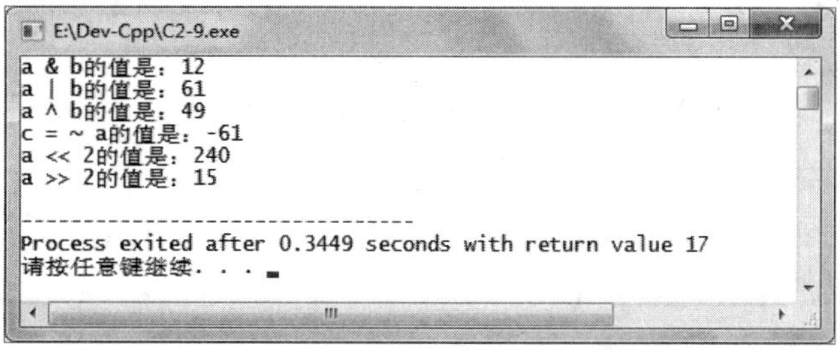

图 2.14　位运算符

在二进制转换时，一定要注意负数，具体注意事项如下：

第一，负数表示二进制原码时，符号位（最高位）为 1。

第二，负数在计算机内存中，是按照补码形式存储的。原码与补码的转换方法是，除符号位外，全部求反，尾部加 1。

第三，在补码的基础上进行运算，运算的结果还需用上述方法还原成原码。

例如，−3 求反是多少？

首先按 3 转化为二进制，然后在最高位为 1，所以 −3 的原码如下：

```
1000 0011
```

接着求原码的求反，注意符号位（最高位）不变，这样 −3 的反码如下：

```
1111 1100
```

接着求补码，即尾部加 1，所以 −3 的补码如下：

```
1111 1101
```

在计算机中，负数是以补码方式保存的，所以 −3 在计算机中，以 1111 1101 保存。

−3 求反，就是对 −3 的补码求反，这时二进制代码如下：

```
0000 0010
```

所以 -3 求反的值为 2。

再例如，3 求反是多少？

按 3 转化为二进制，所以 3 的原码如下：

```
0000 0011
```

接着求反，结果是：

```
1111 1100
```

需要注意的是，3 求反后最高位是 1，即符号位是 1，表示是负数。负数在计算机中以补码形式存在，所以 1111 1100 是负数的补码。

下面利用负数的补码，求原码。

```
补码：1111 1100
```

补码先减 1，再求反，就是原码。

补码减 1，得到 1111 1011，再求反，注意最高位不变，所以原码是 1000 0100，把原码二进制转化为十进制，所以是 -4。

双击桌面上的“Dev-C++”桌面快捷图标，打开 Dev-C++ 集成开发环境，然后单击菜单栏中的“文件 / 新建 / 源文件”命令（快捷键：Ctrl+N），新建一个源文件，并命名为“C2-10.c”，然后输入如下代码：

```
# include <stdio.h>
int main()
{
    int a =-3 ;
    int b ;
    b = ~a ;
    printf("-3 求反后的值是：%d\n\n",b) ;
    int x = 3 ;
    int y ;
    y = ~ x ;
    printf("3 求反后的值是：%d",y) ;
}
```

单击菜单栏中的“运行 / 编译运行”命令（快捷键：F11），运行程序，效果如图 2.15 所示。

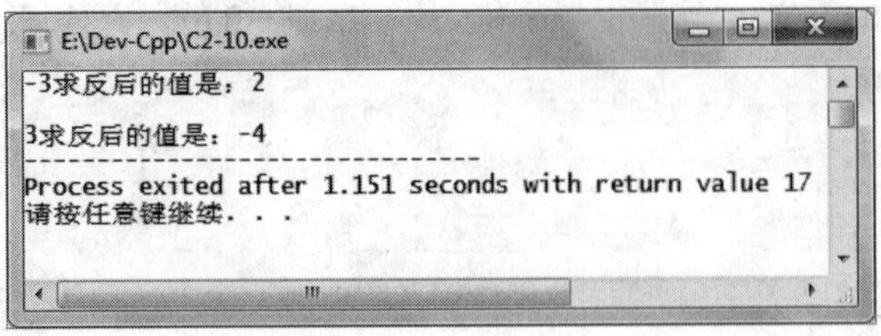

图 2.15　正负数求反

2.4 自增 (++) 和自减 (--)

一个整数类型的变量自身加 1，一般有 2 种写法，具体如下：

```
x = x + 1 ;
或
x  += 1 ;
```

在 C 语言编程中，还支持另外一种更加简洁的写法，具体如下：

```
x ++ ;
或
++ x ;
```

这种代码编写方法叫作自加或自增，意思很明确，就是每次自身加 1。

相应的，也有 x-- 和 --x，它们叫作自减，表示自身减 1。

自增、自减只能针对变量，不能针对数字，例如，82++ 就是错误的。

需要注意的是，++ 在变量前面和后面是有区别的：

++ 在前面叫作前自增（例如，++x）。前自增先进行自增运算，再进行其他操作。

++ 在后面叫作后自增（例如，x++）。后自增先进行其他操作，再进行自增运算。

自减（--）也一样，有前自减和后自减之分。

双击桌面上的“Dev-C++”桌面快捷图标，打开 Dev-C++ 集成开发环境，然后单击菜单栏中的“文件 / 新建 / 源文件”命令（快捷键：Ctrl+N），新建一个源文件，并命名为“C2-11.c”，然后输入如下代码：

```
#include <stdio.h>
int main()
{
    /* 同时定义多个变量，并赋值 */
     int a = 100, b = 200, c = 300, d = 400;
     /* 变量自增 */
     int a1 = ++a ;
    int b1 = b++ ;
    /* 变量自减 */
    int c1 = --c ;
    int d1 = d-- ;
     printf("a=%d, a1=%d\n", a, a1);
     printf("b=%d, b1=%d\n", b, b1);
     printf("c=%d, c1=%d\n", c, c1);
     printf("d=%d, d1=%d\n", d, d1);
     return 0;
}
```

单击菜单栏中的“运行 / 编译运行”命令（快捷键：F11），运行程序，效果如图 2.16 所示。

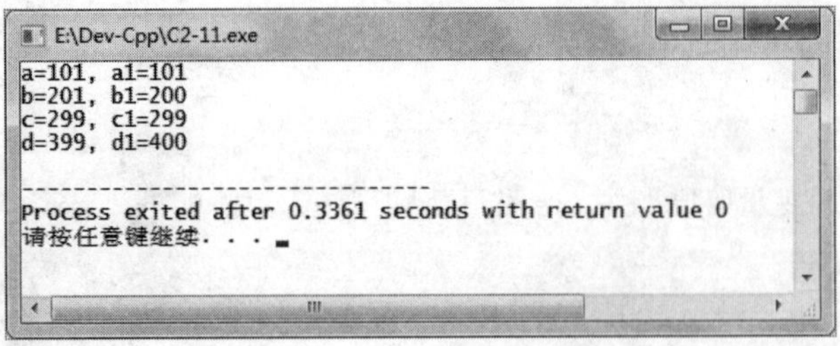

图 2.16　自增 (++) 和自减 (--)

int　a1 = ++a 代码，是先把变量 a 自加 1，然后赋值给 a1，所以 a 为 100+1=101，a1 也是 101。

int b1 = b++ 代码，是先把变量 b 的值赋给 b1，然后变量 b 再自加 1，所以 b1 为 200，而变量 b 为 201。

int c1 = --c 代码，是先把变量 c 自减 1，然后赋值给 c1，所以 c 为 300-1=299，c1 也是 299。

int d1 = d-- 代码，是先把变量 d 的值赋给 d1，然后变量 d 再自减 1，所以 d1 为 400，而变量 d 为 399。

2.5　数据类型的转换

数据类型的转换，就是将数据从一种数据类型转换为另一种数据类型，例如，把整型转化为浮点型。在 C 语言中，数据类型的转换有两种，分别是自动的类型转换和强制的类型转换。

2.5.1　自动的类型转换

自动的类型转换就是 C 语言编译器默默地、隐式地、偷偷地进行的数据类型的转换，这种转换不需要用户干预，会自动发生。

将一种类型的数据赋值给另外一种类型的变量时就会发生自动类型转换，例如：

```
float  x = 20 ;
```

20 是整型数据类型，把 20 赋值给浮点型变量 x，所以这时要把 20 转化为浮点型数据，才能赋值给浮点型变量 x。

在赋值运算中，赋值号两边的数据类型不同时，需要把右边表达式的类型转换为左边变量的类型，这可能会导致数据失真，或者精度降低。所以，自动的类型转换并不一定是安全的。对于不安全的类型转换，编译器一般会给出警告。

在不同类型的混合运算中，编译器也会自动地转换数据类型，将参与运算的所有数据先转换为同一种类型，再进行计算。转换的规则如下：

转换按数据长度增加的方向进行，以保证数值不失真，或者精度不降低。例如，short 和 int 参与运算时，先把 short 类型的数据转换成 int 类型后再进行运算。

所有的浮点运算都是以双精度进行的，即使运算中只有 float 类型，也要先转换为 double 类型，才能进行运算。

char 和 short 参与运算时，必须先转换为 int 类型。

2.5.2 强制的类型转换

除了自动的类型转换外，还有强制的类型转换，即需要用户在代码中明确地提出要进行类型转换。

强制的类型转换的格式，具体如下：

```
(type_name) expression
```

其中，type_name 为类型名称，expression 为表达式。

双击桌面上的“Dev-C++”桌面快捷图标，打开 Dev-C++ 集成开发环境，然后单击菜单栏中的“文件 / 新建 / 源文件”命令（快捷键：Ctrl+N），新建一个源文件，并命名为“C2-12.c”，然后输入如下代码：

```
#include<stdio.h>
int main()
{
    float x = 20 ;
    int y = 6 ;
    int z ;
    printf("%f\n\n",x) ;
    z = (int) x % y ;
    printf("%d",z) ;
}
```

float x = 20 是自动类型转换，而 z = (int) x % y 是强制的类型转换。因为取模（%）运算需要两个操作数都是整型，所以要进行强制转换。

单击菜单栏中的“运行 / 编译运行”命令（快捷键：F11），运行程序，效果如图 2.17 所示。

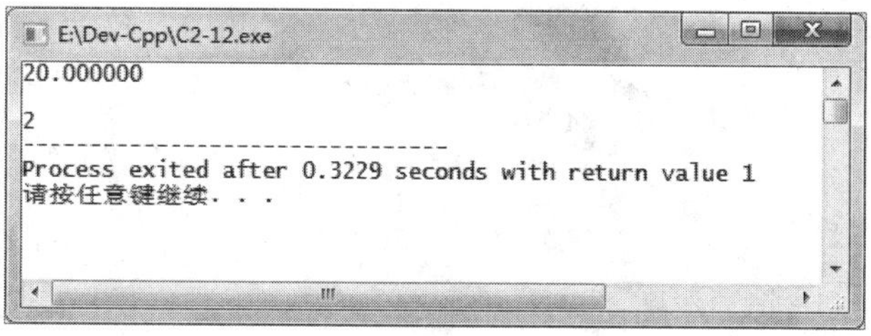

图 2.17　数据类型的转换

> **提醒**：无论是自动类型转换还是强制类型转换，都只是为了本次运算而进行的临时性转换，转换的结果也会保存到临时的内存空间，不会改变数据本来的类型或者值。

2.6 C 语言的代码编写注意事项

C 语言的代码编写注意事项如下：

第一，C 语言程序由函数组成，一个程序必须并且只有一个主函数，即 main() 函数，C 语言总是从主函数开始执行。

第二，函数体必须放在一对花括号内。在函数体中，定义语句应出现在执行语句之前。

第三，C 语言程序中的注释可以放在 // 后，也可以放在 /* 和 */ 之间。注意注释可以放在任何位置。

第3章

C 语言的选择结构

选择结构是一种程序化设计的基本结构，它用于解决这样一类问题：可以根据不同的条件选择不同的操作。对选择条件进行判断只有两种结果："条件成立""条件不成立"。在程序设计中通常用"真"表示条件成立，用"True"表示；用"假"表示条件不成立，用"False"表示。称"真"和"假"为逻辑值。

本章主要内容包括：

- if...else 语句的一般格式
- 实例：奇偶数判断
- 实例：游戏登录判断系统
- 多个 if...else 语句
- 实例：成绩评语系统
- 实例：每周学习计划系统
- 关系运算符及意义
- 实例：求一元二次方程的根
- 实例：企业奖金发放系统
- 逻辑运算符及意义
- 实例：判断是否是闰年
- 实例：输入 3 个数并显示最大的数
- 实例：剪刀、石头、布游戏
- 嵌套 if 语句的一般格式
- 实例：判断一个数是否是 2 或 3 的倍数
- 实例：判断正负数
- 条件运算符和条件表达式
- switch 语句的一般格式
- 实例：根据输入的数显示相应的星期几
- 实例：根据输入的年份和月份显示该月有多少天

3.1 if...else 语句

if...else 语句是指 C 编程语言中用来判定所给定的条件是否满足，根据判定的结果（真或假）决定执行给出的两种操作之一。

3.1.1 if...else 语句的一般格式

在 C 语言中，if...else 语句的一般格式如下：

```
if（判断条件）
{
     语句块 1
}
else
{
        语句块 2
}
```

if...else 语句的执行具体如下：

第一，如果“判断条件”为 True，则将执行“语句块 1”块语句，if 语句结束。

第二，如果“判断条件”为 False，则将执行“语句块 2”块语句，if 语句结束。

3.1.2 实例：奇偶数判断

双击桌面上的“Dev-C++”桌面快捷图标，打开 Dev-C++ 集成开发环境，然后单击菜单栏中的“文件 / 新建 / 源文件”命令（快捷键：Ctrl+N），新建一个源文件，并命名为“C3-1.c”，然后输入如下代码：

```
# include <stdio.h>
int main()
{
    int myn ;
    printf("\n 请输入一个整数：");
    scanf("%d",&myn) ;
    /* 下面利用 if 语句，判断输入的数是奇数，还是偶数 */
    if  (myn%2==1)
    {
            /* 如果输入的数取模于 2，即除以 2 求余数，如果余数为 1，就是奇数 */
            printf("\n 输入的整数是：%d\n\n",myn ) ;
            printf("%d 是一个奇数！ ",myn) ;
    }
    else
    {
            /* 如果输入的数取模于 2，即除以 2 求余数，如果余数不为 1，就是偶数 */
            printf(" 输入的整数是：%d\n\n",myn ) ;
            printf("%d 是一个偶数！ ",myn) ;
    }
}
```

上述代码首先利用键盘输入一个数，然后输入的数取模于 2，即除以 2 求余数，如果余数不为 1，就是偶数；如果余数为 1，就是奇数。

单击菜单栏中的“运行 / 编译运行”命令（快捷键：F11），运行程序，提醒“请输入一个整数”，如图 3.1 所示。

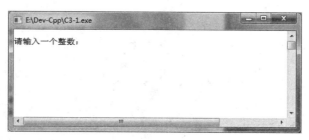

图 3.1　提醒输入一个整数

假如在这里输入“49”，然后回车，就可以判断显示 49 是奇数，还是偶数，如图 3.2 所示。

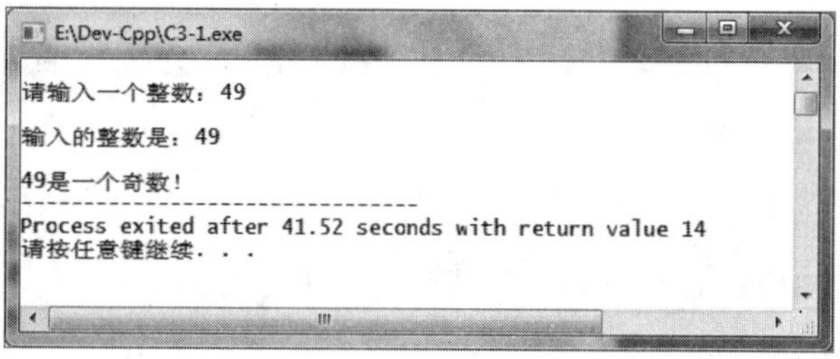

图 3.2　49 是一个奇数

假如在这里输入“36”，然后回车，就可以判断显示 36 是奇数，还是偶数，如图 3.3 所示。

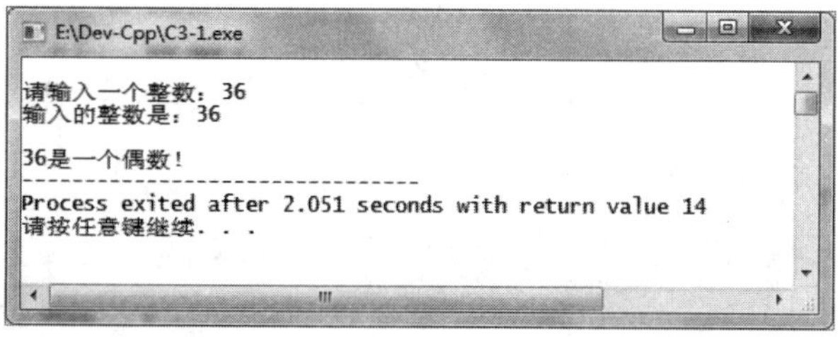

图 3.3　36 是一个偶数

3.1.3　实例：游戏登录判断系统

现在对于很多游戏来说，是不让未成年人玩的，也就是说，如果你是小于 18 岁的未成年人，就无法成功登录游戏系统；如果你大于或等于 18 岁，则可以成功登录游戏系统。

下面编程实现游戏登录判断系统。

双击桌面上的“Dev-C++”桌面快捷图标，打开 Dev-C++ 集成开发环境，然后单击菜单栏中的“文件 / 新建 / 源文件”命令（快捷键：Ctrl+N），新建一个源文件，并命名为“C3-2.c”，然后输入如下代码：

```
# include <stdio.h>
int main()
{
    int myyear ;
    printf("\n请输入您的年龄：");
    scanf("%d",&myyear) ;
    /* 下面利用 if 语句，判断能否登录游戏系统 */
    if  (myyear<18)
    {
          /* 如果输入的年龄小于 18 岁 */
          printf("\n您的年龄是：%d 岁\n",myyear ) ;
          printf(" 您还未成年，不能登录游戏系统玩游戏！ ") ;
    }
    else
    {
          /* 如果输入的年龄大于或等于 18 岁 */
          printf("\n您的年龄是：%d 岁\n",myyear ) ;
          printf(" 欢迎您登录游戏系统，正在登录，请耐心等待！") ;
    }
}
```

单击菜单栏中的“运行 / 编译运行”命令（快捷键：F11），运行程序，提醒“请输入您的年龄”，如图 3.4 所示。

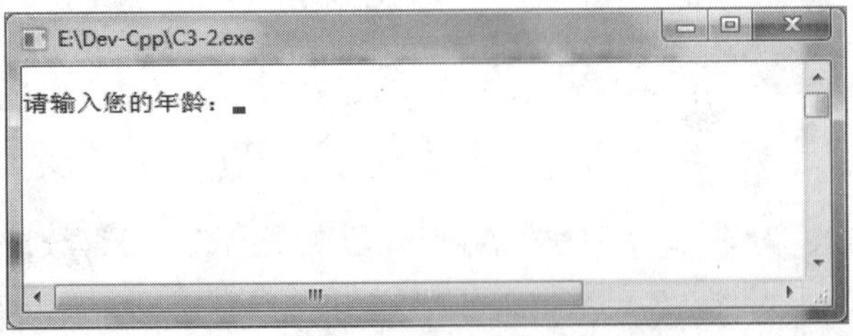

图 3.4　提醒输入用户的年龄

假如在这里输入“12”，然后回车，就可以判断用户能否登录游戏系统玩游戏，如图 3.5 所示。

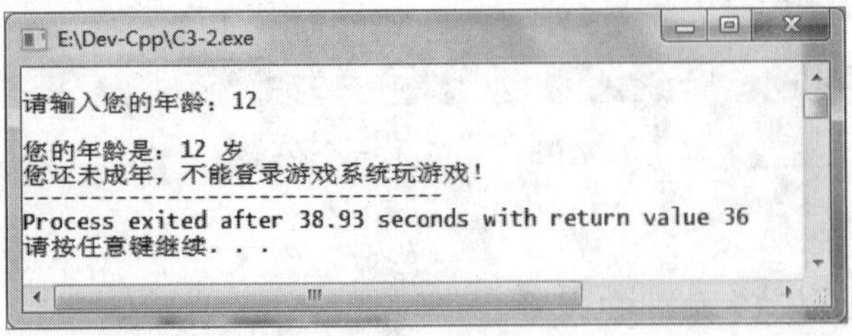

图 3.5　用户还未成年，不能登录游戏系统玩游戏

假如在这里输入“20”，然后回车，就可以看到“欢迎您登录游戏系统，正在登录，请耐心等待！”，如图 3.6 所示。

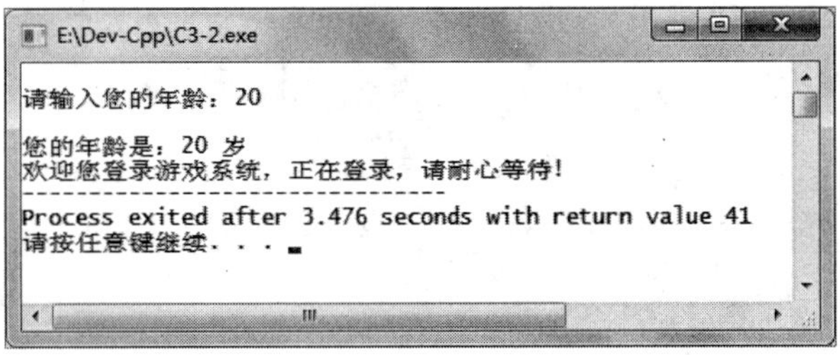

图 3.6　正在登录游戏系统

3.2　多个 if...else 语句

if...else 语句可以多个同时使用，构成多个分支。多个 if...else 语句的语法格式如下：

```
if( 判断条件 1)
{
     语句块 1
}
else if （判断条件 2)
{
        语句块 2
}
……
else if （判断条件 n)
{
        语句块 n
}
else
{
        语句块 n+1
}
```

多个 if...else 语句的执行具体如下：

首先，如果“判断条件 1”为 True，则将执行“语句块 1”块语句，if 语句结束。

其次，如果“判断条件 1”为 False，则再看“判断条件 2”，如果其为 True，则将执行“语句块 2”块语句，if 语句结束。

……

如果“判断条件 n”为 True，则将执行“语句块 n”块语句，if 语句结束；如果“判断条件 n”为 False，则将执行“语句块 n+1”块语句，if 语句结束。

3.2.1 实例：成绩评语系统

现在学生的成绩分为 5 级，分别是 A、B、C、D、E。A 表示学生的成绩在全县或全区的前 10%；B 表示学生的成绩在全县或全区的前 10%~20%；C 表示学生的成绩在全县或全区的前 20%~50%；D 表示学生的成绩在全县或全区的 50%~80%；E 表示学生的成绩在全县或全区的后 20%。在一次期末考试成绩中，成绩大于等于 90 的，是 A；成绩大于等于 82 的是 B；成绩大于等于 75 的是 C；成绩大于等于 50 的是 D；成绩小于 50 的是 E。下面编程实现成绩评语系统。

双击桌面上的“Dev-C++”桌面快捷图标，打开 Dev-C++ 集成开发环境，然后单击菜单栏中的“文件 / 新建 / 源文件”命令（快捷键：Ctrl+N），新建一个源文件，并命名为“C3-3.c”，然后输入如下代码：

```
# include <stdio.h>
int main()
{
    int score ;
    printf("\n请输入学生的成绩：" ) ;
    scanf("%d",&score ) ;
    if (score>100)
    {
            printf("\n学生的成绩最高为100，不要开玩笑！ \n") ;
    }
    else if (score==100)
    {
            printf("\n您太牛了，满分，是A级！ \n") ;
    }
    else if (score>=90)
    {
            printf("\n您的成绩很优秀，是A级！ \n") ;
    }
    else if (score>=82)
    {
            printf("\n您的成绩优良，是B级，还要努力呀！ \n") ;
    }
    else if (score>=75)
    {
            printf("\n您的成绩中等，是C级，加油才行哦！ \n") ;
    }
    else if (score>=50)
    {
            printf("\n您的成绩差，是D级，不要放弃，爱拼才会赢！ \n") ;
    }
    else if (score>=0)
    {
            printf("\n您的成绩很差，是E级，只要努力，一定会有所进步！ \n") ;
    }
    else
    {
            printf("\n哈哈，您输错了吧，不可能0分以下！ \n") ;
    }
}
```

首先定义一个整型变量，用于存放动态输入的学生，然后根据输入的成绩给出评语。

单击菜单栏中的“运行 / 编译运行”命令（快捷键：F11），运行程序，提醒“请输入学生的成绩”，如图 3.7 所示。

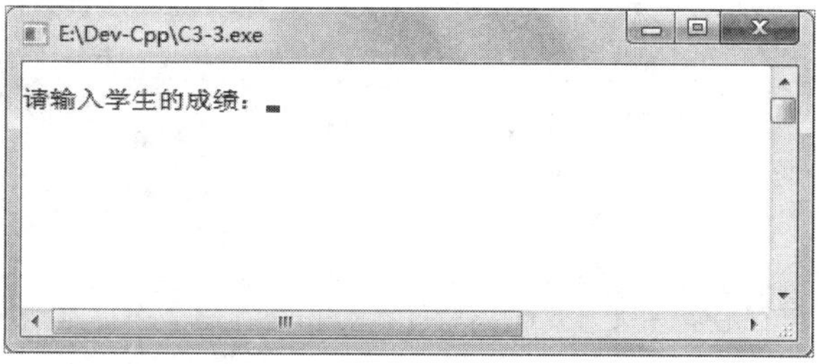

图 3.7　输入学生的成绩

如果输入的成绩大于 100，则会显示“学生的成绩最高为 100，不要开玩笑！”，如图 3.8 所示。

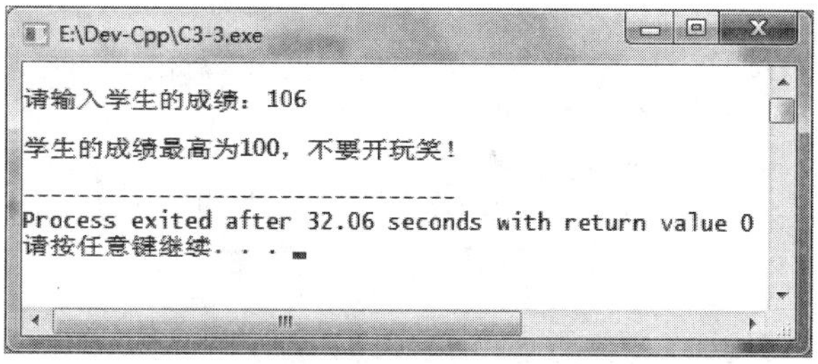

图 3.8　输入的成绩大于 100 的显示信息

如果输入的成绩为 100，则会显示“您太牛了，满分，是 A 级！”，如图 3.9 所示。

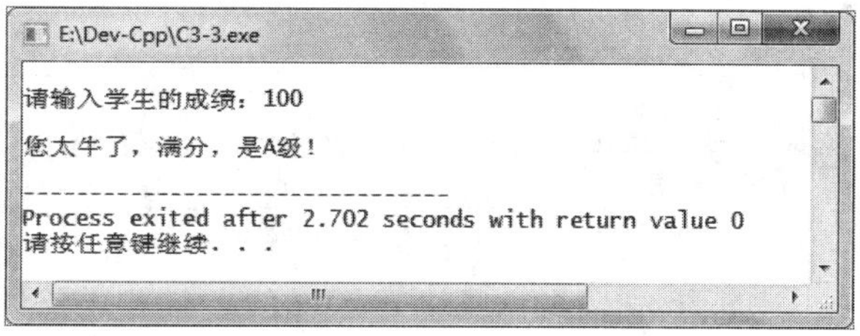

图 3.9　输入的成绩为 100 的显示信息

如果输入的成绩大于等于 90 而小于 100，则会显示“您的成绩很优秀，是 A 级！”，如图 3.10 所示。

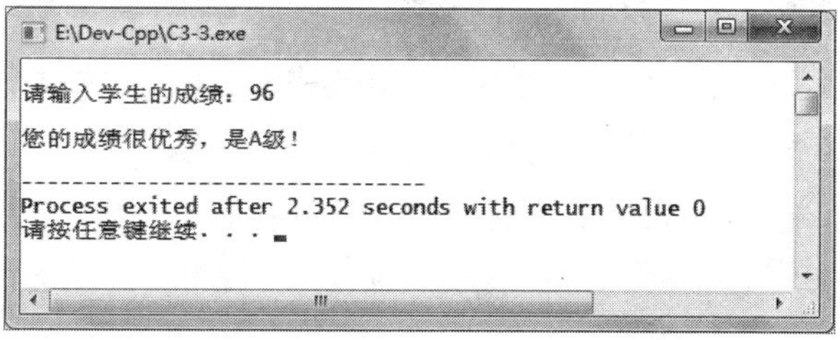

图 3.10　输入成绩大于等于 90 而小于 100 的显示信息

如果输入的成绩大于等于 82 而小于 90，则会显示“您的成绩优良，是 B 级，还要努力呀！”，如图 3.11 所示。

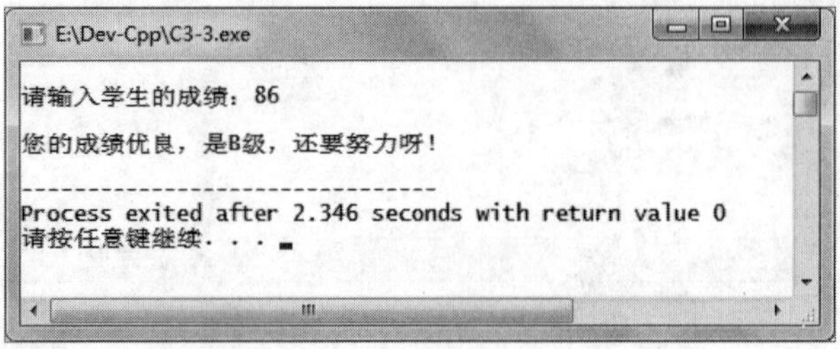

图 3.11　输入成绩大于等于 82 而小于 90 的显示信息

如果输入的成绩大于等于 75 而小于 82，则会显示“您的成绩中等，是 C 级，加油才行哦！”。

如果输入的成绩大于等于 50 而小于 75，则会显示“您的成绩差，是 D 级，不要放弃，爱拼才会赢！”。

如果输入的成绩大于等于 0 而小于 50，则会显示“您的成绩很差，是 E 级，只要努力，一定会有所进步！”。

如果输入的成绩小于 0，则会显示“哈哈，您输错了吧，不可能 0 分以下！”，如图 3.12 所示。

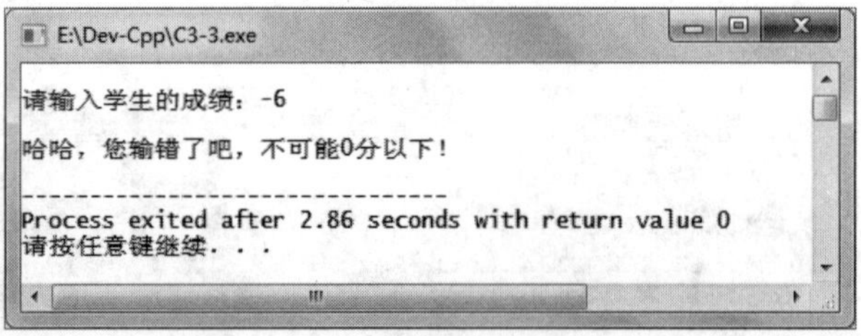

图 3.12　输入成绩小于 0 的显示信息

3.2.2　实例：每周学习计划系统

下面编写程序，实现星期一，即输入“1”，显示“新的一周开始，努力学习开始！”；星期二到星期五，即输入 2~5 之间的任何整数，显示“努力学习中！”；星期六到星期天，即输入“6”或“7”，显示“世界这么大，我要出去看看！”；如果输入 1~7 之外的数，则会显示“兄弟，一周就七天，您懂的！”。

双击桌面上的“Dev-C++”桌面快捷图标，打开 Dev-C++ 集成开发环境，然后单击菜单栏中的“文件 / 新建 / 源文件”命令（快捷键：Ctrl+N），新建一个源文件，并命名为“C3-4.c”，然后输入如下代码。

```
# include <stdio.h>
int main()
{
    int day ;
    printf("\n请输入今天星期几：" ) ;
    scanf("%d",&day ) ;
    if (day == 1)
    {
            printf("\n新的一周开始，努力学习开始！ \n") ;
    }
    else if (day>=2 && day<=5)
    {
            printf("\n努力学习中！ \n") ;
    }
    else if (day==6 || day==7)
    {
            printf("\n世界这么大，我要出去看看！ \n") ;
    }
    else
    {
            printf("\n兄弟，一周就七天，您懂的！ \n") ;
    }
}
```

单击菜单栏中的“运行 / 编译运行”命令（快捷键：F11），运行程序，提醒“请输入今天星期几”，如图 3.13 所示。

如果输入的是“1”，即星期一，就会显示“新的一周开始，努力学习开始！”，如图 3.14 所示。

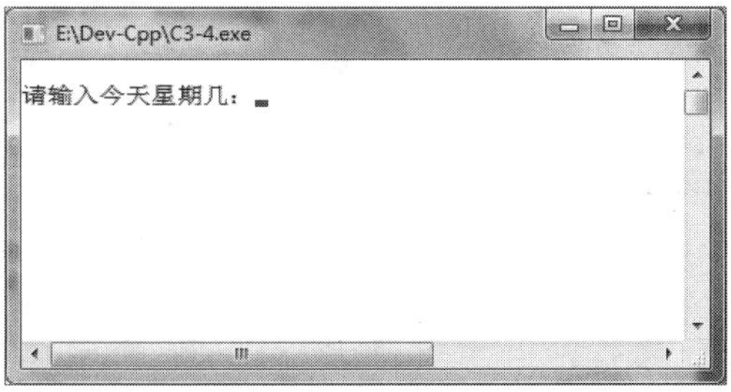

图 3.13　输入“今天星期几”

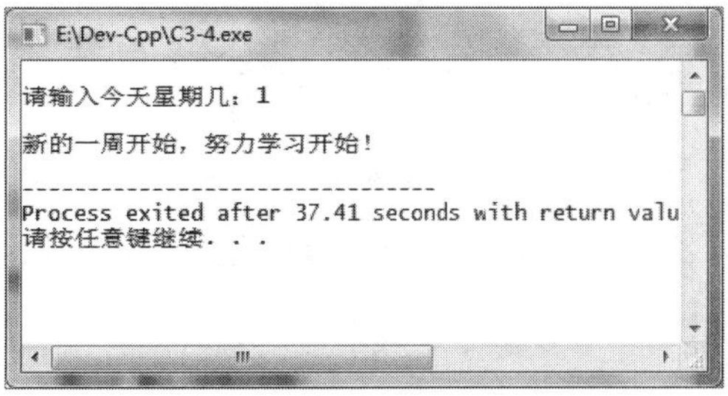

图 3.14　输入“1”的显示信息

如果输入的是 2 ~ 5 之间的任何一个数，就会显示“努力学习中！”。

如果输入的是“6”或“7”，就会显示“世界这么大，我要出去看看！”。

如果输入的是 1 ~ 7 之外的数，就会显示“兄弟，一周就七天，您懂的！”。

3.3　关系运算符

关系运算符用于对两个量进行比较。在Python中，关系运算符有6种关系，分别为小于、小于等于、大于、等于、大于等于、不等于。

3.3.1 关系运算符及意义

关系运算符及意义如表 3.1 所示。

表 3.1 关系运算符及意义

关系运算符	意义
==	等于，比较对象是否相等
!=	不等于，比较两个对象是否不相等
>	大于，返回 x 是否大于 y
<	小于，返回 x 是否小于 y
>=	大于等于，返回 x 是否大于等于 y
<=	小于等于，返回 x 是否小于等于 y

在使用关系运算符时，要注意如下 3 点：

第一，后 4 种关系运算符的优先级别相同，前 2 种也相同。后 4 种高于前两种。

第二，关系运算符的优先级低于算术运算符。

第三，关系运算符的优先级高于赋值运算符。

3.3.2 实例：求一元二次方程的根

只含有一个未知数（一元），并且未知数项的最高次数是 2（二次）的整式方程叫作一元二次方程。

一元二次方程经过整理都可化成一般形式：$ax^2+bx+c=0$（$a \neq 0$）。

其中，ax^2 叫作二次项，a 是二次项系数；bx 叫作一次项，b 是一次项系数；c 叫作常数项。

一元二次方程的两个根的计算公式：

$$x = \frac{-b \pm \sqrt{b^2-4ac}}{2a}$$

下面编程求一元二次方程的根。

双击桌面上的“Dev-C++”桌面快捷图标，打开 Dev-C++ 集成开发环境，然后单击菜单栏中的“文件 / 新建 / 源文件”命令（快捷键：Ctrl+N），新建一个源文件，并命名为“C3-5.c”，然后输入如下代码：

```
#include <stdio.h>
#include <math.h>
int main()
{
        int a,b,c ;
float x1,x2,d ;
        printf("\n 请输入一元二次方程的系数 a:");
```

```
        scanf("%d",&a);
        printf("\n 请输入一元二次方程的系数 b:");
        scanf("%d",&b);
        printf("\n 请输入一元二次方程的系数 c:");
        scanf("%d",&c);
        if(a!=0)
        {
            d=sqrt(b*b-4*a*c);
            x1=(-b+d)/(2*a);
            x2=(-b-d)/(2*a);
            printf("\n\n 一元二次方程: %dx*x+%dx+%d=0\n",a,b,c) ;
            printf(" 一元二次方程的第一个根是: %f\n",x1);
            printf(" 一元二次方程的第二个根是: %f\n",x2);
        }
        return 0;
}
```

由于上述程序用到了数学函数 sqrt()，所以要先包含 math.h 库文件，然后编写主函数，在主函数中，分别定义 3 个整型变量和 3 个浮点型变量，然后利用输入函数 scanf() 实现动态输入 3 个数，分别是一元二次方程的 3 个系数。

如果二次项的系数不为零，即 a 不为 0，就可以计算出该一元二次方程的两个根，并输出显示。

单击菜单栏中的“运行 / 编译运行”命令（快捷键：F11），运行程序，提醒“请输入一元二次方程的系数 a”，在这里输入“2”，然后提醒“请输入一元二次方程的系数 b”，在这里输入“4”，然后提醒“请输入一元二次方程的系数 c”，在这里输入“1”，如图 3.15 所示。

输入一元二次方程的3个系数后，再回车，就可以计算出该一元二次方程的根，如图3.16 所示。

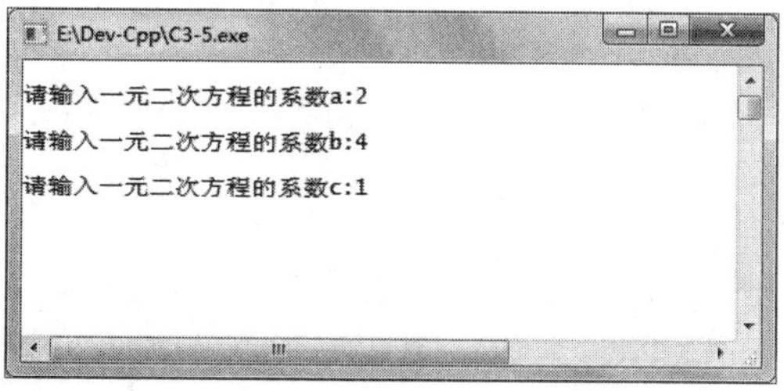

图 3.15　输入一元二次方程的系数

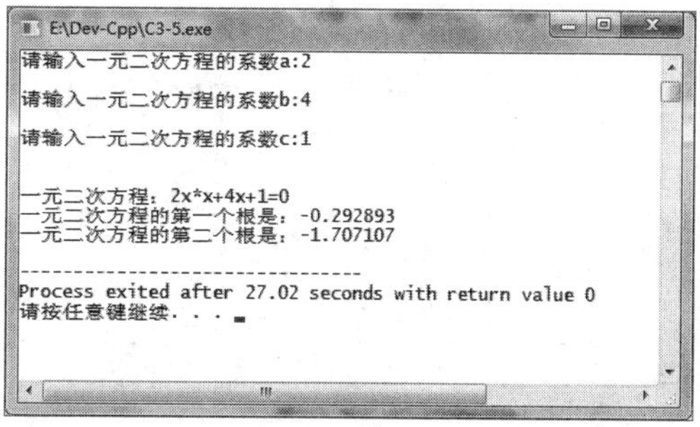

图 3.16　一元二次方程的根

3.3.3　实例：企业奖金发放系统

企业发放奖金一般是根据利润提成来定的，具体规则如下：

第一，利润低于或等于 10 万元时，奖金可提成 5%。

第二，利润高于 10 万元，低于 20 万元时，低于 10 万元的部分按 5% 提成，高于 10

万元的部分，可提成 8%。

第三，利润为 20 万 ~ 40 万元时，高于 20 万元的部分，可提成 10%。

第四，利润为 40 万 ~ 60 万元时，高于 40 万元的部分，可提成 15%。

第五，利润为 60 万 ~ 100 万元时，高于 60 万元的部分，可提成 20%。

第六，利润高于 100 万元时，超过 100 万元的部分按 25% 提成。

下面编写代码，实现动态输入员工的利润，算出员工的提成，即发放的奖金。

双击桌面上的“Dev-C++”桌面快捷图标，打开 Dev-C++ 集成开发环境，然后单击菜单栏中的“文件 / 新建 / 源文件”命令（快捷键：Ctrl+N），新建一个源文件，并命名为“C3-6.c”，然后输入如下代码：

```
#include<stdio.h>
int main()
{
    float  gain ;                               /* 用于存放动态输入的利润 */
    /* 再定义 7 个浮点型变量，分别是不同情况下的奖金提成，以及最终的奖金提成 */
    float  reward1,reward2,reward3,reward4,reward5,reward ;
    printf("\n 请输入你当前年份的利润：");
    scanf("%f",&gain) ;
    /* 根据不同的利润，编写不同的提成计算方法 */
    reward1 = 100000 * 0.05 ;
    reward2 = reward1 + 100000 * 0.08 ;
    reward3 = reward2 + 200000 * 0.1 ;
    reward4 = reward3 + 200000 * 0.15 ;
    reward5 = reward4  + 400000 * 0.2  ;
     /* 利用 if 语句实现，根据输入利润的多少，计算出奖金提成来 */
     if (gain < 100000)
     {
           reward = gain * 0.05 ;
     }
     else if (gain<2000000)
     {
           reward = reward1 + (gain-100000) * 0.08 ;
     }
     else if (gain<4000000)
     {
           reward = reward2 + (gain-200000) * 0.1 ;
     }
     else if (gain<6000000)
     {
           reward = reward3 + (gain-400000) * 0.15 ;
     }
     else if (gain<10000000)
     {
           reward = reward4 + (gain-600000) * 0.2 ;
     }
     else
     {
           reward = reward5 + (gain- 1000000) * 0.25 ;
     }
     printf("\n\n 员工的利润是：%f, \t 其奖金提成为：%f",gain,reward) ;
     return 0 ;
}
```

单击菜单栏中的“运行 / 编译运行”命令（快捷键：F11），运行程序，提醒“请输入你当前年份的利润”，假如在这里输入“580000”，然后回车，就可以看到其奖金提成，如图 3.17 所示。

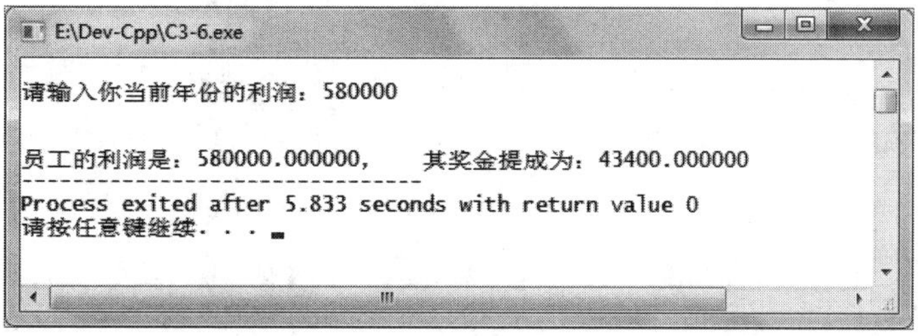

图 3.17　企业奖金发放系统

3.4　逻辑运算符

逻辑运算符可以把语句连接成更复杂的复杂语句。在 C 语言中，逻辑运算符有 3 个，分别是 &&、|| 和！。

3.4.1　逻辑运算符及意义

逻辑运算符及意义如表 3.2 所示。

表 3.2　逻辑运算符及意义

运算符	逻辑表达式	意义
&&	x && y	如果两个操作数都非零，则条件为真
||	x || y	如果两个操作数中有任意一个非零，则条件为真
!	! x	用来逆转操作数的逻辑状态。如果条件为真则逻辑非运算符将使其为假

在使用逻辑运算符时，要注意如下两点：

第一，逻辑运算符的优先级低于关系运算符。

第二，当！、&&、|| 在一起使用时，优先级为！ >&&>||。

3.4.2　实例：判断是否是闰年

闰年是为了弥补因人为历法规定造成的年度天数与地球实际公转周期的时间差而设立的，补上时间差的年份为闰年。

闰年分为两种，分别是普通闰年和世纪闰年。

普通闰年是指能被 4 整除但不能被 100 整除的年份。例如，2012 年、2016 年是普通闰年，而 2017 年、2018 年不是普通闰年。

世纪闰年是指能被400整除的年份。例如，2000年是世纪闰年，但1900不是世纪闰年。

下面编写程序，实现判断输入的年份是否是闰年。

双击桌面上的“Dev-C++”桌面快捷图标，打开Dev-C++集成开发环境，然后单击菜单栏中的“文件/新建/源文件”命令（快捷键：Ctrl+N），新建一个源文件，并命名为“C3-7.c”，然后输入如下代码：

```
# include <stdio.h>
int main()
{
    int year ;
    printf("\n 请输入一个年份：" ) ;
    scanf("%d",&year ) ;
    if ((year % 400 ==0)|| (year % 4 ==0  && year % 100 !=0))
    {
            printf("\n 您输入的年份 : %d 年，是闰年。\n",year) ;
    }
    else
    {
            printf("\n 您输入的年份 : %d 年，不是闰年。\n",year) ;
    }
}
```

单击菜单栏中的“运行/编译运行”命令（快捷键：F11），运行程序，提醒“请输入一个年份”，在这里输入“2018”，然后回车，效果如图3.18所示。

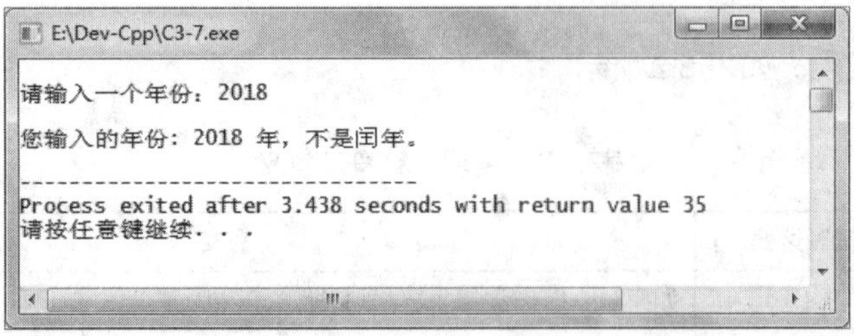

图3.18　判断是否是闰年

3.4.3　实例：输入3个数并显示最大的数

下面通过编程实现从键盘上任意输入3个数，然后显示最大的数。

双击桌面上的“Dev-C++”桌面快捷图标，打开Dev-C++集成开发环境，然后单击菜单栏中的“文件/新建/源文件”命令（快捷键：Ctrl+N），新建一个源文件，并命名为“C3-8.c”，然后输入如下代码：

```
# include <stdio.h>
int main()
{
    int a,b,c ;
    int max ;
    printf("\n 请输入三个数，以空格分隔：") ;
    scanf("%d %d %d",&a,&b,&c ) ;
    if (a>b && a >c)
```

```
        {
                max = a ;
        }
        if (b>a && b>c)
        {
                max = b ;
        }
        if (c>a && c>b)
        {
                max = c ;
        }
        printf("\n 输入的三个数，分别是 %d,%d,%d, 最大的数是：%d",a,b,c,max) ;
        return 0 ;
    }
```

单击菜单栏中的“运行 / 编译运行”命令（快捷键：F11），运行程序，提醒“请输入三个数”，以空格分隔，在这里输入“95 125 86”，然后回车，效果如图 3.19 所示。

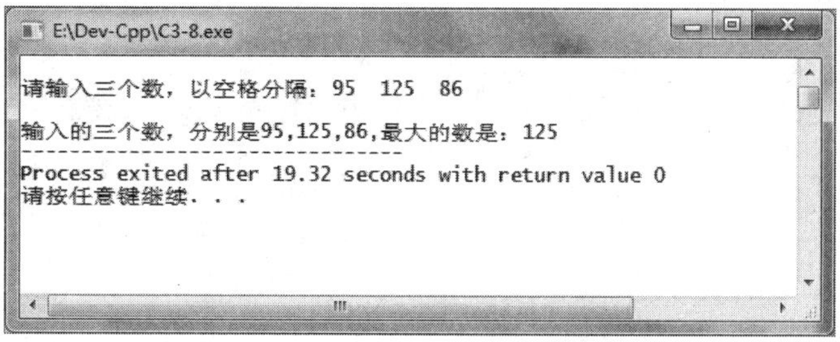

图 3.19　输入 3 个数并显示最大的数

3.4.4　实例：剪刀、石头、布游戏

下面利用 C 语言代码，实现剪刀、石头、布游戏，其中 1 表示布，2 表示剪刀，3 表示石头。

双击桌面上的“Dev-C++”桌面快捷图标，打开 Dev-C++ 集成开发环境，然后单击菜单栏中的“文件 / 新建 / 源文件”命令（快捷键：Ctrl+N），新建一个源文件，并命名为“C3-9.c”，然后输入如下代码：

```
    # include <stdio.h>
    # include <stdlib.h>
    int main()
    {
        int gamecomputer ;
        gamecomputer = rand()%3 ;                /* 产生一个 1~3 的随机整数 */
        int gameplayer ;
        printf("\n 请输入您要出的拳，其中 1 表示布，2 表示剪刀，3 表示石头 :") ;
        scanf("%d",&gameplayer) ;
        if ((gameplayer ==1 && gamecomputer == 3 ) || (gameplayer == 2 &&
gamecomputer == 1) || (gameplayer == 3 && gamecomputer == 2))
        {
                printf("\n 您是高手，您赢了！") ;
        }
        else if (gameplayer == gamecomputer)
        {
                printf("\n 您和电脑一样厉害，平了！") ;
```

```
    }
    else
    {
            printf("\n电脑就是厉害，电脑赢了！ ") ;
    }
}
```

这里要使用随机函数 rand()，所以要先包含 stdlib.h 库文件。随机函数 rand() 随机产生一个范围在 0 ~ 32767 之间的数，然后取模 3，即产生一个 1~3 的随机整数。然后利用 scanf() 函数输入一个数，注意“1 表示布，2 表示剪刀、3 表示石头”，然后就可以利用 if 语句比较到底是电脑赢了，还是用户赢了。

单击菜单栏中的“运行 / 编译运行”命令（快捷键：F11），运行程序，提醒“请输入您要出的拳”，如果用户输入“1”，即布，这时计算机随机产生一个数，然后进行条件判断，结果如图 3.20 所示。

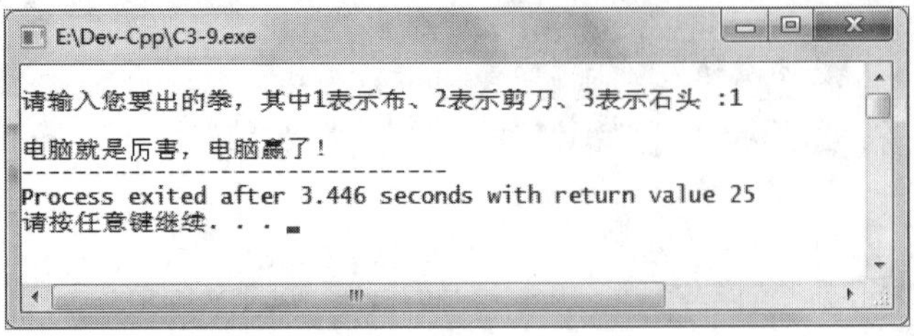

图 3.20　剪刀、石头、布游戏

3.5　嵌套 if 语句

在嵌套 if 语句中，可以把 if...else 结构放在另外一个 if...else 结构中。

3.5.1　嵌套 if 语句的一般格式

嵌套 if 语句的一般格式如下：

```
if  (判断条件 1)
{
    语句块 1
    if (判断条件 2)
    {
        语句块 2
     }
    else if  (判断条件 3)
      {
 语句块 3
}
    else
      {
          语句块 4
```

```
        }
}
else if （判断条件 4）
{
    语句块 5
}
else
{
    语句块 6
}
```

嵌套 if 语句的执行具体如下：

如果“判断条件 1”为 True，则将执行“语句块 1”，并判断“判断条件 2”。如果“判断条件 2”为 True，则将执行“语句块 2”；如果“判断条件 2”为 False，则将判断“判断条件 3”。如果“判断条件 3”为 True，则将执行“语句块 3”；如果“判断条件 3”为 False，则将执行“语句块 4”。

如果“判断条件 1”为 False，则将判断“判断条件 4”。如果“判断条件 4”为 True，则将执行“语句块 5”；如果“判断条件 4”为 False，则将执行“语句块 6”。

3.5.2 实例：判断一个数是否是 2 或 3 的倍数

双击桌面上的“Dev-C++”桌面快捷图标，打开 Dev-C++ 集成开发环境，然后单击菜单栏中的“文件 / 新建 / 源文件”命令（快捷键：Ctrl+N），新建一个源文件，并命名为“C3-10.c”，然后输入如下代码：

```
# include <stdio.h>
int main()
{
    int num ;
    printf("\n 请输入一个数：") ;
    scanf("%d",&num) ;
    if (num % 2 == 0)
    {
            if (num % 3 == 0)
            {
                    printf(" 输入的数是：%d，可以整除 2，也可以整除 3",num) ;
            }
            else
            {
                    printf(" 输入的数是：%d，可以整除 2，不能整除 3",num) ;
            }
    }
    else
    {
            if (num % 3 == 0)
            {
                    printf(" 输入的数是：%d，可以整除 3，不能整除 2",num) ;
            }
            else
            {
                    printf(" 输入的数是：%d，不能整除 2，也不能整除 3",num) ;
            }
    }
}
```

单击菜单栏中的“运行 / 编译运行”命令（快捷键：F11），运行程序，提醒“请输入一个数”，如果输入“6”，就会显示“输入的数是：6，可以整除 2，也可以整除 3”。如果输入“13”，就会显示“输入的数是：13，不能整除 2，也不能整除 3”。在这里输入“28”，显示“输入的数是：28，可以整除 2，不能整除 3”，如图 3.21 所示。

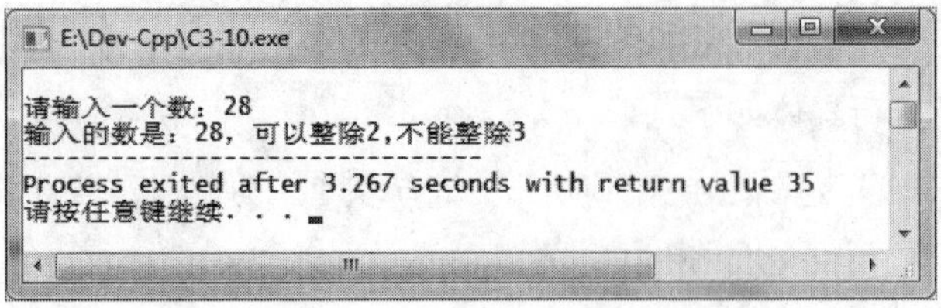

图 3.21　判断一个数是否是 2 或 3 的倍数

3.5.3　实例：判断正负数

下面编写程序，实现输入一个数，然后判断该数是正数，负数，还是零。

双击桌面上的“Dev-C++”桌面快捷图标，打开 Dev-C++ 集成开发环境，然后单击菜单栏中的“文件 / 新建 / 源文件”命令（快捷键：Ctrl+N），新建一个源文件，并命名为“C3-11.c”，然后输入如下代码：

```
#include <stdio.h>
int main()
{
    float number;
    printf("\n 输入一个数 :");
    scanf("%f", &number);
    if (number <= 0.0)
    {
        if (number == 0.0)
            printf(" 输入的是 0。");
        else
            printf(" 你输入的是: %f, 是个负数。",number);
    }
    else
        printf(" 你输入的是: %f, 是个正数。",number);
}
```

单击菜单栏中的“运行 / 编译运行”命令（快捷键：F11），运行程序，提醒“输入一个数”，如果输入“15”，就会显示“你输入的是：15.000000，是个正数。”。如果输入“0”，就会显示“输入的是 0。”。在这里输入“-8”，然后回车，如图 3.22 所示。

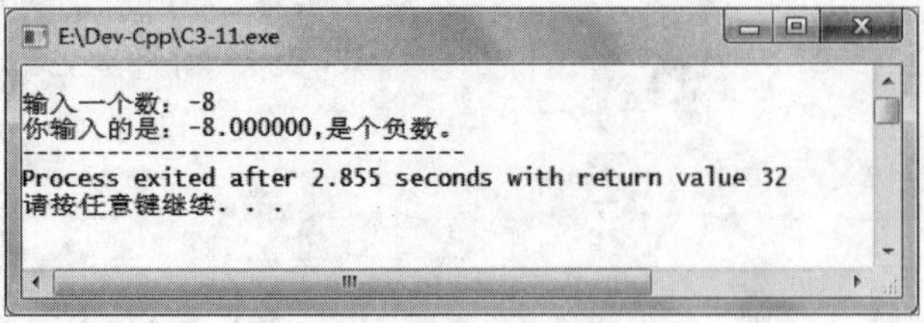

图 3.22　判断正负数

3.6 条件运算符和条件表达式

在 C 语言中，把“? : ”称为条件运算符，这是 C 语言中唯一的有 3 个操作对象的运算符。由条件运算符构成的表达式称为表达式，其语法格式如下：

```
表达式 1 ? 表达式 2 : 表达式 3
```

其求值规则为：如果表达式 1 的值为真，则以表达式 2 的值作为整个条件表达式的值，否则以表达式 3 的值作为整个条件表达式的值。条件表达式通常用于赋值语句之中。

下面利用条件表达式实现，任意输入一个数，显示这个数的绝对值，即显示的数是正数。

双击桌面上的“Dev-C++”桌面快捷图标，打开 Dev-C++ 集成开发环境，然后单击菜单栏中的“文件 / 新建 / 源文件”命令（快捷键：Ctrl+N），新建一个源文件，并命名为“C3-12.c”，然后输入如下代码：

```
# include <stdio.h>
int main()
{
    int x,y ;
    printf("\n 请输入一个不为零的数：") ;
    scanf("%d",&x) ;
    y = x > 0 ? x : -x ;
    printf(" 输入的数是：%d, 其绝对值是：%d",x,y) ;
}
```

单击菜单栏中的“运行 / 编译运行”命令（快捷键：F11），运行程序，提醒“请输入一个不为零的数”，这里输入“-15”，然后回车，如图 3.23 所示。

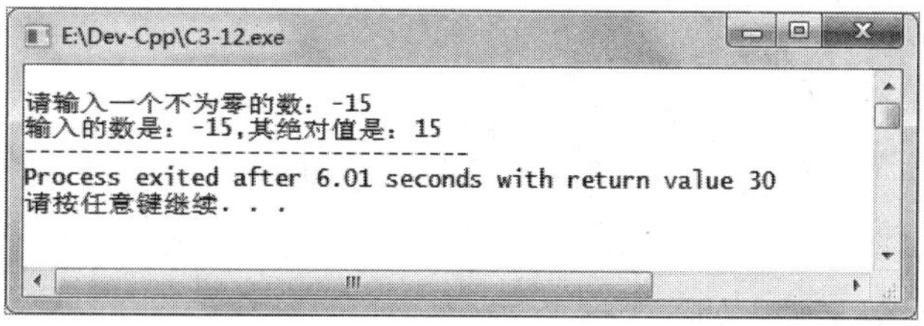

图 3.23　显示输入数的绝对值

3.7 switch 语句

switch 语句是另外一种选择结构的语句，用来代替简单的、拥有多个分支的 if...else 语句。

3.7.1 switch 语句的一般格式

switch 语句可以构成多分支选择结构，其语法格式如下：

```
switch(表达式){
    case 整型数值1: 语句 1;
    case 整型数值2: 语句 2;
    ......
    case 整型数值n: 语句 n;
    default: 语句 n+1;
}
```

switch 语句的执行过程如下：

第一，计算“表达式”的值，假设为 m。

第二，从第一个 case 开始，比较“整型数值 1”和 m，如果它们相等，就执行冒号后面的所有语句，也就是从“语句 1”一直执行到“语句 n+1”，而不管后面的 case 是否匹配成功。

第三，如果“整型数值 1”与 m 不相等，就跳过冒号后面的“语句 1”，继续比较第二个 case、第三个 case……一旦发现与某个整型数值相等，就会执行后面所有的语句。假设 m 与“整型数值 5”相等，就会从“语句 5”一直执行到“语句 n+1”。

第四，如果直到最后一个“整型数值 n”都没有找到相等的值，就执行 default 后的“语句 n+1”。

3.7.2 实例：根据输入的数显示相应的星期几

如果输入“1”，就会显示“星期一”；如果输入“2”，就会显示“星期二”……如果输入“7”，就会显示星期日。

双击桌面上的“Dev-C++”桌面快捷图标，打开 Dev-C++ 集成开发环境，然后单击菜单栏中的“文件 / 新建 / 源文件”命令（快捷键：Ctrl+N），新建一个源文件，并命名为“C3-13.c”，然后输入如下代码：

```
#include <stdio.h>
int main()
{
    int week;
    printf("\n请输入1~7之间的任意一个数:\n");
    scanf("%d",&week);
    switch(week)
    {
        case 1: printf("星期一\n"); break ;
        case 2: printf("星期二\n"); break ;
        case 3: printf("星期三\n"); break ;
        case 4: printf("星期四\n"); break ;
        case 5: printf("星期五\n"); break ;
        case 6: printf("星期六\n"); break ;
        case 7: printf("星期日\n"); break ;
        default:printf("输入的数，不在1~7之间！\n"); break ;
    }
```

```
        return 0;
    }
```

单击菜单栏中的“运行 / 编译运行”命令（快捷键：F11），运行程序，提醒“请输入 1 ~ 7 之间的任意一个数”，这里输入“5”，然后回车，如图 3.24 所示。

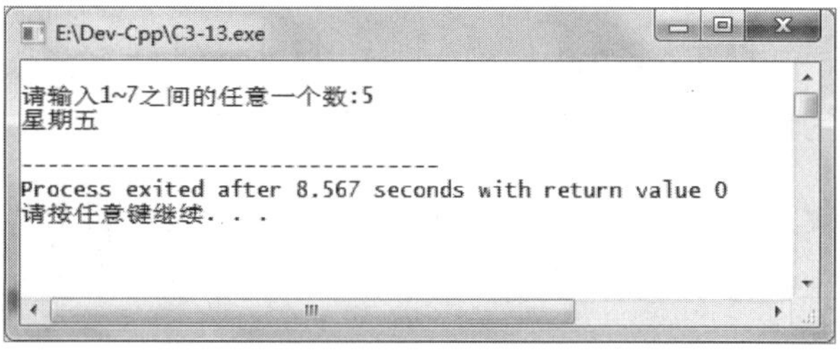

图 3.24　根据输入的数显示相应的星期几

3.7.3　实例：根据输入的年份和月份显示该月有多少天

前面已讲过，如何判断某年是否是闰年，下面根据输入的年份和月份，显示该月有多少天。

双击桌面上的“Dev-C++”桌面快捷图标，打开 Dev-C++ 集成开发环境，然后单击菜单栏中的“文件 / 新建 / 源文件”命令（快捷键：Ctrl+N），新建一个源文件，并命名为“C3-14.c”，然后输入如下代码：

```
    #include<stdio.h>
    int main()
    {
        int year, month, ex;
        printf("\n 请输入年份及月份（空格分隔）: ");
        scanf("%d %d", &year, &month);
        if(month < 1 || month > 12)
        {
            printf(" 输入错误！！输入的月份应该在 1~12 之间！ ");
        }
        else
        {
            if((year%4 == 0 && year%100 != 0) || year%400 == 0)
                {
                 ex = 1;
            }
                else
                {
                 ex = 0;
            }
            switch(month)
                {
                  case 4: case 6: case 9: case 11: printf("\n\n%d 年 %d 月 \t 有 %d 天。
",year, month, 30); break;
                      case 2: printf("\n\n%d 年 %d 月 \t 有 %d 天。",year, month, 28+ex);
break;
                 default: printf("\n\n%d 年 %d 月 \t 有 %d 天。", year,month, 31);
            }
        }
    }
```

单击菜单栏中的“运行 / 编译运行”命令（快捷键：F11），运行程序，提醒“请输入年份及月份（空格分隔）”，如果输入的是闰年，那么 2 月是 29 天，1、3、5、7、8、10、12 月为 31 天，而 4、6、9、11 月为 30 天。如果输入的是平年，那么 2 月是 28 天，1、3、5、7、8、10、12 月为 31 天，而 4、6、9、11 月为 30 天。如果输入的月份不在 1 ~ 12 之间，就会显示“输入错误！！输入的月份应该在 1~12 之间！”。

在这里输入“2019 2”，即 2019 年 2 月，就会显示有多少天，如图 3.25 所示。

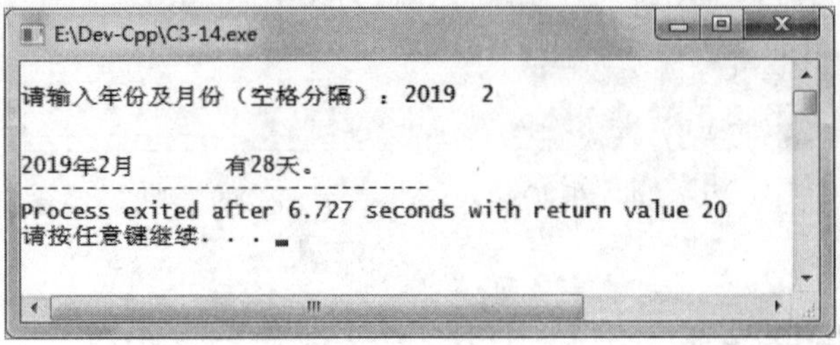

图 3.25 根据输入的年份和月份显示该月有多少天

第 4 章

C 语言的循环结构

在程序设计中，循环是指从某处开始有规律地反复执行某一块语句的现象，将复制执行的块语句称为循环的循环体。使用循环体可以简化程序，节约内存、提高效率。

本章主要内容包括：

- while 循环的一般格式
- 实例：利用 while 循环显示 26 个小写字母
- 实例：随机产生 10 个随机数并打印最大的数
- 实例：求 s=a+aa+aaa+……+aa...a 的值
- 实例：猴子吃桃问题
- do-while 循环的一般格式
- 实例：利用 do-while 循环显示 26 个大写字母及对应的 ASII 码
- 实例：计算 1+2+3+……+100 的和
- 实例：阶乘求和
- for 循环的一般格式
- 实例：显示 100 之内的奇数
- 实例：分解质因数
- 实例：小球反弹的高度
- 实例：显示 9*9 乘法表
- 实例：显示国际象棋棋盘
- 实例：绘制？号的菱形
- 实例：斐波那契数列
- 实例：杨辉三角
- 实例：弗洛伊德三角形
- break 语句和 continue 语句

4.1 while 循环

while 循环是计算机的一种基本循环模式，当条件满足时进入循环，进入循环后，当条件不满足时，跳出循环。

4.1.1 while 循环的一般格式

在 C 语言中，while 循环的一般格式如下：

```
while(表达式)
{
    语句块
}
```

while 循环的具体运行是先计算“表达式”的值，当值为真（非 0）时，执行“语句块”。执行完“语句块”，再次计算表达式的值，如果为真，则继续执行“语句块”……这个过程会一直重复，直到表达式的值为假（0），就退出循环，执行 while 后面的代码。

4.1.2 实例：利用 while 循环显示 26 个小写字母

双击桌面上的“Dev-C++”桌面快捷图标，打开 Dev-C++ 集成开发环境，然后单击菜单栏中的“文件 / 新建 / 源文件”命令（快捷键：Ctrl+N），新建一个源文件，并命名为“C4-1.c”，然后输入如下代码：

```
#include <stdio.h>
int main()
{
    char myc ;
    myc = 'a' ;
    printf("\n利用while循环显示26个小写字母：\n\n") ;
    while(myc<='z')
    {
            printf("%c\t",myc) ;
            myc ++ ;
    }
}
```

单击菜单栏中的“运行 / 编译运行”命令（快捷键：F11），运行程序，效果如图 4.1 所示。

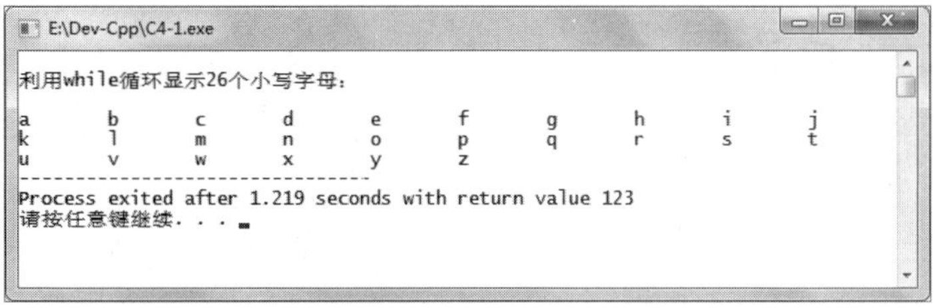

图 4.1　利用 while 循环显示 26 个小写字母

4.1.3　实例：随机产生 10 个随机数并打印最大的数

下面编写 C 语言代码，实现随机产生 10 个随机数，并打印最大的数。

双击桌面上的“Dev-C++”桌面快捷图标，打开 Dev-C++ 集成开发环境，然后单击菜单栏中的“文件 / 新建 / 源文件”命令（快捷键：Ctrl+N），新建一个源文件，并命名为“C4-2.c”，然后输入如下代码：

```
#include <stdio.h>
#include <stdlib.h>
int main()
{
    int max ;    /* 定义变量，存放随机数中的最大数 */
    int i, t ;
    i = 1 ;
    while (i<=10)
    {
            t = rand()%1000+1 ;   /* 在 1~1000 之间随机产生一个数 */
            i = i+1 ;
            printf("\n 第 %d 随机数是 : %d ",i-1,t) ;   /* 显示第几个随机数是几 */
            if (t>max)
            {
                    max = t ;    /* 把随机数中的最大数放到 max 中 */
            }
    }
    printf("\n\n 这 10 个数中，最大的数是：%d",max) ;
}
```

这里要调用随机函数 rand()，所以要包括 stdlib.h 库文件。

单击菜单栏中的“运行 / 编译运行”命令（快捷键：F11），运行程序，效果如图 4.2 所示。

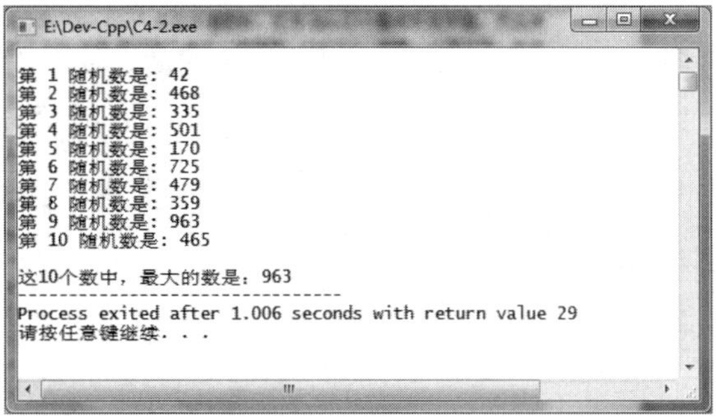

图 4.2　随机产生 10 个随机数并打印最大的数

4.1.4 实例：求 s=a+aa+aaa+⋯⋯+aa...a 的值

下面编写 C 语言代码，求 s=a+aa+aaa+⋯⋯+aa...a 的值。在这里可以动态输入 a 的值，还要输入共有几个数 n。

双击桌面上的“Dev-C++”桌面快捷图标，打开 Dev-C++ 集成开发环境，然后单击菜单栏中的“文件 / 新建 / 源文件”命令（快捷键：Ctrl+N），新建一个源文件，并命名为“C4-3.c”，然后输入如下代码：

```
# include <stdio.h>
int main()
{
    float t , s=0 ;
    int a,n ;
    printf("\n请输入a和n的值，空格为分隔符：");
    scanf("%d%d",&a,&n);
    t=a ;   /* 把输入的a值赋给变量t*/
    while(n>0)
    {
        s= s + t ;  /* 变量s存放a+aa+aaa+...+aa...a*/
        a= a*10 ;   /* 每循环一次，a的值扩大10倍 */
        t= t + a;   /* 变量t为aaa…aa的值 */
        n--;        /* 控制循环次数 */
    }
    printf("\na+aa+...+aaa…aa=%f\n",s);
}
```

单击菜单栏中的“运行 / 编译运行”命令（快捷键：F11），运行程序，提醒“请输入 a 和 n 的值，空格为分隔符”，在这里输入“8 6”，然后回车，效果如图 4.3 所示。

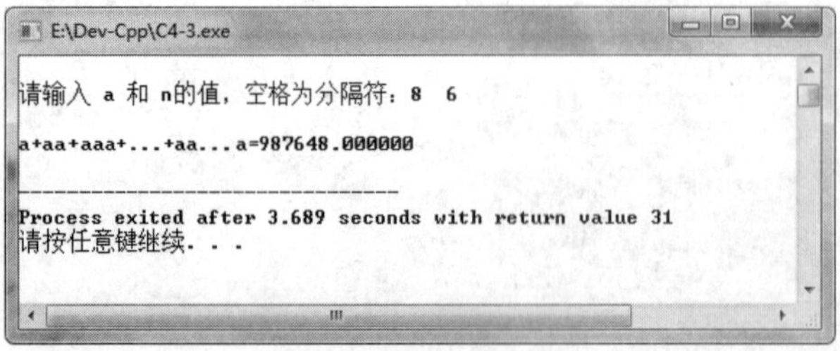

图 4.3　求 s=a+aa+aaa+⋯⋯+aa...a 的值

4.1.5 实例：猴子吃桃问题

猴子第一天摘下若干个桃子，当即吃了一半，还不过瘾，又多吃了一个。第二天早上又将剩下的桃子吃掉一半，又多吃了一个。以后每天早上都吃了前一天剩下的一半多一个，到第 10 天早上想再吃时，见只剩下一个桃子了。求第一天共摘了多少个桃子。

这里采用逆向思维，从后往前推，具体如下：

假设 $x1$ 为前一天桃子数，$x2$ 为第二天桃子数，则：

$x2=x1/2-1$，$x1=(x2+1)*2$

$x3=x2/2-1$，$x2=(x3+1)*2$

以此类推：x 前 $=(x$ 后 $+1)*2$

这样，从第 10 天可以类推到第 1 天，是一个循环过程，利用 while 循环来实现。

双击桌面上的“Dev-C++”桌面快捷图标，打开 Dev-C++ 集成开发环境，然后单击菜单栏中的“文件 / 新建 / 源文件”命令（快捷键：Ctrl+N），新建一个源文件，并命名为“C4-4.c”，然后输入如下代码：

```
# include <stdio.h>
int main()
{
    int day, x1 = 0, x2;
     day=9 ;
     x2=1;
     printf("\n 第 10 天的桃数为：1\n") ;
     while(day>0)
    {
         x1 =(x2+1)*2 ;   /* 第一天的桃子数是第二天桃子数加 1 后的 2 倍 */
         x2 = x1 ;
         day-- ;
         printf("\n 第 %d 天的桃数为 %d\n",day+1,x1);
    }
}
```

单击菜单栏中的“运行 / 编译运行”命令（快捷键：F11），运行程序，这时就可以看到每天的桃数，如图 4.4 所示。

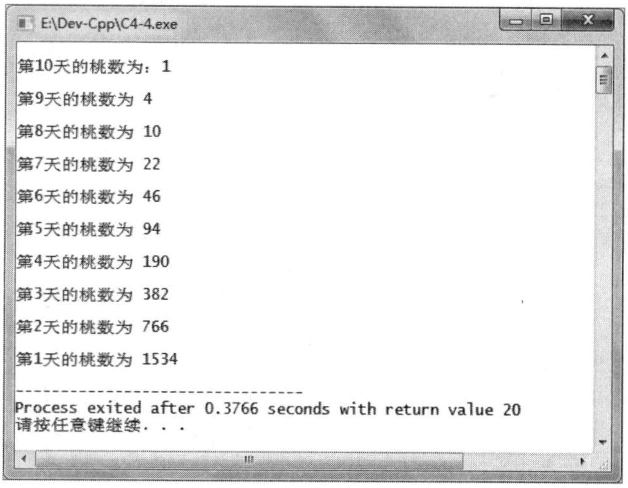

图 4.4　猴子吃桃问题

4.2　do–while 循环

除了 while 循环，在 C 语言中还有一种 do–while 循环。

4.2.1 do-while 循环的一般格式

在 C 语言中，do-while 循环的一般格式如下：

```
do
{
    语句块
}
while(表达式);
```

do-while 循环与 while 循环的不同在于：它会先执行“语句块”，再判断表达式是否为真。如果为真，则继续循环；如果为假，则终止循环。因此，do-while 循环至少要执行一次“语句块”。

4.2.2 实例：利用 do-while 循环显示 26 个大写字母及对应的 ASII 码

双击桌面上的“Dev-C++”桌面快捷图标，打开 Dev-C++ 集成开发环境，然后单击菜单栏中的“文件 / 新建 / 源文件”命令（快捷键：Ctrl+N），新建一个源文件，并命名为“C4-5.c”，然后输入如下代码：

```
#include <stdio.h>
int main()
{
    char myc ;
    myc = 'A' ;
    printf("\n 利用 do-while 循环显示 26 个大写字母及对应的 ASII 码：\n") ;
    do
    {
          printf("%c 的 ASII 码是：%d\n",myc,myc) ;
          myc ++ ;
    } while(myc<='Z') ;
}
```

单击菜单栏中的“运行 / 编译运行”命令（快捷键：F11），运行程序，26 个大写字母及对应的 ASII 码如图 4.5 所示。

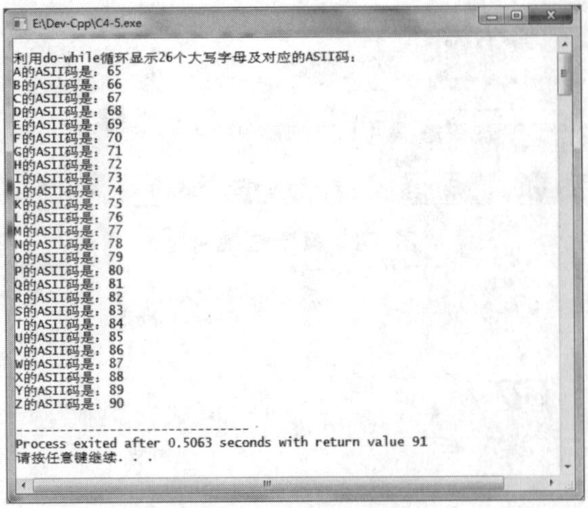

图 4.5　26 个大写字母及对应的 ASII 码

4.2.3 实例：计算 1+2+3+……+100 的和

下面编写 C 语言代码，计算 1+2+3+……+100 的和。

双击桌面上的“Dev−C++”桌面快捷图标，打开 Dev−C++ 集成开发环境，然后单击菜单栏中的“文件 / 新建 / 源文件”命令（快捷键：Ctrl+N），新建一个源文件，并命名为“C4−6.c”，然后输入如下代码：

```
#include <stdio.h>
int main()
{
    int mysum , num ;
    mysum = 0 ;
    num = 1 ;
    do {
             mysum= mysum + num   ;
             num +=1 ;
    } while (num<=100) ;
  printf("\n1 加到 100 的和为：%d" ,mysum) ;
}
```

单击菜单栏中的“运行 / 编译运行”命令（快捷键：F11），运行程序，计算 1+2+3+……+100 的和，如图 4.6 所示。

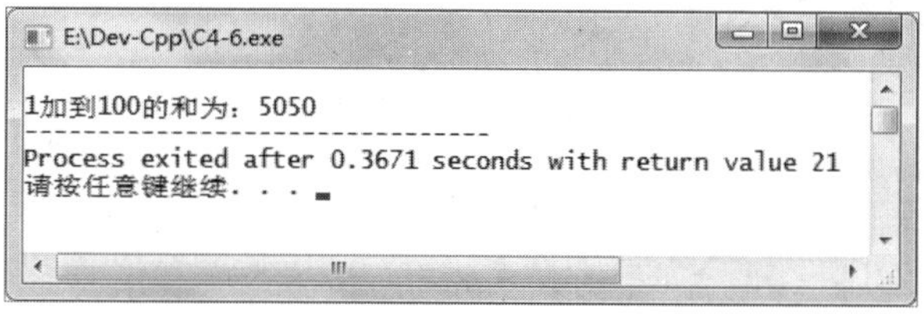

图 4.6 计算 1+2+3+……+100 的和

4.2.4 实例：阶乘求和

阶乘是基斯顿・卡曼（Christian Kramp，1760 ~ 1826）于 1808 年发明的运算符号，是数学术语。

一个正整数的阶乘是所有小于及等于该数的正整数的积，并且 0 的阶乘为 1。自然数 n 的阶乘写作 n!，其计算公式如下：

$n!=1\times2\times3\times\ldots\times n$

下面编写 C 语言代码，求出 1！ +2！ +……+10！ 之和。

双击桌面上的“Dev−C++”桌面快捷图标，打开 Dev−C++ 集成开发环境，然后单击菜单栏中的“文件 / 新建 / 源文件”命令（快捷键：Ctrl+N），新建一个源文件，并命名为“C4−7.c”，然后输入如下代码：

```
# include <stdio.h>
int main()
{
```

```
    int n, t  ;
    float  s ;
    n = 0 ;                                  /* 定义整型变量，用于统计循环次数 */
     t = 1  ;                                /* 定义整型变量，用于计算每个数的阶乘 */
     s = 0.0  ;                              /* 定义整型变量，用于计算阶乘之和 */
     do {
           n = n +1  ;                       /* 变量 n 加 1*/
           t = t * n  ;                      /* 每个数的阶乘 */
           s = s + t  ;                      /* 阶乘之和 */
    } while(n<10) ;
    printf("\n1!+2!+……+10! = %f" ,s) ;
}
```

单击菜单栏中的“运行 / 编译运行”命令（快捷键：F11），运行程序，求出 1！ +2！+……+10！之和，如图 4.7 所示。

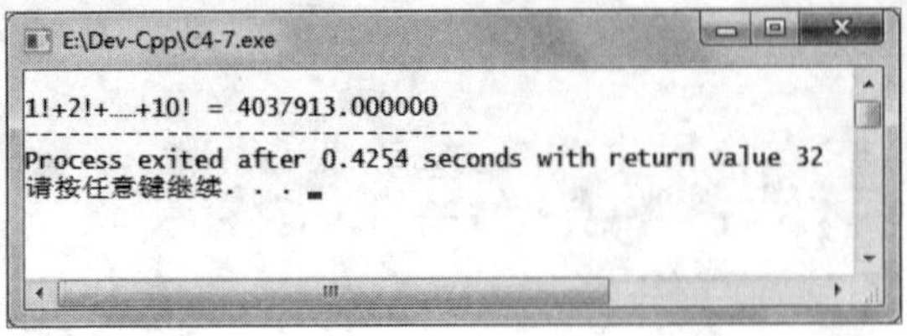

图 4.7　计算 1！ +2！ +……+10！的和

4.3　for 循环

除了 while 循环，C 语言中还有 for 循环，它的使用更加灵活。

4.3.1　for 循环的一般格式

在 C 语言中，for 循环的一般格式如下：

```
for(表达式 1; 表达式 2; 表达式 3)
{
    语句块
}
```

for 循环的运行过程如下：

第一，执行“表达式 1”。

第二，执行“表达式 2”，如果它的值为真（非 0），则执行循环体，否则结束循环。

第三，执行完循环体后，再执行“表达式 3”。

第四，重复执行第二和第三，直到“表达式 2”的值为假，就结束循环。

4.3.2　实例：显示 100 之内的奇数

双击桌面上的“Dev–C++”桌面快捷图标，打开 Dev–C++ 集成开发环境，然后单

击菜单栏中的“文件 / 新建 / 源文件”命令（快捷键：Ctrl+N），新建一个源文件，并命名为“C4-8.c”，然后输入如下代码：

```
#include <stdio.h>
int main()
{
    int i;
    printf("\n 利用 for 循环显示 100 之内的奇数 \n\n") ;
    for(i = 1; i <= 100; i++)
    {
        if(i%2 == 1)
            printf(" %d\t", i);
    }
    return 0;
}
```

单击菜单栏中的“运行 / 编译运行”命令（快捷键：F11），运行程序，就可以看到 100 之内的奇数，如图 4.8 所示。

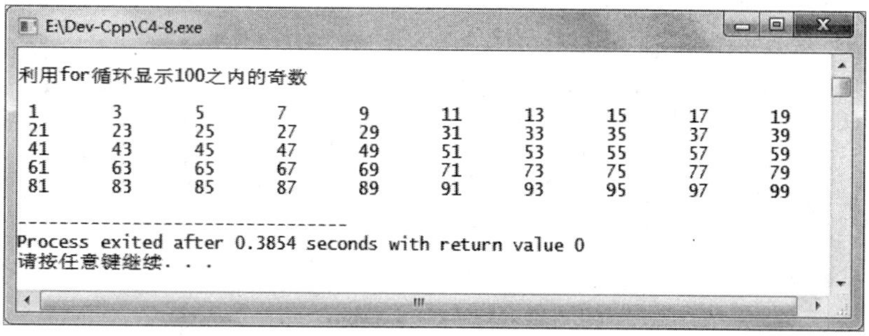

图 4.8　显示 100 之内的奇数

4.3.3　实例：分解质因数

每个合数都可以写成几个质数相乘的形式，其中每个质数都是这个合数的因数，把一个合数用质因数相乘的形式表示出来，叫作分解质因数，如 30=2×3×5 。分解质因数只针对合数，合数是指除 1 和它本身外，还有因数的数。下面编写程序代码，实现分解质因数。

双击桌面上的“Dev-C++”桌面快捷图标，打开 Dev-C++ 集成开发环境，然后单击菜单栏中的“文件 / 新建 / 源文件”命令（快捷键：Ctrl+N），新建一个源文件，并命名为“C4-9.c”，然后输入如下代码：

```
#include<stdio.h>
int main()
{
    int n,i;
    printf("\n 请输入一个合数：");
    scanf("%d",&n);
    printf("\n\n 合数分解质因数是：%d=",n);
    /* 利用 for 循环让合数分别短除 2 到 n*/
    for(i=2;i<=n;i++)
    {
            /* 利用 while 循环让合数取模 i，余数为 0，则显示 */
```

```
            while(n%i==0)
            {
                printf("%d",i);
                n/=i;       /*n 为 n 除以 i 的商 */
                if(n!=1) printf("*");   /* 一直到 n 等于 1，退出 while 循环，如果不等于 1，则
显示乘号 */
            }
        }
    }
```

这里其实是一个循环嵌套，即 for 循环中嵌套 while 循环，从而实现合数分解质因数。

单击菜单栏中的“运行 / 编译运行”命令（快捷键：F11），运行程序，提醒“请输入一个合数”，在这里输入“360”，然后回车，就可以看到 360 的分解质因数，如图 4.9 所示。

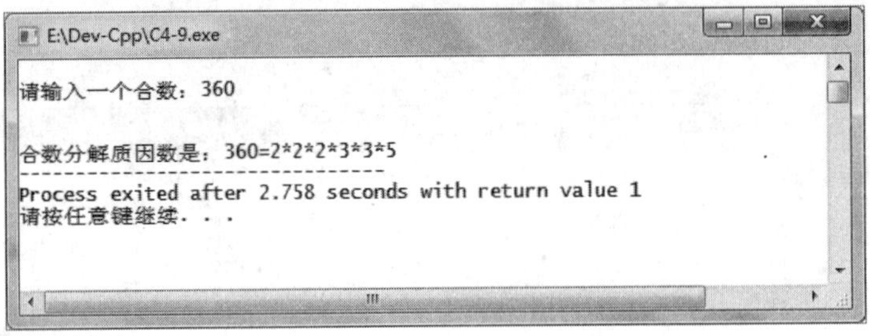

图 4.9　分解质因数

4.3.4　实例：小球反弹的高度

一个小球从 300 米高度自由落下，每次落地后反跳回原高度的一半，再落下。求它在第 15 次落地时，共经过多少米？

双击桌面上的“Dev-C++”桌面快捷图标，打开 Dev-C++ 集成开发环境，然后单击菜单栏中的“文件 / 新建 / 源文件”命令（快捷键：Ctrl+N），新建一个源文件，并命名为“C4-10.c”，然后输入如下代码：

```
#include<stdio.h>
int main()
{
    int i ;
    float h,s;        // 定义两个浮点型变量，分别用来存放每次反弹的高度和一共反弹的高度
    h=s=300;
    h=h/2;            // 第一次反弹的高度
    printf("\n 第一次反弹的高度是：%f",h) ;
    for ( i=2 ; i<= 15 ; i++ )
    {
        s=s+2*h;
        h=h/2;
        printf("\n 第 %d 次反弹的高度是：%f",i,h) ;
    }
    printf("\n\n 第 15 次落地时，一共反弹 %f 米 \n",s);
}
```

单击菜单栏中的“运行 / 编译运行”命令（快捷键：F11），运行程序，就可以看到

每次小球反弹的高度及第 15 次落地时，一共反弹多少米，如图 4.10 所示。

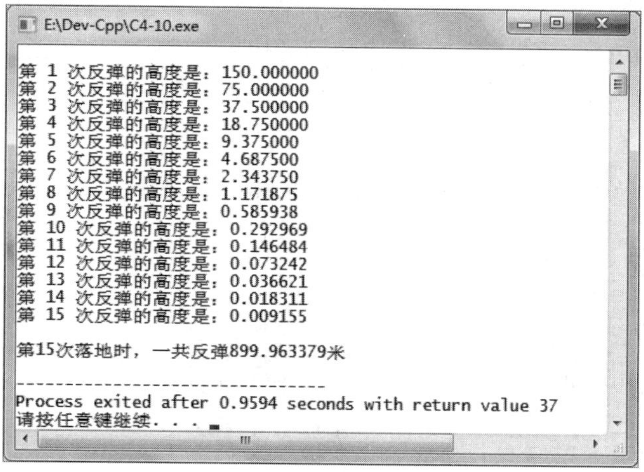

图 4.10　小球反弹的高度

4.4　循环嵌套

while 循环、do-while 循环和 for 循环，这 3 种形式的循环可以互相嵌套，构成多层次的复杂循环结构，从而解决一些实际生活中的问题。但需要注意的是，每一层循环在逻辑上必须是完整的。另外，采用按层缩进的格式书写多层次循环有利于用户阅读程序和发现程序中的问题。

4.4.1　实例：显示 9*9 乘法表

双击桌面上的“Dev-C++”桌面快捷图标，打开 Dev-C++ 集成开发环境，然后单击菜单栏中的“文件 / 新建 / 源文件”命令（快捷键：Ctrl+N），新建一个源文件，并命名为“C4-11.c”，然后输入如下代码：

```
# include <stdio.h>
int main()
{
    int i , j ;
    printf("\n 显示 9*9 乘法表 \n") ;
    // 利用 i 控制显示的行数，也是两个数相乘的第一个数
    for(i=1;i<=9;i++)
    {
            //j 为两个数相乘的第二个数
            for (j=1 ; j<=i; j++)
            {
                    printf("%d*%d=%d ",i,j,i*j) ;
            }
            // 换行
```

```
            printf("\n") ;
        }
    }
```

单击菜单栏中的“运行 / 编译运行”命令（快捷键：F11），运行程序，就可以看到 9*9 乘法表，如图 4.11 所示。

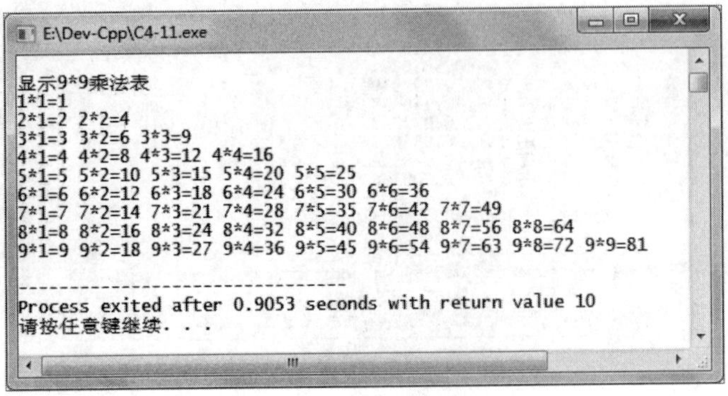

图 4.11　显示 9*9 乘法表

4.4.2　实例：显示国际象棋棋盘

国际象棋棋盘由 64 个黑白相间的格子组成，分为 8 行 ×8 列。下面编写 C 语言代码，实现国际象棋棋盘的显示。

双击桌面上的“Dev–C++”桌面快捷图标，打开 Dev–C++ 集成开发环境，然后单击菜单栏中的“文件 / 新建 / 源文件”命令（快捷键：Ctrl+N），新建一个源文件，并命名为“C4–12.c”，然后输入如下代码：

```
#include<stdio.h>
int main()
{
    //API 函数 SetConsoleOutputCP 用于设置控制台程序输出内码表
    // 内码表是 IBM 称呼电脑 BIOS 本身支持的字符集编码的名称
     SetConsoleOutputCP(437);
     int i,j;
     for(i=0;i<8;i++)
     {
          for(j=0;j<8;j++)
              // 当 i+j 的和是 2 的倍数时，打印两个白色块，否则打开两个空格
               if((i+j)%2==0)
                    printf("%c%c",219,219);
               else printf("  ");
          // 换行
          printf("\n");
     }
}
```

单击菜单栏中的“运行 / 编译运行”命令（快捷键：F11），运行程序，就可以看到国际象棋棋盘，如图 4.12 所示。

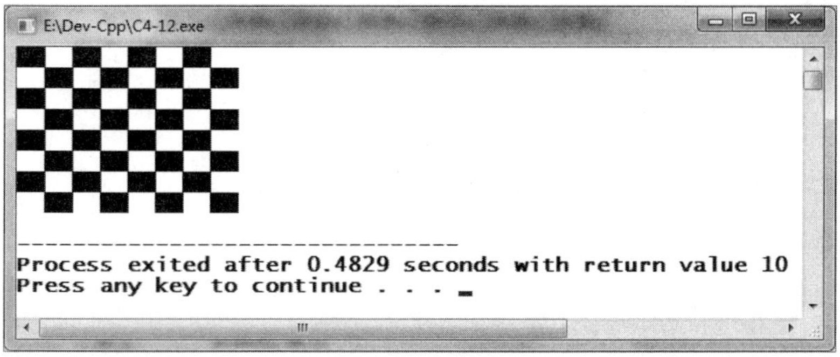

图 4.12　国际象棋棋盘

4.4.3　实例：绘制？号的菱形

下面编写 C 语言代码，绘制？号的菱形。

双击桌面上的“Dev-C++”桌面快捷图标，打开 Dev-C++ 集成开发环境，然后单击菜单栏中的“文件 / 新建 / 源文件”命令（快捷键：Ctrl+N），新建一个源文件，并命名为“C4-13.c”，然后输入如下代码：

```
#include <stdio.h>
int main()
{
    int i,j,k;
    //绘制菱形的上半部分，利用 i 控制显示？的行数
    for(i=0;i<=10;i++) {
            //利用 j 控制显示每行空格的个数
        for(j=0;j<=9-i;j++) {
            printf(" ");
        }
        //利用 k 控制显示每行 ? 的个数
        for(k=0;k<=2*i;k++) {
            printf("?");
        }
        //换行
        printf("\n");
    }
    //同理，利用 for 嵌套绘制菱形的下半部分
    for(i=0;i<=9;i++) {
        for(j=0;j<=i;j++) {
            printf(" ");
        }
        for(k=0;k<=18-2*i;k++) {
            printf("?");
        }
        printf("\n");
    }
}
```

单击菜单栏中的“运行 / 编译运行”命令（快捷键：F11），运行程序，就可以看到绘制？号的菱形，如图 4.13 所示。

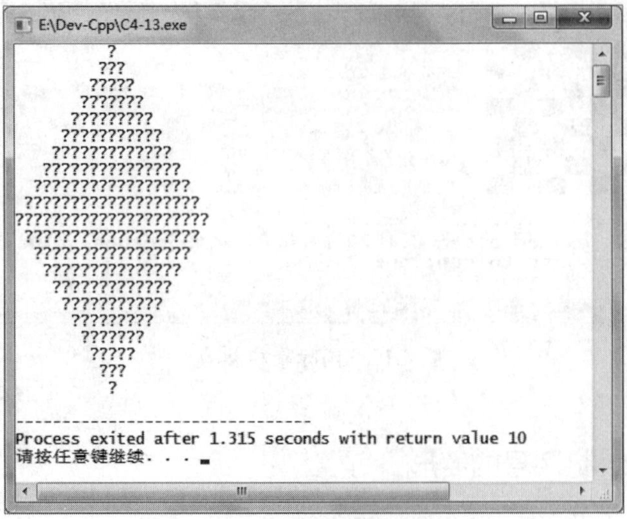

图 4.13　绘制？号的菱形

4.4.4　实例：斐波那契数列

斐波那契数列（Fibonacci sequence）又称为黄金分割数列，因数学家列昂纳多·斐波那契以兔子繁殖为例子而引入，故又称为“兔子数列”，是指这样一个数列：1、1、2、3、5、8、13、21、34、……。

这个数列从第三项开始，每一项都等于前两项之和。

下面编写 C 语言程序，实现输出指定数量的斐波那契数列。

双击桌面上的“Dev-C++”桌面快捷图标，打开 Dev-C++ 集成开发环境，然后单击菜单栏中的“文件 / 新建 / 源文件”命令（快捷键：Ctrl+N），新建一个源文件，并命名为“C4-14.c”，然后输入如下代码：

```
#include <stdio.h>
int main()
{
    int i, n, t1 = 0, t2 = 1, nextTerm;
    printf("\n 要显示斐波那契数列，前几项 : ");
    scanf("%d", &n);
    printf("\n--------- 斐波那契数列 --------\n ");
    for (i = 1; i <= n; ++i)
    {
        printf("%d, ", t1);
        nextTerm = t1 + t2;
        t1 = t2;
        t2 = nextTerm;
    }
}
```

单击菜单栏中的“运行 / 编译运行”命令（快捷键：F11），运行程序，提醒“要显示斐波那契数列，前几项”，在这里输入“15”，即显示斐波那契数列的前 15 项，然后回车，就可以看到斐波那契数列的前 15 项数据，如图 4.14 所示。

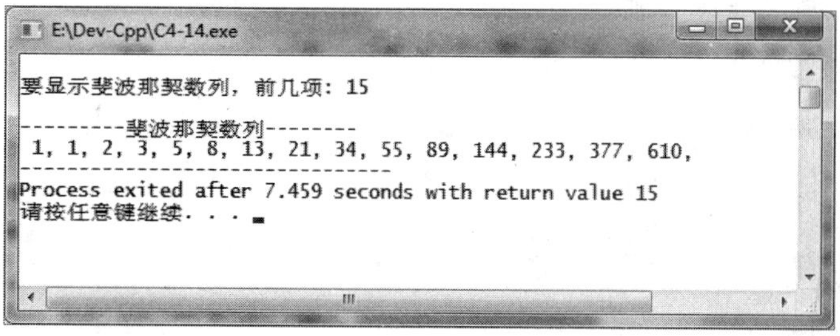

图 4.14　斐波那契数列

4.4.5　实例：杨辉三角

杨辉三角，是二项式系数在三角形中的一种几何排列。在欧洲，这个表叫作帕斯卡三角形。帕斯卡是于 1654 年发现这一规律的，比杨辉要迟 393 年。杨辉三角是中国古代数学的杰出研究成果之一，它把二项式系数图形化，把组合数内在的一些代数性质直观地从图形中体现出来，是一种离散型的数与形的结合，如图 4.15 所示。

```
                          1
                        1   1
                      1   2   1
                    1   3   3   1
                  1   4   6   4   1
                1   5   10  10  5   1
              1   6   15  20  15  6   1
            1   7   21  35  35  21  7   1
          1   8   28  56  70  56  28  8   1
        1   9   36  84  126 126 84  36  9   1
      1   10  45  120 210 252 210 120 45  10  1
    1   11  55  165 330 462 462 330 165 55  11  1
  1   12  66  220 495 792 924 792 495 220 66  12  1
...
```

图 4.15　杨辉三角

杨辉三角的特点如下：

第一，每行端点与结尾的数为 1。

第二，每个数等于它上方两个数之和。

第三，每行数字左右对称，由 1 开始逐渐变大。

第四，第 n 行的数字有 n 项。

第五，第 n 行的 m 个数可表示为 C(n−1，m−1)，即为从 n−1 个不同元素中取 m−1 个元素的组合数。

第六，第 n 行的第 m 个数和第 n−m+1 个数相等，为组合数性质之一。

双击桌面上的“Dev-C++”桌面快捷图标，打开 Dev-C++ 集成开发环境，然后单击菜单栏中的“文件 / 新建 / 源文件”命令（快捷键：Ctrl+N），新建一个源文件，并命名为“C4-15.c”，然后输入如下代码：

```
#include <stdio.h>
int main()
{
    int rows, coef = 1, space, i, j;
    printf("\n 请输入要显示杨辉三角的行数 : ");
    scanf("%d",&rows);
    // 利用 i 控制杨辉三角的行数
    for(i=0; i<rows; i++)
    {
            // 利用 space 控制每行的空格数
        for(space=1; space <= rows-i; space++)
            printf("   ");
            // 利用 j 控制每行要显示的杨辉三角
        for(j=0; j <= i; j++)
        {
            if (j==0 || i==0)
                coef = 1;
            else
                coef = coef*(i-j+1)/j;
            printf("%4d", coef);
        }
        printf("\n");
    }
}
```

单击菜单栏中的“运行 / 编译运行”命令（快捷键：F11），运行程序，提醒“请输入要显示杨辉三角的行数”，在这里输入“15”，然后回车，就可以看到杨辉三角的 15 行数据，如图 4.16 所示。

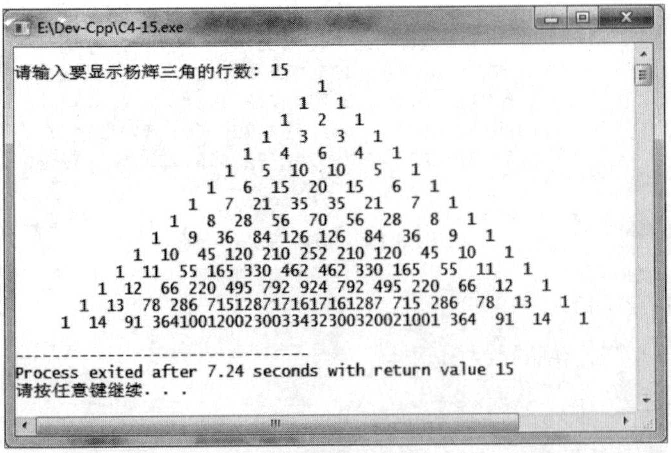

图 4.16　杨辉三角

4.4.6　实例：弗洛伊德三角形

弗洛伊德三角形是一组直角三角形自然数，用于计算机科学教育。它是以罗伯特・弗洛伊德的名字命名的。它的定义是用连续的数字填充三角形的行，从左上角的 1 开始。

双击桌面上的“Dev-C++”桌面快捷图标，打开 Dev-C++ 集成开发环境，然后单击菜单栏中的“文件 / 新建 / 源文件”命令（快捷键：Ctrl+N），新建一个源文件，并命名为“C4-16.c”，然后输入如下代码：

```
#include <stdio.h>
int main()
{
    int i,j,l,n;
    printf("\n 请输入要显示弗洛伊德三角形的行数 : ");
    scanf("%d",&n);
    // 利用 i 控制行数
    for(i=1,j=1;i<=n;i++)
    {
         // 利用 l 控制每行有多个数，利用 j 输入每行的具体数值
        for(l=1;l<i+1;l++,j++)
            printf("%5d",j);
        // 换行
        printf("\n");
    }
}
```

单击菜单栏中的“运行 / 编译运行”命令（快捷键：F11），运行程序，提醒“请输入要显示弗洛伊德三角形的行数”，在这里输入“15”，然后回车，就可以看到弗洛伊德三角形的 15 行数据，如图 4.17 所示。

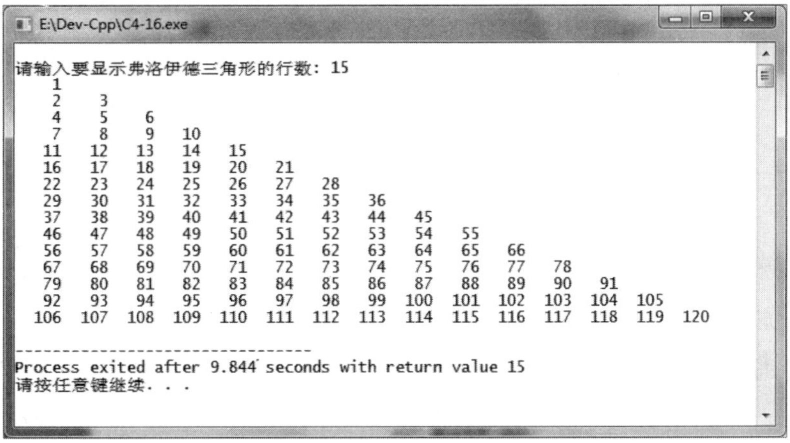

图 4.17　弗洛伊德三角形

4.5　break 语句

使用break语句可以使流程跳出while或for的本层循环,特别是在多层次循环结构中，利用 break 语句可以提前结束内层循环。

双击桌面上的“Dev-C++”桌面快捷图标，打开 Dev-C++ 集成开发环境，然后单击菜单栏中的“文件 / 新建 / 源文件”命令（快捷键：Ctrl+N），新建一个源文件，并命名为“C4-17.c”，然后输入如下代码：

```
#include <stdio.h>
int main ()
{
    int a = 8;
    while( a <= 16 )
    {
        printf("整型变量 a 的值：%d\n", a);
        a++;
        if( a > 12)
        {
            /* 使用 break 语句终止循环 */
             break;
        }
    }
}
```

如果不使用 break 语句，那么程序的输入是从 8 到 16；使用 break 语句后，程序的输入是从 8 到 12。

单击菜单栏中的“运行 / 编译运行”命令（快捷键：F11），运行程序，如图 4.18 所示。

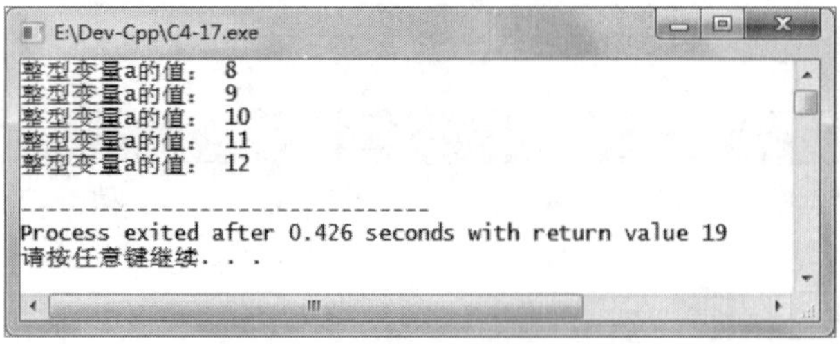

图 4.18　break 语句

还要注意：switch 语句中的 break 语句，只使流程跳出所在的 switch 语句，不影响循环体中的流程。

双击桌面上的“Dev-C++”桌面快捷图标，打开 Dev-C++ 集成开发环境，然后单击菜单栏中的“文件 / 新建 / 源文件”命令（快捷键：Ctrl+N），新建一个源文件，并命名为“C4-18.c”，然后输入如下代码：

```
#include <stdio.h>
int main()
{
int week;
printf("\n 输入数字判断是星期几，输入 999 结束程序！ \n\n");
while (1)
 {
     printf("\n 请输入 1~7 之间的任意一个数 :");
     scanf("%d",&week);
     switch(week)
    {
        case 1: printf("星期一 \n"); break ;
```

```
            case 2: printf("星期二\n"); break ;
            case 3: printf("星期三\n"); break ;
            case 4: printf("星期四\n"); break ;
            case 5: printf("星期五\n"); break ;
            case 6: printf("星期六\n"); break ;
            case 7: printf("星期日\n"); break ;
            default:printf("输入的数，不在1~7之间！\n"); break ;
        }
        if (week ==999) break ;
    }
}
```

注意：while(1) 无论在什么状态下，条件都是成立的，所以循环一直在运行，又称为死循环。这里退出 while 循环的条件是，当 week==999 时，break 跳出循环，结束程序。

注意：switch 语句中的 break 语句不会结束 while 循环，只会跳出所在的 switch 语句。

单击菜单栏中的“运行 / 编译运行”命令（快捷键：F11），运行程序，输入“1”，回车，就会显示“星期一”；输入“5”，回车，显示“星期五”；输入“6”，回车，显示“星期六”；输入“9”回车，显示“输入的数，不在 1~7 之间！”，如图 4.19 所示。

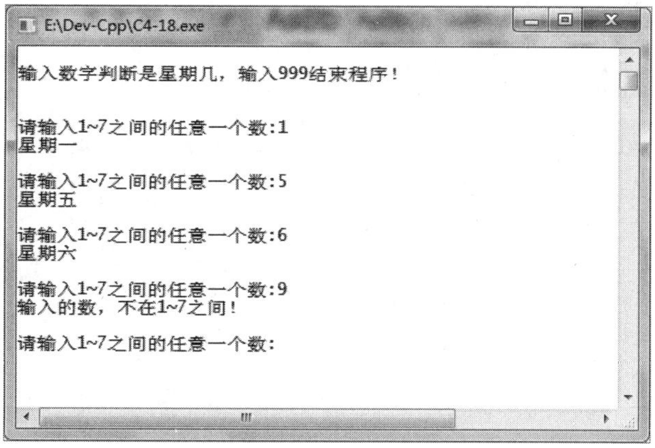

图 4.19　程序一直运行

只有输入“999”，然后回车，程序才会结束运行。

4.6　continue 语句

continue 语句被用来告诉 C 语言跳过当前循环块中的剩余语句，然后继续进行下一轮循环。下面通过实例来说明。

双击桌面上的“Dev-C++”桌面快捷图标，打开 Dev-C++ 集成开发环境，然后单击菜单栏中的“文件 / 新建 / 源文件”命令（快捷键：Ctrl+N），新建一个源文件，并命

名为“C4-19.c”，然后输入如下代码。

```
#include <stdio.h>
int main ()
{
   int a = 8;
   while( a <= 16 )
   {
      a++;
      if( a == 12)
      {
         /* 使用 continue 语句跳出本次循环 */
         continue ;
      }
      printf("整型变量 a 的值： %d\n", a);
   }
}
```

单击菜单栏中的“运行 / 编译运行”命令（快捷键：F11），运行程序，如图 4.20 所示。

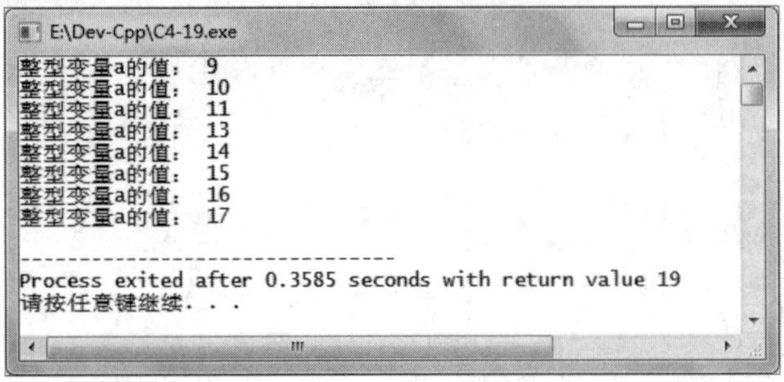

图 4.20　continue 语句

第 5 章

C 语言的基本输出与输入

当提到输出时，意味着要在屏幕上、打印机上或任意文件中显示一些数据。C 语言提供了一系列内置的函数来将数据输出到计算机屏幕上和将数据保存到文本文件或二进制文件中。当提到输入时，意味着要向程序填充一些数据。输入可以以文件的形式或从命令行中进行。C 语言提供了一系列内置的函数来读取给定的输入，并根据需要填充到程序中。C 语言把所有的设备都当作文件。所以设备（比如显示器）被处理的方式与文件相同。

本章主要内容包括：

- ➤ 初识输出与输入
- ➤ 实例：显示字符及对应的 ASCII 码
- ➤ 实例：利用 while 循环显示 10 个数字及 ASCII 码
- ➤ 实例：输入什么字符，就显示什么字符及对应的 ASCII 码
- ➤ 实例：判断输入的字符是什么类型
- ➤ printf() 函数的语法格式
- ➤ 数字的格式化输出
- ➤ 利用格式化控制输入变量值的宽度和对齐方式
- ➤ 实例：用 ⋆ 号输出字母 C 的图案
- ➤ scanf() 函数的语法格式
- ➤ 数字和字符的格式化输入
- ➤ 实例：回文数
- ➤ 实例：求 1!+2!+3!+……+n! 的和
- ➤ 实例：求两个正整数的最大公约数和最小公倍数
- ➤ 实例：根据输入的字母显示星期几

5.1 初识输出与输入

所有的输出和输入函数都包含在标准库文件 stdio.h 中，这也是前面编写的每个程序都在开头先包含该文件的原因，具体代码如下：

```
# include <stdio.h>
```

标准库文件 stdio.h 包含 3 项内容，分别是库变量、库宏和库函数，其中主要应用的是库函数。

标准库文件 stdio.h 有 41 个函数，如打开文件的 fopen() 函数，读出文件中内容的 fread() 函数，向文件中写入内容的 fwrite() 函数，等等。

C 语言的基本输出函数与输入函数也在标准库文件 stdio.h 中，共有 6 个。基本输出函数有 3 个，分别是只能输出字符串 puts() 函数，只能输出单个字符 putchar() 函数以及可以输出各种类型的数据 printf() 函数。基本输入函数有 3 个，分别是只能输入单个字符 getchar() 函数，获取一行数据并作为字符串处理的 gets() 函数以及可以输入多种类型的数据 scanf() 函数。

提醒：由于字符串的输入和输出需要用到数组，所以这里不讲 puts() 函数和 gets() 函数。

5.2 putchar() 函数

putchar() 函数是单个字符输出函数，其功能是在终端（显示器）输出单个字符，其语法格式如下：

```
int putchar(int char)
```

参数 char 是要输出的字符。该字符以其对应的整型（int）ASCII 码值进行传递。该函数的返回值也是一个整型，即输出字符的 ASCII 码值。

5.2.1 实例：显示字符及对应的 ASCII 码

双击桌面上的“Dev-C++”桌面快捷图标，打开 Dev-C++ 集成开发环境，然后单击菜单栏中的“文件 / 新建 / 源文件”命令（快捷键：Ctrl+N），新建一个源文件，并命名为“C5-1.c”，然后输入如下代码。

```
#include <stdio.h>
int main ()
{
    int x,y,z ;
    printf("\n") ;
    x = putchar('%') ;
    y = putchar('*') ;
    z = putchar('#') ;
    printf("\n 三个 putchar() 函数的返回值分别是: %d,%d,%d",x,y,z) ;
}
```

在这里利用 putchar() 函数输出字符，然后显示 putchar() 函数的返回值。

单击菜单栏中的“运行 / 编译运行”命令（快捷键：F11），运行程序，效果如图 5.1 所示。

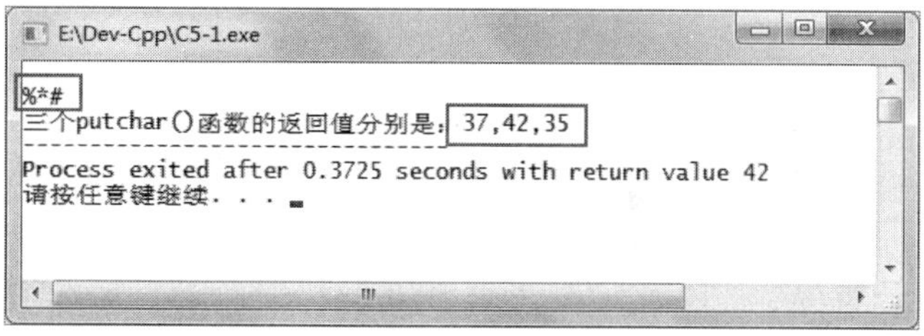

图 5.1　putchar() 函数

5.2.2　实例：利用 while 循环显示 10 个数字及 ASCII 码

双击桌面上的“Dev-C++”桌面快捷图标，打开 Dev-C++ 集成开发环境，然后单击菜单栏中的“文件 / 新建 / 源文件”命令（快捷键：Ctrl+N），新建一个源文件，并命名为“C5-2.c”，然后输入如下代码：

```
#include <stdio.h>
int main ()
{
    char  ch ;
    int   x ;
    ch = '0' ;
    while (ch<='9')
    {
            x = putchar(ch) ;
            printf(" 的 ASCII 码是: %d\n",x) ;
            ch = ch +1 ;
    }
}
```

单击菜单栏中的“运行 / 编译运行”命令（快捷键：F11），运行程序，效果如图 5.2 所示。

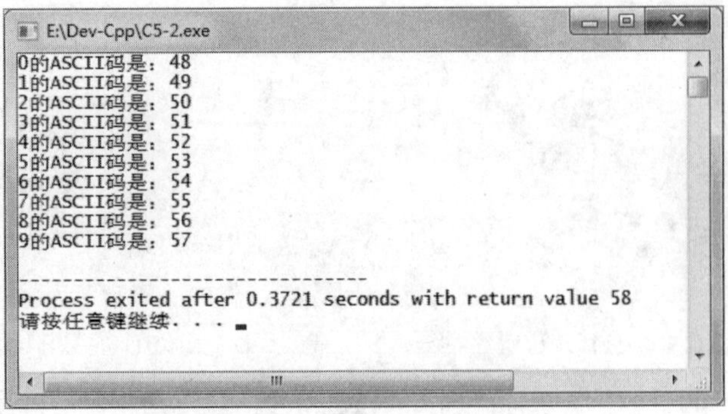

图 5.2　显示 10 个数字及 ASCII 码

5.3　getchar() 函数

getchar() 函数的功能是接收用户从键盘上输入的一个字符，其语法格式如下：

```
int getchar()
```

下面举例说明该函数的应用。

5.3.1　实例：输入什么字符，就显示什么字符及对应的 ASCII 码

双击桌面上的“Dev-C++”桌面快捷图标，打开 Dev-C++ 集成开发环境，然后单击菜单栏中的“文件 / 新建 / 源文件”命令（快捷键：Ctrl+N），新建一个源文件，并命名为“C5-3.c”，然后输入如下代码：

```
#include <stdio.h>
int main ()
{
   char c;
   printf("\n 请输入字符，如果输入 ! 程序结束：");
   while (1)
   {
           c = getchar();
           printf("\n 输入的字符：");
           if (c!=10)
           {
                  putchar(c);
                  printf(", 其 ASCII 码是：%d",c);
            }
           if (c=='!') break;
   }
}
```

需要注意的是，由于每次输出都要换行，所以这里利用 if 语句把换行字符排除在外，否则就会出现重复提醒内容。程序结束的字符是“！”。

单击菜单栏中的“运行 / 编译运行”命令（快捷键：F11），运行程序，输入什么字符，

就显示什么字符及对应的 ASCII 码，效果如图 5.3 所示。

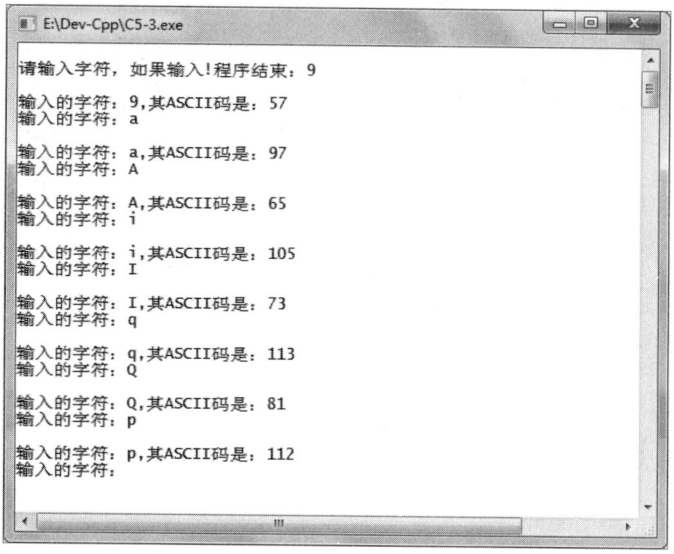

图 5.3　输入什么字符，就显示什么字符及对应的 ASCII 码

5.3.2 实例：判断输入的字符是什么类型

双击桌面上的“Dev-C++”桌面快捷图标，打开 Dev-C++ 集成开发环境，然后单击菜单栏中的“文件 / 新建 / 源文件”命令（快捷键：Ctrl+N），新建一个源文件，并命名为“C5-4.c”，然后输入如下代码：

```
#include <stdio.h>
int main ()
{
   char c;
   printf("\n 请输入字符，如果输入 ! 程序结束：");
   while (1)
   {
           c = getchar();
           printf("\n 输入的字符：");
           if (c!=10)
           {
                  if (c>='A' && c<='Z' ) printf("%c 是一个大写字母！ ",c) ;
                  else if (c>='a' && c<='z') printf("%c 是一个小写字母！ ",c) ;
                  else if (c>='0' && c<='9') printf("%c 是一个数字！ ",c) ;
                  else  printf("%c 是一个其他字符！ ",c) ;
           }
           if (c=='!') break;
   }
}
```

单击菜单栏中的“运行 / 编译运行”命令（快捷键：F11），运行程序，输入不同类型的字符，如大写字母、小写字母、数字或其他字符，都会有相应的显示，如图 5.4 所示。

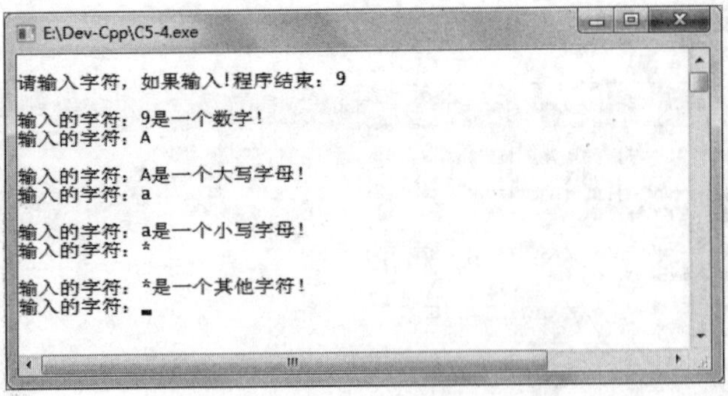

图 5.4　判断输入的字符是什么类型

5.4　printf() 函数

printf() 函数是最灵活、最复杂、最常用的输出函数，完全可以替代 puts() 函数和 putchar() 函数。

5.4.1　printf() 函数的语法格式

printf() 函数可以实现格式化的输出，其语法格式如下：

```
printf("<格式化字符串>", <参量表>)
```

printf() 函数的格式化控制符及意义如表 5.1 所示。

表 5.1　printf() 函数的格式化控制符及意义

格式控制符	说明
%c	输出一个单一的字符
%hd、%d、%ld	以十进制和有符号的形式输出 short、int、long 类型的整数
%hu、%u、%lu	以十进制和无符号的形式输出 short、int、long 类型的整数
%ho、%o、%lo	以八进制、不带前缀和无符号的形式输出 short、int、long 类型的整数
%#ho、%#o、%#lo	以八进制、带前缀和无符号的形式输出 short、int、long 类型的整数
%hx、%x、%lx %hX、%X、%lX	以十六进制、不带前缀和无符号的形式输出 short、int、long 类型的整数。如果是小写 x，那么输出的十六进制数字也小写；如果是大写 X，那么输出的十六进制数字也大写
%#hx、%#x、%#lx %#hX、%#X、%#lX	以十六进制、带前缀和无符号的形式输出 short、int、long 类型的整数。如果是小写 x，那么输出的十六进制数字和前缀都小写；如果是大写 X，那么输出的十六进制数字和前缀都大写
%f、%lf	以十进制的形式输出 float、double 类型的小数

续表

格式控制符	说明
%e、%le、%E、%lE	以指数的形式输出 float、double 类型的小数。如果是小写 e，那么输出结果中的也是小写 e；如果是大写 E，那么输出结果中的也是大写 E
%g、%lg、%G、%lG	以十进制和指数中较短的形式输出 float、double 类型的小数，并且小数部分的最后不会添加多余的 0。如果是小写 g，那么当以指数形式输出时也是小写 e；如果是大写 G，那么当以指数形式输出时也是大写 E
%s	输出一个字符串

5.4.2 数字的格式化输出

双击桌面上的“Dev-C++”桌面快捷图标，打开 Dev-C++ 集成开发环境，然后单击菜单栏中的“文件 / 新建 / 源文件”命令（快捷键：Ctrl+N），新建一个源文件，并命名为“C5-5.c”，然后输入如下代码：

```
#include <stdio.h>
int main ()
{
    int x1=10,x2=-20,x3=-30,x4 =40 ;
    float a1 = 290000000.0, a2 = 0.000000018 ;
    printf("\n以有符号十进制的方式输出: %d,%d,%d,%d\n",x1,x2,x3,x4) ;
    printf("以无符号十进制的方式输出: %u,%u,%u,%u\n",x1,x2,x3,x4) ;
    printf("以带前缀无符号八进制的方式输出: %#o,%#o,%#o,%#o\n",x1,x2,x3,x4) ;
    printf("以不带前缀无符号八进制的方式输出: %o,%o,%o,%o\n",x1,x2,x3,x4) ;
    printf("以带前缀无符号十六进制的方式输出: %#hx,%#hx,%#hX,%#hX\n",x1,x2,x3,x4) ;
    printf("以不带前缀无符号十六进制的方式输出: %hx,%hx,%hX,%hX\n",x1,x2,x3,x4) ;
    printf("以十进制的形式输出浮点数: %f,%f\n",a1,a2) ;
    printf("以指数的形式输出浮点数: %e,%E\n",a1,a2) ;
    printf("以十进制和指数中较短的形式输出浮点数: %g,%G\n",a1,a2) ;
}
```

单击菜单栏中的“运行 / 编译运行”命令（快捷键：F11），运行程序，可以看到整型和浮点型变量的格式化输出情况，如图 5.5 所示。

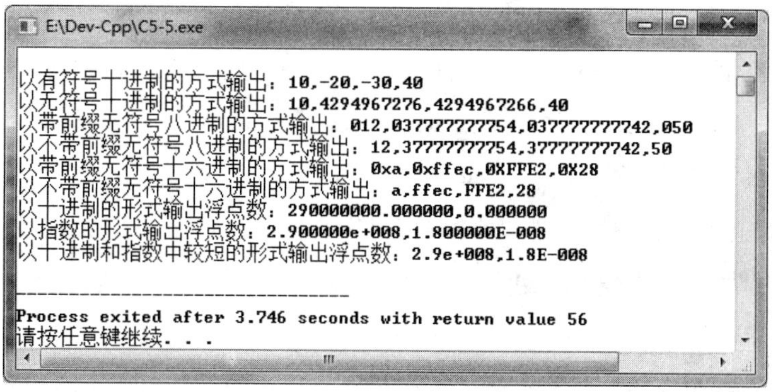

图 5.5 数字的格式化输出

5.4.3 利用格式化控制输入变量值的宽度和对齐方式

printf() 函数格式控制符的完整形式，具体如下。

```
%[flag][width][.precision]type
```

type 表示输出类型，比如 %d、%f、%c，这一项是必需的。其他 3 项是可选项，既可以有，也可以没有。

flag：是标志字符，其值及意义如表 5.2 所示。

表 5.2 标志字符的值及意义

标志字符	意义
-	- 表示左对齐。如果没有，就按照默认的对齐方式，默认一般为右对齐
+	用于整数或者小数，表示输出符号（正负号）。如果没有，那么只有负数才会输出符号
空格	用于整数或者小数，输出值为正时冠以空格，为负时冠以负号
#	对于八进制(%o)和十六进制(%x / %X)整数，# 表示在输出时添加前缀；八进制的前缀是 0，十六进制的前缀是 0x / 0X。 对于小数（%f / %e / %g），# 表示强迫输出小数点。如果没有小数部分，则默认是不输出小数点的，加上 # 以后，即使没有小数部分也会带上小数点

width：表示最小输出宽度，也就是至少占用几个字符的位置。当输出结果的宽度不足 width 时，以空格补齐（如果没有指定对齐方式，则默认会在左边补齐空格）；当输出结果的宽度超过 width 时，width 不再起作用，按照数据本身的宽度来输出。

.precision：表示输出精度，也就是小数的位数。当小数部分的位数大于 precision 时，会按照四舍五入的原则丢掉多余的数字；当小数部分的位数小于 precision 时，会在后面补 0。

需要注意的是，.precision 也可以用于整数和字符串，但功能却是相反的。用于整数时，.precision 表示最小输出宽度。与 width 不同的是，整数的宽度不足时会在左边补 0，而不是补空格。用于字符串时，.precision 表示最大输出宽度，或者说截取字符串。当字符串的长度大于 precision 时，会截掉多余的字符；当字符串的长度小于 precision 时，.precision 就不再起作用。

双击桌面上的“Dev-C++”桌面快捷图标，打开 Dev-C++ 集成开发环境，然后单击菜单栏中的“文件 / 新建 / 源文件”命令（快捷键：Ctrl+N），新建一个源文件，并命名为“C5-6.c”，然后输入如下代码：

```
#include <stdio.h>
int main()
{
    int a1=30, a2=445, a3=800, a4=92;
    int b1=57720, b2=8899, b3=20045, b4=20;
    int c1=233, c2=205, c3=1, c4=6666;
```

```
    int d1=34, d2=0, d3=23, d4=23006783;
    printf("%-9d %-9d %-9d %-9d\n", a1, a2, a3, a4);
    printf("%-9d %-9d %-9d %-9d\n", b1, b2, b3, b4);
    printf("%-9d %-9d %-9d %-9d\n", c1, c2, c3, c4);
    printf("%-9d %-9d %-9d %-9d\n", d1, d2, d3, d4);
}
```

单击菜单栏中的“运行 / 编译运行”命令（快捷键：F11），运行程序，可以看到整型和浮点型变量的格式化输出情况，如图 5.6 所示。

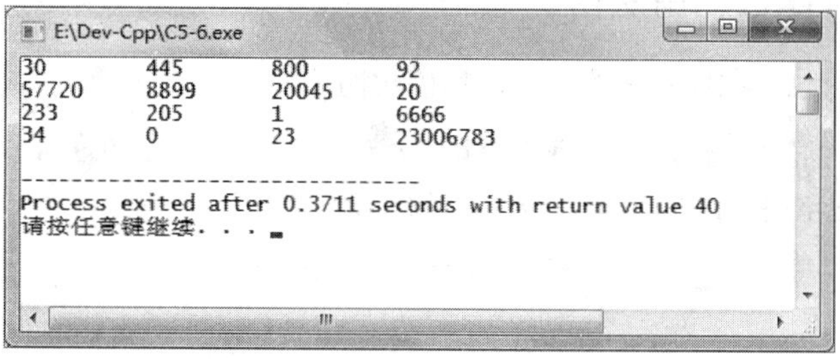

图 5.6　数字的格式化输出

5.4.4　实例：用 * 号输出字母 C 的图案

双击桌面上的“Dev-C++”桌面快捷图标，打开 Dev-C++ 集成开发环境，然后单击菜单栏中的“文件 / 新建 / 源文件”命令（快捷键：Ctrl+N），新建一个源文件，并命名为“C5-7.c”，然后输入如下代码：

```
#include "stdio.h"
int main()
{
    printf("\n用 * 号输出字母 C!\n\n");
    printf(" ****\n");
    printf(" *\n");
    printf(" * \n");
    printf(" ****\n");
}
```

单击菜单栏中的“运行 / 编译运行”命令（快捷键：F11），运行程序，就可以看到用 * 号输出字母 C 的图案，如图 5.7 所示。

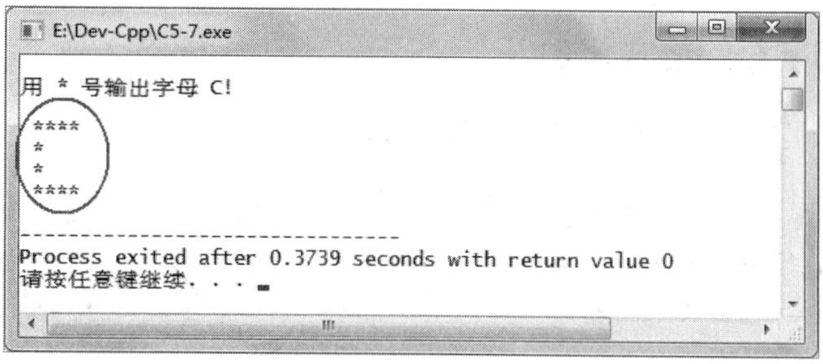

图 5.7　用 * 号输出字母 C 的图案

5.5 scanf() 函数

scanf() 函数是最灵活、最复杂、最常用的输入函数，完全可以替代 gets() 函数和 getchar() 函数。

5.5.1 scanf() 函数的语法格式

scanf() 函数可以实现格式化的输入，其语法格式如下：

```
scanf ("<格式化字符串>", 输入项地址列表)
```

其中，格式化字符串的作用与 printf 函数相同，但不能显示非格式化字符串，也就是不能显示提示字符串。地址表项中的地址给出各变量的地址，地址是由地址运算符“&”后跟变量名组成的。

scanf() 函数的格式控制符及意义如表 5.3 所示。

表 5.3 scanf() 函数的格式控制符及意义

格式控制符	意义
%c	读取一个单一的字符
%hd、%d、%ld	读取一个十进制整数，并分别赋值给 short、int、long 类型
%ho、%o、%lo	读取一个八进制整数（可带前缀也可不带），并分别赋值给 short、int、long 类型
%hx、%x、%lx	读取一个十六进制整数（可带前缀也可不带），并分别赋值给 short、int、long 类型
%hu、%u、%lu	读取一个无符号整数，并分别赋值给 unsigned short、unsigned int、unsigned long 类型
%f、%lf	读取一个十进制形式的小数，并分别赋值给 float、double 类型
%e、%le	读取一个指数形式的小数，并分别赋值给 float、double 类型
%g、%lg	既可以读取一个十进制形式的小数，也可以读取一个指数形式的小数，并分别赋值给 float、double 类型
%s	读取一个字符串（以空白符为结束）

5.5.2 数字和字符的格式化输入

双击桌面上的“Dev-C++”桌面快捷图标，打开 Dev-C++ 集成开发环境，然后单击菜单栏中的“文件 / 新建 / 源文件”命令（快捷键：Ctrl+N），新建一个源文件，并命名为“C5-8.c”，然后输入如下代码：

```
#include "stdio.h"
int main()
{
  int a ;
  float b ;
```

```
    char  c ;
    printf("\n\n 请输入一个字符: " ) ;
    scanf("%c",&c) ;
    printf(" 输入的字符是: %c, 转化为 ASCII 码是: %d\n",c,c) ;
    printf(" 请输入一个十进制整数 :" ) ;
    scanf("%d",&a) ;
     printf(" 输入的十进制整数是: %d, 转化为八进制整数是: %o, 转化为十六进制整数是: %x\n\
n",a,a,a) ;
    printf(" 请输入一个八进制整数 :" ) ;
    scanf("%o",&a) ;
     printf(" 八进制整数是: %o, 转化为十进制整数是: %d, 转化为十六进制整数是: %x\n\
n",a,a,a) ;
    printf(" 请输入一个十六进制整数 :" ) ;
    scanf("%x",&a) ;
     printf(" 十六进制整数是: %x, 转化为十进制整数是: %d, 转化为八进制整数是: %o\n\
n",a,a,a) ;
    printf(" 请输入一个浮点数 :" ) ;
    scanf("%f",&b) ;
    printf(" 输入的浮点数是: %f, 转化为科学表示方式是: %e\n\n",b,b) ;
    printf(" 请输入一个科学表示方式的浮点数 :" ) ;
    scanf("%e",&b) ;
    printf(" 科学表示方式的浮点数是: %e, 转化为十进制的小数是: %f",b,b) ;
}
```

单击菜单栏中的“运行 / 编译运行”命令（快捷键：F11），运行程序，提醒“请输入一个字符”，这里输入“%”，然后回车，就可以看到输入的字符及对应的 ASCII 码，如图 5.8 所示。

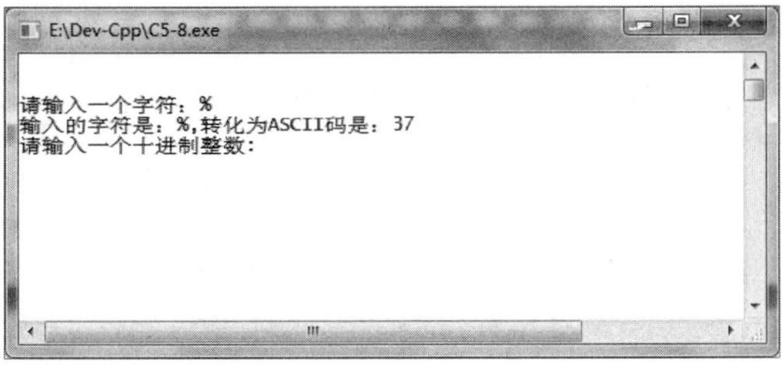

图 5.8　输入的字符及对应的 ASCII 码

这时提醒“请输入一个十进制整数”，这里输入“36”，然后回车，就可以看到其对应的十进制数、八进制数和十六进制数，如图 5.9 所示。

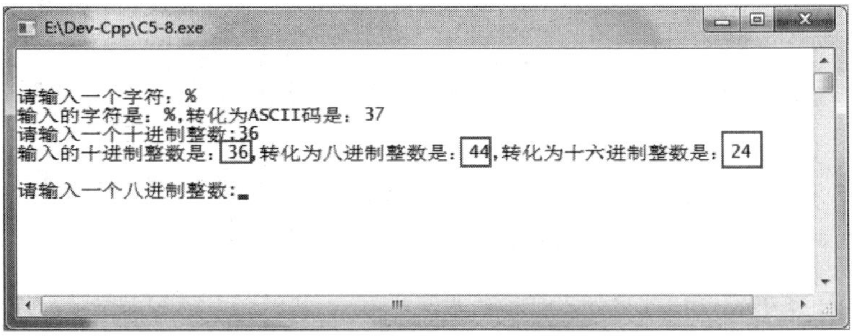

图 5.9　输入一个十进制整数

接着提醒“请输入一个八进制整数”，这里输入“36”，然后回车，就可以看到其对应的八进制数、十进制数和十六进制数，如图 5.10 所示。

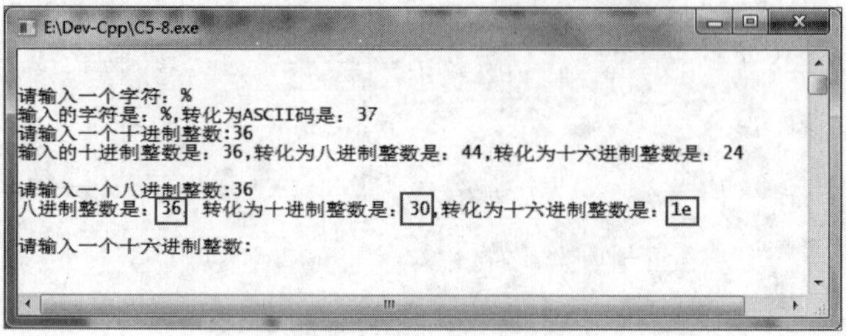

图 5.10　输入一个八进制整数

接着提醒“请输入一个十六进制整数”，这里输入“16”，然后回车，就可以看到其对应的十六进制数、十进制数和八进制数，如图 5.11 所示。

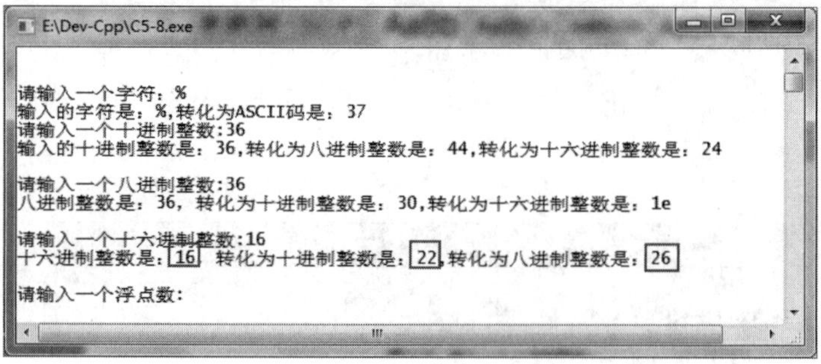

图 5.11　输入一个十六进制整数

接着提醒“请输入一个浮点数”，这里输入“36.8899”，然后回车，就可以看到其对应的浮点数和科学表示方式的浮点数，如图 5.12 所示。

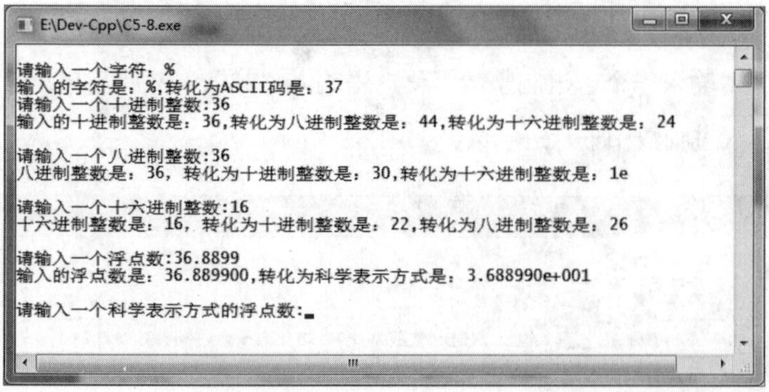

图 5.12　输入一个浮点数

接着提醒“请输入一个科学表示方式的浮点数”，这里输入“3.68E5”，然后回车，就可以看到科学表示方式的浮点数和十进制的小数，如图 5.13 所示。

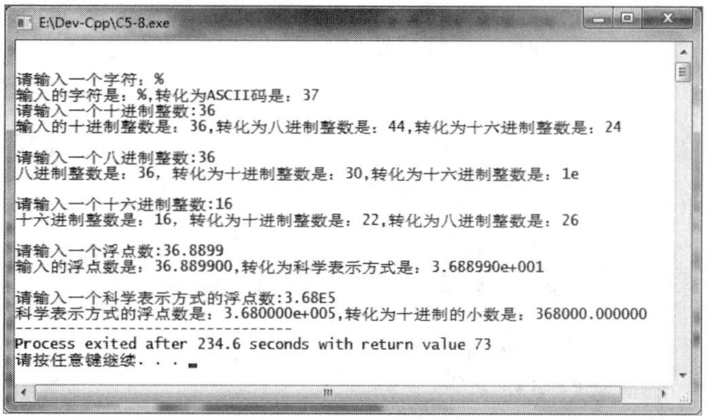

图 5.13　输入一个科学表示方式的浮点数

5.5.3　实例：回文数

“回文”是指正读反读都能读通的句子，它是古今中外都有的一种修辞方式和文字游戏，如“我为人人，人人为我”等。在数学中也有一类数字有这样的特征，成为回文数。

设 n 是一个任意自然数。若将 n 的各位数字反向排列所得自然数 n1 与 n 相等，则称 n 为回文数。例如，若 n=1234321，则称 n 为回文数，但若 n=1234567，则 n 不是回文数。

下面编写代码，任意输入一个 7 位数，然后判断该数是不是回文数。

双击桌面上的“Dev-C++”桌面快捷图标，打开 Dev-C++ 集成开发环境，然后单击菜单栏中的“文件 / 新建 / 源文件”命令（快捷键：Ctrl+N），新建一个源文件，并命名为“C5-9.c”，然后输入如下代码：

```
#include <stdio.h>
int main ()
{
   long  x1,x2,x3,x4,x5,x6,x7,x ;
   printf("\n 请输入一个 7 位数，如果输入 9 程序结束：");
   while (1)
   {
          scanf("%ld",&x);
          if (x==9) break;
          x1 = x/1000000  ;                        // 百万位上的数
          x2 = x%1000000/100000   ;                // 十万位上的数
          x3 = x%100000/10000 ;                    // 万位上的数
          x4 = x%10000/1000 ;                      // 千位上的数
          x5 = x%1000/100   ;                      // 百位上的数
          x6 = x%100/10    ;                       // 十位上的数
          x7 = x%10      ;                         // 个位上的数
          if (x1== x7 && x2==x6 && x3==x5)
            {
                  printf("\n 输入的数是 :%ld，是回文数！ \n" ) ;
                }
          else
          {
                printf("\n 输入的数是 :%ld，不是回文数！ \n" ) ;
          }
          printf("\n 请输入一个 7 位数，如果输入 9 程序结束：");
```

```
        }
    }
```

单击菜单栏中的“运行/编译运行”命令（快捷键：F11），运行程序，提醒“请输入一个七位数，如果输入 9 程序结束”，在这里输入的 7 位数是“7896987”，然后回车，效果如图 5.14 所示。

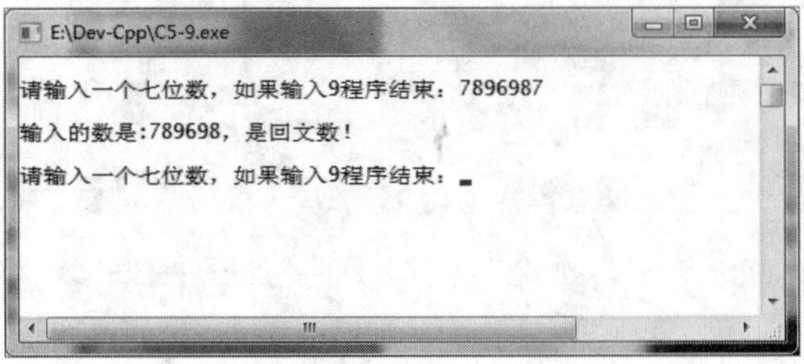

图 5.14　7896987 是回文数

如果输入“1234567”，然后回车，则效果如图 5.15 所示。

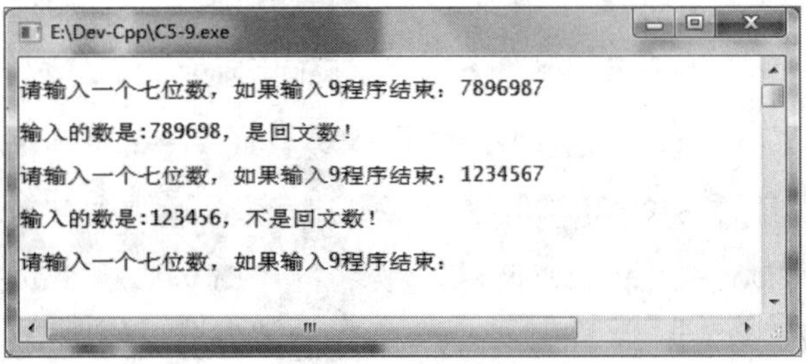

图 5.15　1234567 不是回文数

如果输入“9”，回车，就会结束程序，如图 5.16 所示。

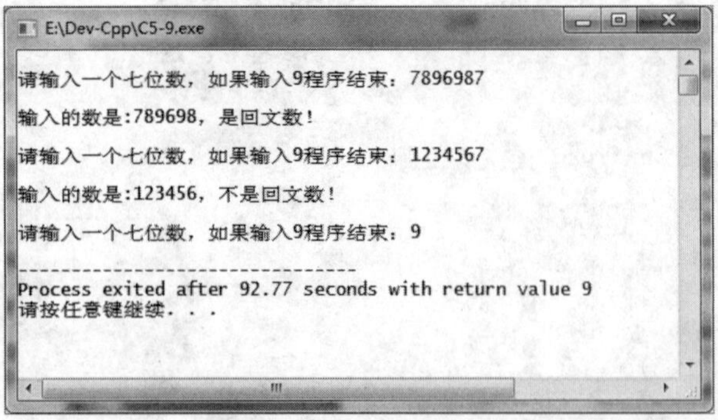

图 5.16　结束程序

5.5.4　实例：求 1!+2!+3!+……+n! 的和

双击桌面上的“Dev-C++”桌面快捷图标，打开 Dev-C++ 集成开发环境，然后单

击菜单栏中的“文件 / 新建 / 源文件”命令（快捷键：Ctrl+N），新建一个源文件，并命名为“C5-10.c”，然后输入如下代码：

```
#include <stdio.h>
int main()
{
    int i,n;
    float sum,mix;
    sum=0,mix=1;
    printf("\n 请输入 n 的值: ") ;
    scanf("%d",&n) ;
    for(i=1;i<=n;i++)
    {
        mix=mix*i;
        sum=sum+mix;
    }
     printf(" 当 n 为: %d 时, 1 ! +2 ! +……+%d ! =%f\n",n,n,sum);
}
```

单击菜单栏中的“运行 / 编译运行”命令（快捷键：F11），运行程序，提醒“请输入 n 的值”，在这里输入“16”，然后回车，效果如图 5.17 所示。

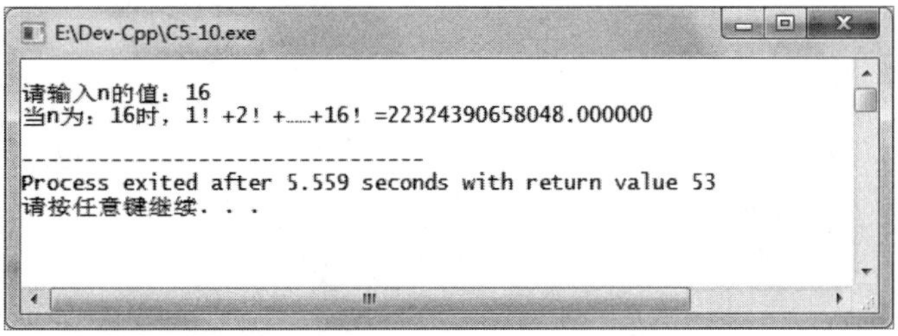

图 5.17　求 1!+2!+3!+……+n! 的和

5.5.5　实例：求两个正整数的最大公约数和最小公倍数

任意输入两个正整数，然后求这两个数的最大公约数和最小公倍数。求最小公倍数就是用输入的两个数之积除以它们的最大公约数，关键是求出最大公约数。

用辗转相除法求最大公约数，例如，求（319，377）的最大公约数，具体如下：

∵ 319÷377=0（余 319）

∴（319，377）=（377，319）；

∵ 377÷319=1（余 58）

∴（377，319）=（319，58）；

∵ 319÷58=5（余 29）

∴（319，58）=（58，29）；

∵ 58÷29=2（余 0）

∴（58，29）= 29；

∴（319，377）=29。

所以 29 就是（319，377）的最大公约数。

双击桌面上的“Dev-C++”桌面快捷图标，打开 Dev-C++ 集成开发环境，然后单击菜单栏中的“文件 / 新建 / 源文件”命令（快捷键：Ctrl+N），新建一个源文件，并命名为“C5-11.c”，然后输入如下代码：

```
#include<stdio.h>
int main()
{
    int a,b,t,r;
    printf("\n 请输入两个数字，空格为分隔符：");
    scanf("%d %d",&a,&b);
    printf("\n 这两个数是：%d,%d",a,b) ;
    // 如果 a 小于 b，则 a 与 b 互换，即变量 a 中放大数
    if(a<b)
    {
           t=b;
           b=a;
           a=t;
    }
   // 变量 r 为 a 取模 b，即 a 除以 b 的余数
    r=a%b;
    // 变量 n 为 a 和 b 的乘积
    int n=a*b;
    // 如果 r 不为 0，则一直进行互换
    while(r!=0)
    {
        a=b;
        b=r;
        r=a%b;
    }
    printf("\n 最大公约数是 %d，最小公倍数是 %d\n",b,n/b);
}
```

单击菜单栏中的“运行 / 编译运行”命令（快捷键：F11），运行程序，提醒“请输入两个数字，空格为分隔符”，在这里输入“36 48”，然后回车，效果如图 5.18 所示。

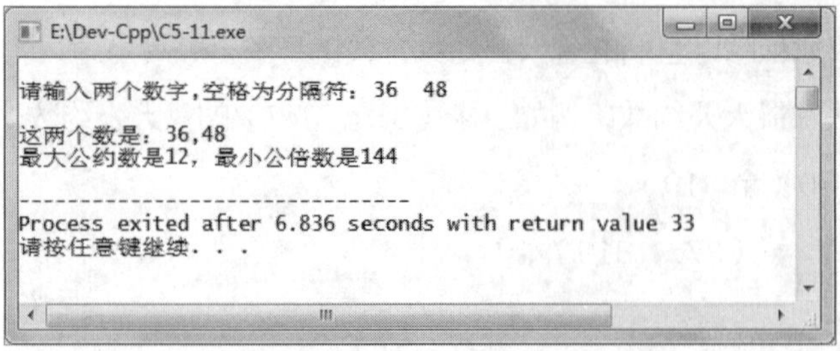

图 5.18　最大公约数和最小公倍数

5.5.6　实例：根据输入的字母显示星期几

双击桌面上的“Dev-C++”桌面快捷图标，打开 Dev-C++ 集成开发环境，然后单击菜单栏中的“文件 / 新建 / 源文件”命令（快捷键：Ctrl+N），新建一个源文件，并命

名为“C5-12.c”，然后输入如下代码：

```
    #include<stdio.h>
    int main()
    {
        char i,j;
        printf("\n 请输入第一个字母 :");
        scanf("%c",&i);
        getchar(); //scanf("%c",&j); 的问题，第二次是读入的一个换行符，而不是输入的字符，因
此需要加一个 getchar() 吃掉换行符
        switch(i)
        {
            case 'm':
                printf(" 星期一: monday\n");
                break;
            case 'w':
                printf(" 星期三: wednesday\n");
                break;
            case 'f':
                printf(" 星期五: friday\n");
                break;
            case 't':
                printf("\n 请输入下一个字母 :");
                scanf("%c",&j);
                if (j=='u') {printf(" 星期二: tuesday\n");break;}
                if (j=='h') {printf(" 星期四: thursday\n");break;}
            case 's':
                printf("\n 请输入下一个字母 :");
                scanf("%c",&j);
                if (j=='a') {printf(" 星期六: saturday\n");break;}
                if (j=='u') {printf(" 星期天: sunday\n"); break;}
            default :
                printf(" 对不起，你输入的字母不是星期几的开头字母！ \n"); break;
        }
    }
```

单击菜单栏中的“运行 / 编译运行”命令（快捷键：F11），运行程序，提醒“请输入第一个字母”，如果输入“m”，就会显示“星期一：monday”，如图 5.19 所示。

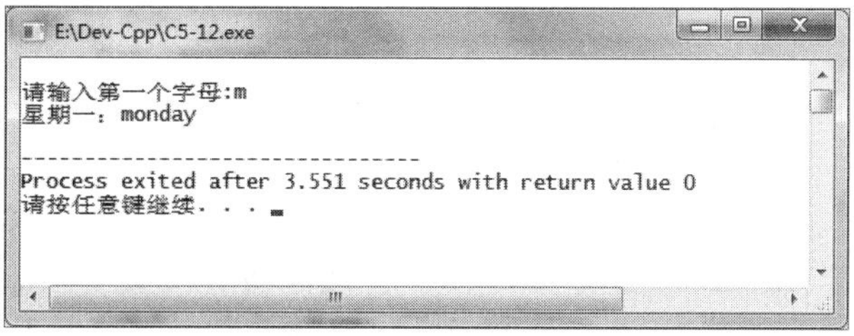

图 5.19　输入 m 的显示信息

如果输入“w”， 就会显示“星期三：wednesday”。

如果输入“f”， 就会显示“星期五：friday”。

如果输入“s”，就会提醒“请输入下一个字母”。如果下一个字母输入“u”，就会显示“星期天：sunday”，如图 5.20 所示；如果下一个字母输入“a”，就会显示“星期六：saturday”。

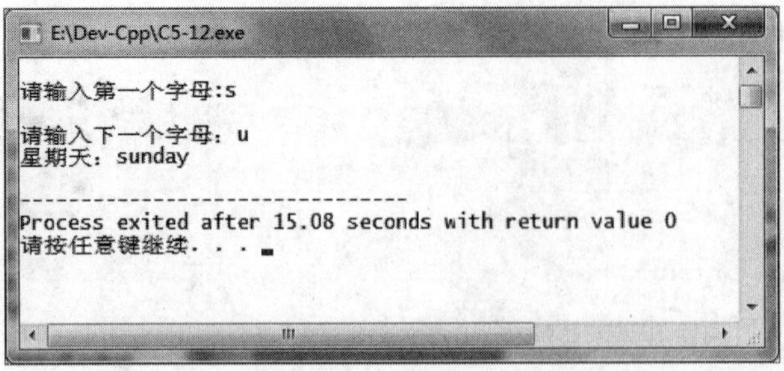

图 5.20　第一个字母输入 s，第二个字母输入 u 的显示信息

如果输入“t”，就会提醒“请输入下一个字母”。如果下一个字母输入“u”，就会显示“星期二：tuesday”；如果下一个字母输入“h”，就会显示“星期四：thursday”。

如果输入的是其他字母，回车，就会显示“对不起，你输入的字母不是星期几的开头字母！”，如图 5.21 所示。

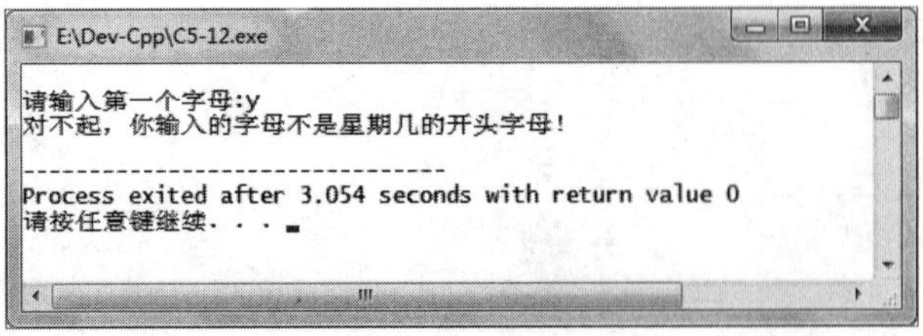

图 5.21　输入其他字母

第 6 章

C 语言的函数

函数是集成化的子程序，是用来实现某些运算和完成各种特定操作的重要手段。在程序设计中，灵活运用函数库，能体现程序设计智能化，提高程序可读性，充分体现算法设计的正确性、可读性、健壮性、效率与低存储量需求。

本章主要内容包括：

- 函数的重要性
- 库函数的运用
- math.h 头文件中的常用库函数
- float.h 头文件中的常用库宏
- limits.h 头文件中的常用库宏
- ctype.h 头文件中的常用库函数
- 函数的定义和调用
- 函数调用的 3 种方式
- 函数的参数和递归函数
- 局部变量和全局变量
- 实例：计算一个数为两个质数之和
- 实例：年龄问题的解决

6.1 初识函数

函数是一组一起执行一个任务的语句。每个 C 语言程序都至少有一个函数，即主函数 main()。

6.1.1 函数的重要性

在 C 语言程序设计中，函数的重要性主要表现在如下 3 个方面：

第一，C 语言程序由函数组成。程序需要完成多个功能或操作，每个函数可以实现一个独立的功能或完成一种独立的操作，因此学习程序设计必须学会编写函数。

第二，函数可以被多次调用，所以可以减少重复的代码，即函数能提高应用的模块性和代码的重复利用率。

第三，函数可以被单独编译，程序设计者可以把一个程序根据功能分成若干个子任务，每个子任务由若干个函数来实现，每一个子任务可以独立完成。这样使一个程序的编写工作可以由多个程序员同时进行并单独进行调试，从而缩短了编程的时间，使编程工作“工程化”。

6.1.2 库函数的运用

C 语言提供了大量的库函数供用户使用。用户在使用时，需要记住一些常用的库函数，如前面讲解的 putchar() 函数、getchar() 函数、printf() 函数、scanf() 函数等。要记住这些函数参数的个数、参数、函数值的类型以及参数的含义。

例如，数学函数 sqrt(x) 用于求 x 的平方根，x 必须是大于 0 的实数，函数值是双精度型。cos(x) 用于求余弦函数，x 的单位应当是弧度。

另外，在使用库函数时，应注意调用前必须包含对应的头文件。

6.2 常用的库函数

C 语言有 15 个标准头文件，每个头文件中都包含很多库函数，下面来讲解常用的库函数。

提醒：其他库函数在后面章节会陆续讲到。

6.2.1 math.h 头文件中的常用库函数

常用的数学函数包含在 math.h 头文件中，在使用这些函数前，要先包含该头文件。math.h 头文件中的常用库函数及意义如表 6.1 所示。

表 6.1 math.h 头文件中的常用库函数及意义

函数名	意义
double acos(double x)	返回以弧度表示的 x 的反余弦
double asin(double x)	返回以弧度表示的 x 的反正弦
double atan(double x)	返回以弧度表示的 x 的反正切
double cos(double x)	返回弧度角 x 的余弦
double cosh(double x)	返回 x 的双曲余弦
double sin(double x)	返回弧度角 x 的正弦
double sinh(double x)	返回 x 的双曲正弦
double tanh(double x)	返回 x 的双曲正切
double exp(double x)	返回 e 的 x 次幂的值
double log(double x)	返回 x 的自然对数（基数为 e 的对数）
double log10(double x)	返回 x 的常用对数（基数为 10 的对数）
double pow(double x, double y)	返回 x 的 y 次幂
double sqrt(double x)	返回 x 的平方根
double ceil(double x)	返回大于或等于 x 的最小的整数值
double floor(double x)	返回小于或等于 x 的最大的整数值
double fabs(double x)	返回 x 的绝对值
double fmod(double x, double y)	返回 x 除以 y 的余数

双击桌面上的“Dev-C++”桌面快捷图标，打开 Dev-C++ 集成开发环境，然后单击菜单栏中的“文件 / 新建 / 源文件”命令（快捷键：Ctrl+N），新建一个源文件，并命名为“C6-1.c”，然后输入如下代码：

```
#include <stdio.h>
#include <math.h>                                  # 包含 math.h 头文件
int main()
{
    double x ;                                     # 定义双精度变量 x
    x = acos(0.5) ;
    printf("0.5 的反余弦是：%lf\n" ,x);
    printf("0.5 的反正弦是：%lf\n" ,asin(0.5));
    printf("0.5 的反正切是：%lf\n" ,atan(0.5));
    printf("0.5 的余弦是：%lf\n" ,cos(0.5));
    printf("0.5 的双曲余弦是：%lf\n" ,cosh(0.5));
    printf("0.5 的正弦是：%lf\n" ,sin(0.5));
```

```
    printf("0.5 的双曲正弦是: %lf\n" ,sinh(0.5));
    printf("0.5 的双曲正切是: %lf\n" ,tanh(0.5));
    printf("e 的 3 次幂的值是: %lf\n" ,exp(3));
    printf("基数为 e 的 100 对数值是: %lf\n" ,log(100));
    printf("基数为 10 的 100 对数值是: %lf\n" ,log10(100));
    printf("3 的 4 次幂是: %lf\n" ,pow(3,4));
    printf("100 的平方根是: %lf\n" ,sqrt(100));
    printf("返回大于或等于 3.6 的最小的整数值是: %lf\n" ,ceil(3.6));
    printf("返回小于或等于 3.6 的最大的整数值是: %lf\n" ,floor(3.6));
    printf("-5.9 的绝对值是: %lf\n" ,fabs(-5.9));
    printf("16 除以 7 的余数是: %lf\n" ,fmod(16,7));
}
```

单击菜单栏中的“运行 / 编译运行”命令（快捷键：F11），运行程序，效果如图 6.1 所示。

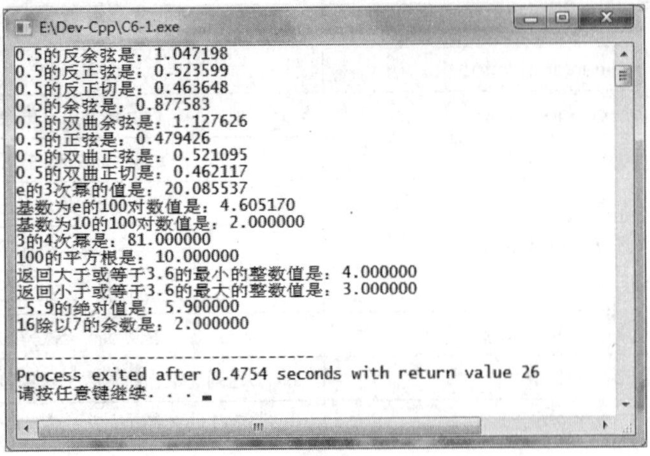

图 6.1　math.h 头文件中的常用库函数

6.2.2　float.h 头文件中的常用库宏

float.h 头文件包含了一组与浮点值相关的依赖于平台的常量。这些常量是由 ANSI C 提出的，这让程序更具有可移植性。

例如，利用 FLT_MAX，可以获得 float 浮点数的最大值；利用 FLT_MIN，可以获得 float 浮点数的最小值。下面举例说明。

双击桌面上的“Dev-C++”桌面快捷图标，打开 Dev-C++ 集成开发环境，然后单击菜单栏中的“文件 / 新建 / 源文件”命令（快捷键：Ctrl+N），新建一个源文件，并命名为“C6-2.c”，然后输入如下代码：

```
# include <stdio.h>
# include <float.h>
int main()
{
    printf("浮点数的最大值: %f\n",FLT_MAX) ;
    printf("浮点数的最大值科学表示法: %e\n",FLT_MAX) ;
    printf("浮点数的最大值科学表示法: %e\n",FLT_MIN) ;
```

```
}
```

单击菜单栏中的“运行 / 编译运行”命令（快捷键：F11），运行程序，效果如图 6.2 所示。

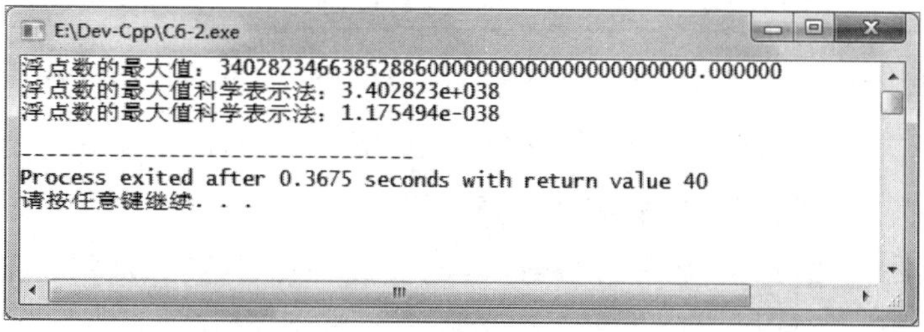

图 6.2　float.h 头文件中的常用库宏

6.2.3　limits.h 头文件中的常用库宏

limits.h 头文件决定了各种变量类型的各种属性。定义在该头文件中的宏限制了各种变量类型（如 char、int 和 long）的值。这些限制指定了变量不能存储任何超出这些限制的值，例如一个无符号整型的最大值是 65535。

limits.h 头文件中的常用库宏及意义如表 6.2 所示。

表 6.2　limits.h 头文件中的常用库宏及意义

宏名	值	意义
CHAR_BIT	8	定义一字节的比特数
SCHAR_MIN	−128	定义一个有符号字符的最小值
SCHAR_MAX	127	定义一个有符号字符的最大值
UCHAR_MAX	255	定义一个无符号字符的最大值
CHAR_MIN	0	定义类型 char 的最小值，如果 char 表示负值，则它的值等于 SCHAR_MIN，否则等于 0
CHAR_MAX	127	定义类型 char 的最大值，如果 char 表示负值，则它的值等于 SCHAR_MAX，否则等于 UCHAR_MAX
MB_LEN_MAX	1	定义多字节字符中的最大字节数
SHRT_MIN	−32768	定义一个短整型的最小值
SHRT_MAX	+32767	定义一个短整型的最大值
USHRT_MAX	65535	定义一个无符号短整型的最大值
INT_MIN	−2147483648	定义一个整型的最小值
INT_MAX	+2147483647	定义一个整型的最大值
UINT_MAX	4294967295	定义一个无符号整型的最大值
LONG_MIN	−2147483648	定义一个长整型的最小值

续表

宏名	值	意义
LONG_MAX	+2147483647	定义一个长整型的最大值
ULONG_MAX	4294967295	定义一个无符号长整型的最大值

双击桌面上的“Dev-C++”桌面快捷图标，打开 Dev-C++ 集成开发环境，然后单击菜单栏中的“文件 / 新建 / 源文件”命令（快捷键：Ctrl+N），新建一个源文件，并命名为“C6-3.c”，然后输入如下代码：

```
#include <stdio.h>
#include <limits.h>                              # 包含 limits.h 头文件
int main()
{
    printf("一字节的比特数：%d\n", CHAR_BIT);
    printf("\n") ;
    printf("一个有符号字符的最小值：%d\n", SCHAR_MIN);
     printf("一个有符号字符的最大值：%d\n", SCHAR_MAX);
     printf("一个无符号字符的最大值：%d\n", UCHAR_MAX);
    printf("\n") ;
     printf("一个短整型的最小值：%d\n", SHRT_MIN);
     printf("一个短整型的最大值：%d\n", SHRT_MAX);
    printf("一个无符号短整型的最大值：%d\n", USHRT_MAX);
    printf("\n") ;
     printf("一个整型的最小值：%d\n", INT_MIN);
     printf("一个整型的最大值：  %d\n", INT_MAX);
     printf("一个无符号整型的最大值：%u\n", UINT_MAX);
    printf("\n") ;
     printf("一个长整型的最小值：%ld\n", LONG_MIN);
     printf("一个长整型的最大值：%ld\n", LONG_MAX);
     printf("一个无符号长整型的最大值：%lu\n", ULONG_MAX);
     return(0);
}
```

单击菜单栏中的“运行 / 编译运行”命令（快捷键：F11），运行程序，效果如图 6.3 所示。

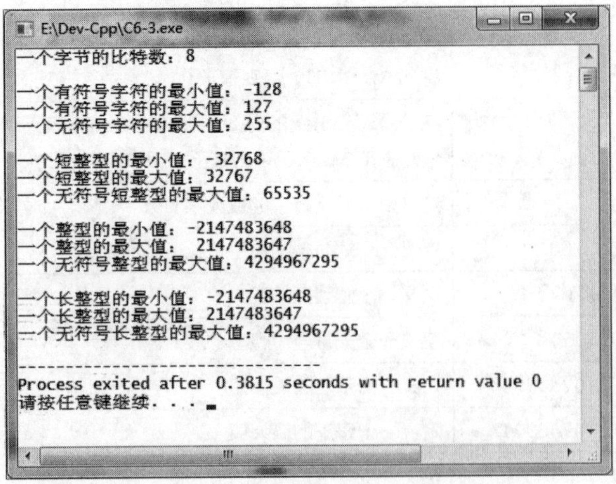

图 6.3　limits.h 头文件中的常用库宏

6.2.4 ctype.h 头文件中的常用库函数

ctype.h 头文件中包含一些字符判断函数，如判断输入的字符是否是字母，是否是数字，等等。在使用这些函数前，要先包含该头文件。ctype.h 头文件中的常用库函数及意义如表 6.3 所示。

表 6.3　ctype.h 头文件中的常用库函数及意义

函数名	意义
int isalnum(int c)	该函数检查所传的字符是否是字母和数字
int isalpha(int c)	该函数检查所传的字符是否是字母
int islower(int c)	该函数检查所传的字符是否是小写字母
int isupper(int c)	该函数检查所传的字符是否是大写字母
int isdigit(int c)	该函数检查所传的字符是否是十进制数字
int isxdigit(int c)	该函数检查所传的字符是否是十六进制数字
int ispunct(int c)	该函数检查所传的字符是否是标点符号字符
int isspace(int c)	该函数检查所传的字符是否是空白字符
int isprint(int c)	该函数检查所传的字符是否是可打印的
int iscntrl(int c)	该函数检查所传的字符是否是控制字符
int isgraph(int c)	该函数检查所传的字符是否有图形表示法
int tolower(int c)	该函数把大写字母转换为小写字母
int toupper(int c)	该函数把小写字母转换为大写字母

在这里需要注意的是，图形字符是指字母数字字符和标点符号字符的集合，控制字符是指在 ASCII 编码中，从 000 到 037 的八进制代码，以及 177（DEL）。

空白字符是制表符、换行符、垂直制表符、换页符、回车符、空格符的集合；可打印字符是字母和数字字符，标点符号字符以及空格字符的集合。

双击桌面上的“Dev-C++”桌面快捷图标，打开 Dev-C++ 集成开发环境，然后单击菜单栏中的“文件 / 新建 / 源文件”命令（快捷键：Ctrl+N），新建一个源文件，并命名为“C6-4.c”，然后输入如下代码：

```
#include <stdio.h>
#include <ctype.h>
#include <string.h>
int main()
{
    //定义变量，用于统计字母、数字、标点符号等的个数
    int i,x1,x2,x3,x4,x5,x6,x7 ;
    char str1[40] , str2[40];
    char str[] ="I like C, C++, Java8.0, Python3.7, HTML!";
    printf("\nstr字符串的内容是：%s\n",str);
    //调用strlen()函数，获取字符串的长度
    int len = strlen(str);
    //利用for循环统计字母、数字、标点符号等的个数
```

```
    for( i=0; i<len; i++)
    {
            if ( isalpha(str[i]))
                    x1 = x1 +1 ;
            if (isdigit(str[i]))
                    x2 = x2 +1 ;
            if (ispunct(str[i]))
                    x3 = x3 +1 ;
            if (isspace(str[i]))
                    x4 = x4 +1 ;
            if (islower(str[i]))
                    x5 = x5 +1 ;
            if (isupper(str[i]))
                    x6 = x6 +1 ;
            if (isalnum(str[i]))
                    x7 = x7 +1 ;
            //把字母转化为大写字母
            str1[i]= toupper(str[i]) ;
            //把字母转化为小写字母
            str2[i]= tolower(str[i]) ;
    }
    printf("str 中所有内容的个数是：%d\n\n",len) ;
    printf("str 中字母的个数是：%d\n",x1) ;
    printf("str 中数字的个数是：%d\n",x2) ;
    printf("str 中标点符号的个数是：%d\n",x3) ;
    printf("str 中空格的个数是：%d\n",x4) ;
    printf("str 中小写字母的个数是：%d\n",x5) ;
    printf("str 中大写字母的个数是：%d\n",x6) ;
    printf("str 中字母和数字的个数是：%d\n",x7) ;
    printf("把 str 中的字母转化为大写字母显示：%s\n",str1) ;
    printf("把 str 中的字母转化为小写字母显示：%s\n",str2) ;
}
```

首先包含 3 个头文件，然后调用 string.h 头文件中的 strlen() 函数，获取字符串的长度，接着调用 ctype.h 头文件中的函数统计字母、数字、标点符号的个数。

单击菜单栏中的“运行 / 编译运行”命令（快捷键：F11），运行程序，效果如图 6.4 所示。

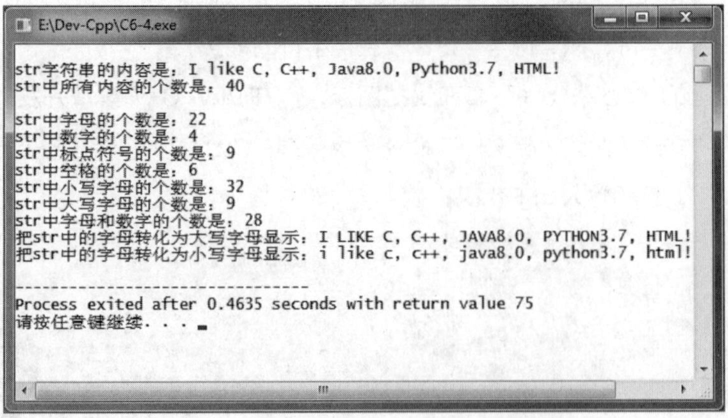

图 6.4　ctype.h 头文件中的常用库函数

6.3 自定义函数

前面讲解了 C 语言的常用库函数，下面来讲解 C 语言的自定义函数。

6.3.1 函数的定义

在 C 语言中，自定义函数的语法格式如下：

```
类型  函数名 ( 形参表说明 )  /* 函数首部 */
{
说明语句 /* 函数体 */
执行语句
}
```

对自定义函数的各项进行解释说明，具体如下：

第一，“类型”是指函数返回值的类型。函数返回值不能是数组，也不能是函数，除此之外任何合法的数据类型都可以是函数的类型，例如，int、long、float、char 函数类型可以省略，当不指明函数类型时，系统默认的是整型。

第二，函数名是用户自定义的标识符，在 C 语言函数定义中不可省略，并且要符合 C 语言对标识符的规范，用于标识函数，并用该标识符调用函数。另外，函数名本身也有值，它代表了该函数的入口地址，使用指针调用函数时，将用到此功能。

第三，形参又称为“形式参数”。形参表是用逗号分隔的一组变量说明，包括形参的类型和形参的标识符，其作用是指出每一个形参的类型和形参的名称，当调用函数时，接收来自主调函数的数据，确定各参数的值。

第四，用 { } 括起来的部分是函数的主体，称为函数体。函数体是一段程序，确定该函数应完成的规定的运算，应执行的规定的动作，集中体现了函数的功能。函数内部应有自己的说明语句和执行语句，但函数内定义的变量不可以与形参同名。花括号 { } 是不可以省略的。

下面定义一个函数，实现任意输入两个数，都显示其中的较小的数。双击桌面上的“Dev-C++”桌面快捷图标，打开 Dev-C++ 集成开发环境，然后单击菜单栏中的“文件 / 新建 / 源文件”命令（快捷键：Ctrl+N），新建一个源文件，并命名为“C6-5.c”，然后输入如下代码：

```
int mymin(int a, int b)
{
    if (a>b)
    {
            return b;
    }
    else
    {
            return a ;
```

```
    }
}
```

接下来再定义一个函数，实现任意输入一个正整数 n，计算出 1+2+……+n 的值，具体代码如下：

```
int mysum(int n)
{
    if (n<=0)
    {
            printf("对不起，n 不能小于等于零！ ") ;
    }
    else
    {
            int i ,sum1 ;
            sum1=0 ;
            for(i=1;i<=n;i++)
            {
                    sum1= sum1 + i ;
            }
            return sum1 ;
    }
}
```

6.3.2 函数调用

主调函数main()使用被调函数的功能，称为函数调用。在C语言中，只有在函数调用时，函数体中定义的功能才会被执行。在 C 语言中，函数调用的语法格式如下：

```
函数名 ( 类型 形参 , 类型 形参 ...)
```

下面编写主函数，调用上述定义的两个函数。首先在两个自定义函数上方，先导入 stdio.h 头文件，具体代码如下：

```
#include <stdio.h>
```

然后在两个自定义函数下方编写主函数，具体代码如下：

```
int main()
{
    int a,b;
    // 调用 mymin() 函数
    a = mymin(10,6) ;
    // 调用 mysum() 函数
    b = mysum(15) ;
    printf(" 调用 mymin() 函数，其值是：%d\n",a);
    printf(" 调用 mysum() 函数，其值是：%d\n",b);
}
```

单击菜单栏中的“运行 / 编译运行”命令(快捷键：F11)，运行程序，效果如图 6.5 所示。

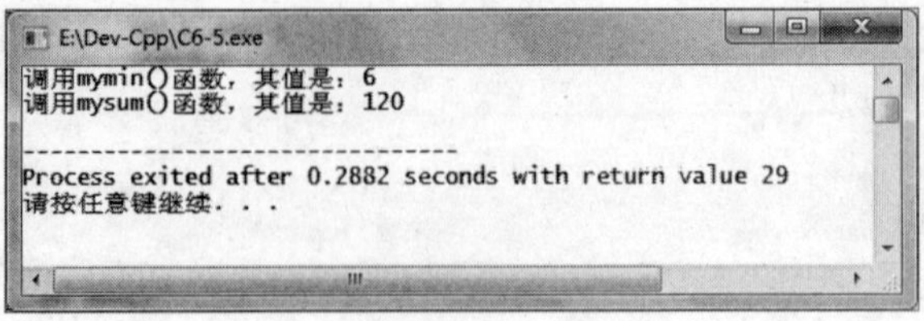

图 6.5　函数的定义和调用

6.3.3 函数调用的 3 种方式

在 C 语言中，函数调用有 3 种方式，分别是函数表达式、函数语句和函数实参，如图 6.6 所示。

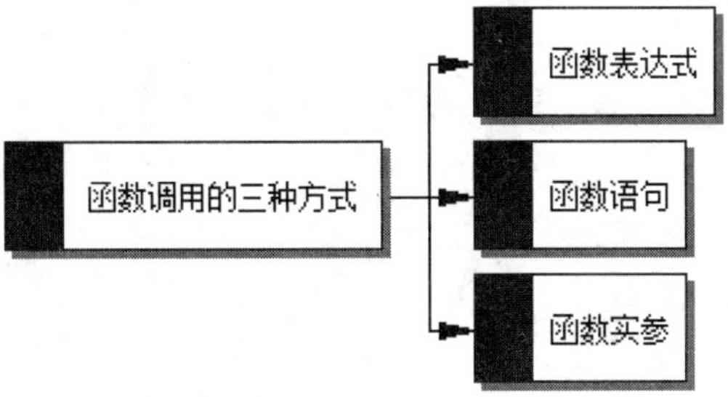

图 6.6　函数调用的 3 种方式

1. 函数表达式

函数作为表达式中的一项出现在表达式中，以函数返回值参与表达式的运算。这种方式要求函数必须有返回值，例如：

```
a = mymin(10,6) ;
```

这里就是把 mymin() 函数的返回值赋值给变量 a。

2. 函数语句

函数调用的一般形式加上分号即构成函数语句，例如库函数中的 printf() 和 scanf() 函数：

```
printf ("%d",a);
scanf ("%d",&b);
```

3. 函数实参

函数实参是指函数作为另一个函数调用的实际参数出现。这种情况是把该函数的返回值作为实参进行传送，因此要求该函数必须有返回值，例如：

```
printf("%d", mymin(x,y));  /* 把 mymin() 调用的返回值作为 printf() 函数的实参 */
```

双击桌面上的“Dev−C++”桌面快捷图标，打开 Dev−C++ 集成开发环境，然后单击菜单栏中的“文件 / 新建 / 源文件”命令（快捷键：Ctrl+N），新建一个源文件，并命名为“C6−6.c”，然后输入如下代码：

```
#include <stdio.h>
//定义一个无返回值函数
void myhello()
{
    printf("Hello world!\n" ) ;
    //没有返回值就不需要 return 语句
}
//自定义的绝对值函数
```

```
int myabs(int a)
{
    if (a>0)
            {
                    return a;
            }
    else
    {
            return -a ;
    }
}

int main()
{
    int x1 , i;
    //函数表达式方式，调用函数
    x1 = myabs(-6) ;
    printf("变量x1的值是：%d\n",x1) ;
    //函数实参方式，调用函数
    printf("myabs(-10)的值是：%d\n",myabs(-10)) ;
    for (i=1; i<5;i++)
    {
            //函数语句方式，调用函数
            myhello() ;
    }
}
```

这里有两个自定义函数：一个是无返回值函数，注意其类型为 void。另一个是自定义取绝对值函数，即输入正数，其值不变；如果输入负数，就取其反数。

然后在主函数中调用前面自定义的两个函数，首先利用函数表达式方式调用函数，再利用函数实参方式调用函数，最后利用 for 循环多次利用函数语句方式调用函数。

单击菜单栏中的“运行 / 编译运行”命令（快捷键：F11），运行程序，效果如图 6.7 所示。

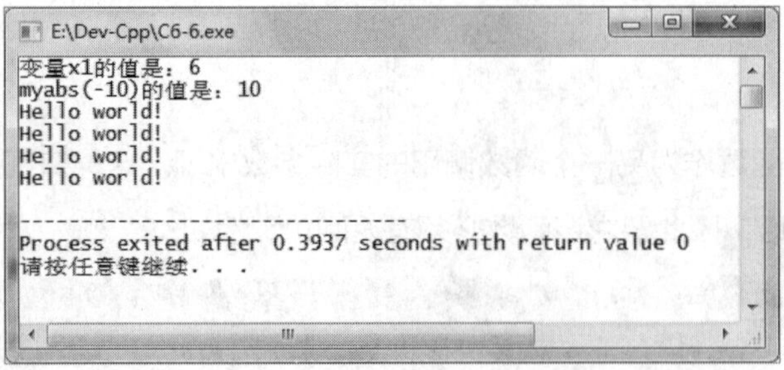

图 6.7　函数调用的 3 种方式

6.3.4　函数的参数

如果函数要使用参数，则必须声明接受参数值的变量，这些变量称为函数的形式参数。形式参数就像函数内的其他局部变量，在进入函数时被创建，退出函数时被销毁。当调用函数时，有两种向函数传递参数的方式，分别是传值调用和引用调用。

1. 传值调用

传值调用把参数的实际值复制给函数的形式参数。在这种情况下，修改函数内的形式参数不会影响实际参数。默认情况下，C 语言使用传值调用方法来传递参数。一般来说，这意味着函数内的代码不会改变用于调用函数的实际参数。

双击桌面上的“Dev-C++”桌面快捷图标，打开 Dev-C++ 集成开发环境，然后单击菜单栏中的“文件 / 新建 / 源文件”命令（快捷键：Ctrl+N），新建一个源文件，并命名为“C6-7.c”，然后输入如下代码：

```
#include <stdio.h>
void myswap(int x, int y)
{
   int temp;
   printf(" 交换前，x 的值：%d\n",x) ;
   printf(" 交换前，y 的值：%d\n",y) ;
   temp = x;                                  /* 保存 x 的值 */
   x = y;                                     /* 把 y 赋值给 x */
   y = temp;                                  /* 把 temp 赋值给 y */
   printf(" 交换后，x 的值：%d\n",x) ;
   printf(" 交换后，y 的值：%d\n",y) ;
   return;
}
int main ()
{
   /* 局部变量定义 */
   int a = 15;
   int b = 86;
   printf(" 调用函数前，a 的值： %d\n", a );
   printf(" 调用函数前，b 的值： %d\n", b );
   /* 调用函数来交换值 */
   myswap(a, b);
   printf(" 调用函数后，a 的值： %d\n", a );
   printf(" 调用函数后，b 的值： %d\n", b );
   return 0;
}
```

在主函数中，为变量 a 和 b 分别赋值为 15 和 86，这样，在调用函数之前，变量 a 就是 15，变量 b 就是 86。

然后调用 myswap() 函数，把 a 的值传给 x，把 b 的值传给 y，这样 x 为 15，y 为 86，所以在交换之前，变量 x 就是 15，变量 y 就是 86。

接着进行变量 x 和变量 y 的交换，即 x 为 86，y 为 15。调用函数结束后，返回主函数。注意：虽然 x 和 y 的值交换了，但主函数中的 a 和 b 的值没有交换，所以变量 a 还是 15，变量 b 还是 86。

单击菜单栏中的“运行 / 编译运行”命令（快捷键：F11），运行程序，效果如图 6.8 所示。

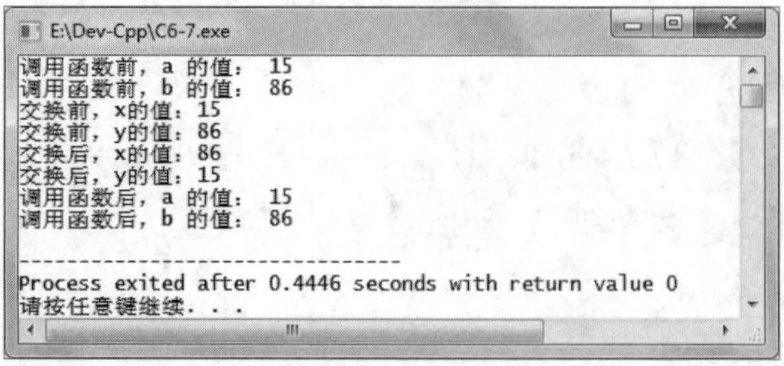

图 6.8　传值调用

2. 引用调用

引用调用，通过指针传递方式，形参为指向实参地址的指针，当对形参的指向操作时，就相当于对实参本身进行操作。

双击桌面上的“Dev-C++”桌面快捷图标，打开 Dev-C++ 集成开发环境，然后单击菜单栏中的“文件 / 新建 / 源文件”命令（快捷键：Ctrl+N），新建一个源文件，并命名为“C6-8.c”，然后输入如下代码：

```
#include <stdio.h>
void myswap(int *x, int *y)
{
   int temp;
   printf("交换前，x 的值：%d\n",*x) ;
   printf("交换前，y 的值：%d\n",*y) ;
   temp = *x;                                /* 保存 x 的值 */
   *x = *y;                                  /* 把 y 赋值给 x */
   *y = temp;                                /* 把 temp 赋值给 y */
   printf("交换后，x 的值：%d\n",*x) ;
   printf("交换后，y 的值：%d\n",*y) ;
   return;
}
int main ()
{
   /* 局部变量定义 */
   int a = 15;
   int b = 86;

   printf("调用函数前，a 的值： %d\n", a );
   printf("调用函数前，b 的值： %d\n", b );
   /* 调用函数来交换值 */
   myswap(&a, &b);
   printf("调用函数后，a 的值： %d\n", a );
   printf("调用函数后，b 的值： %d\n", b );
   return 0;
}
```

在主函数中，为变量 a 和 b 分别赋值为 15 和 86，这样，在调用函数之前，变量 a 就是 15，变量 b 就是 86。

然后调用 myswap() 函数，把 &a 的地址传给 *x，把 &b 的地址传给 *y，这样 *x 为 15，*y 为 86，所以在交换之前，变量 *x 就是 15，变量 *y 就是 86。

接着进行变量 *x 和变量 *y 的交换，即 *x 为 86，*y 为 15。调用函数结束后，返回主函数。注意：虽然 *x 和 *y 的值交换了，但主函数中的 a 和 b 的值也交换，所以变量 a 是 86，变量 b 是 15。

单击菜单栏中的“运行 / 编译运行”命令（快捷键：F11），运行程序，效果如图 6.9 所示。

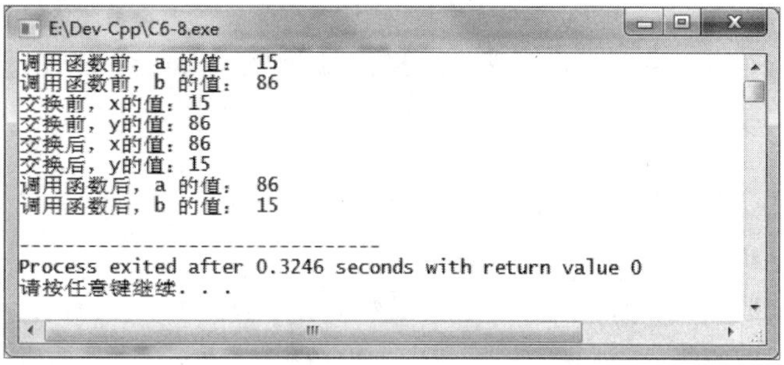

图 6.9　引用调用

6.3.5　递归函数

一个函数在它的函数体内调用它自身称为递归调用，这种函数称为递归函数。执行递归函数将反复调用其自身，每调用一次就进入新的一层，当最内层的函数执行完毕后，再一层一层地由里到外退出。

双击桌面上的“Dev−C++”桌面快捷图标，打开 Dev−C++ 集成开发环境，然后单击菜单栏中的“文件 / 新建 / 源文件”命令（快捷键：Ctrl+N），新建一个源文件，并命名为“C6−9.c”，然后输入如下代码：

```
#include <stdio.h>
//定义递归函数 myn()
long myn(int n)
{
    long result;
    if(n==0 || n==1)
    {
        result = 1;
    }
    else
    {
        result = myn(n-1) * n;                          // 递归调用
    }
    return result;
}
int main()
{
    printf("\n递归函数的返回值：%ld",myn(8));
}
```

这里定义递归函数，然后在主函数中调用。主函数中传过来的参数是 8，即 n=8，下面来分析如何递归调用。

第一次调用是 result=myn(8−1)×8=myn(7) ×8；

myn(7) 继续调用 myn() 函数，即第二次调用，result= myn(7−1) ×7×8= myn(6) ×7×8；

myn(6) 继续调用 myn() 函数，即第三次调用，result= myn(6−1) ×6×7×8= myn(5) ×6×7×8；

myn(5) 继续调用 myn() 函数，即第四次调用，result= myn(5−1) ×5 ×6×7×8= myn(4) ×5×6×7×8；

myn(4) 继续调用 myn() 函数，即第五次调用，result= myn(4−1) ×4×5 ×6×7×8= myn(3) ×4×5×6×7×8；

myn(3) 继续调用 myn() 函数，即第六次调用，result= myn(3−1)×3×4×5×6×7×8= myn(2) ×3×4×5×6×7×8；

myn(2) 继续调用 myn() 函数，即第七次调用，result= myn(2−1)×2×3×4×5×6×7×8= myn(1) ×2×3×4×5×6×7×8；

myn(1) 继续调用 myn() 函数，即第八次调用，result= 1×2×3×4×5 ×6×7×8；

经过 8 次调用后，myn() 函数运行结束，返回值为 result=1×2×3×4×5×6×7×8=40320。

单击菜单栏中的“运行 / 编译运行”命令（快捷键：F11），运行程序，效果如图 6.10 所示。

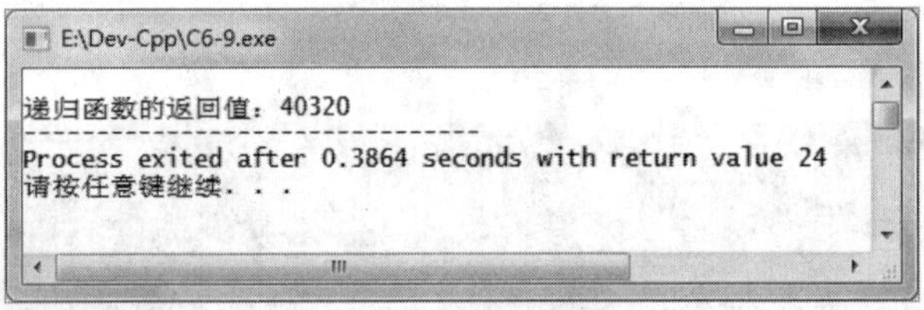

图 6.10　递归函数

6.4　局部变量和全局变量

在 C 语言程序设计中，程序的变量并不是在任何位置都可以访问的，访问权限取决于这个变量是在哪里赋值的。

定义在函数内部的变量称为局部变量，其作用域仅限于函数内部，如果离开该函数后，则这些变量就是无效的，再使用就会报错。

```
int myfun1(int a){
    int b,c;                              //a、b、c 仅在函数 myfun1() 内有效
    return a+b+c;
}
int main(){
    int m,n;                              //m、n 仅在函数 main() 内有效
    return 0;
}
```

第一，在 main() 函数中定义的变量也是局部变量，只能在 main() 函数中使用。同时，main() 函数中也不能使用其他函数中定义的变量。main() 函数也是一个函数，与其他函数地位平等。

第二，形式参数和在函数体内定义的变量都是局部变量。

第三，可以在不同的函数中使用相同的变量名，它们表示不同的数据，分配不同的内存，互不干扰，也不会发生混淆。

第四，在语句块（如 for、while）中也可以定义变量，它的作用域只限于当前语句块。

在所有函数外部定义的变量称为全局变量，它的作用域默认是整个程序，也就是所有的源文件，包括 .c 和 .h 文件。

双击桌面上的“Dev-C++”桌面快捷图标，打开 Dev-C++ 集成开发环境，然后单击菜单栏中的“文件 / 新建 / 源文件”命令（快捷键：Ctrl+N），新建一个源文件，并命名为“C6-10.c”，然后输入如下代码：

```
#include <stdio.h>
int n = 68 ;                              // 全局变量
void myfunc1()
{
    int n = 12;                           // 局部变量
    printf("myfun1 中的变量 n 的值 : %d\n", n);
}
void myfunc2(int n)
{
    printf("myfun2 中的变量 n 的值 : %d\n", n);
}
void myfunc3()
{
    printf("myfun3 中的变量 n 的值 : %d\n", n);
}
int main()
{
    int n = 52;                           // 局部变量
    // 调用 3 个函数
    myfunc1();
    myfunc2(n);
    myfunc3();
    // 代码块由 {} 包围
    {
        int n = 28;                       // 局部变量
        printf(" 代码块中的变量 n 的值 : %d\n", n);
    }
    printf(" 主函数中的变量 n 的值 : %d\n", n);
    return 0;
}
```

在这里首先导入 stdio.h 头文件，然后定义一个全局变量 n，其值为 68。接着定义了 3 个函数，分别是 myfunc1()、myfunc2()、myfunc3()，需要注意的是，myfunc2() 有一个形式参数。

然后在主函数中，定义局部变量 n，其值为 52。接着调用 myfunc1() 函数，在该函数中又定义一个变量 n，其值为 12，所以 myfun1 中的变量 n 的值应该是 12。

myfunc1() 函数结束后，主函数又开始调用 myfunc2(n) 函数。注意：这里传入参数 n，其值是主函数中 n 的值，即为 52。这样 myfunc2(n) 中的形式参数 n 就是 52，所以 myfun2 中的变量 n 的值就是 52。

myfunc2() 函数结束后，主函数又开始调用 myfunc3() 函数。myfunc3() 函数没有参数传入，在该函数中也没有定义变量 n，所以这里 n 就是前面定义的全局变量 n 的值，即 n 为 68。

3 个函数调用完成后，继续运行代码块，这时又定义变量 n 为 28，所以代码块中的变量 n 的值为 28。

代码块运行结束后，继续运行，这时 n 的值又变为 52，即主函数中定义的变量 n 的值。

单击菜单栏中的“运行 / 编译运行”命令（快捷键：F11），运行程序，效果如图 6.11 所示。

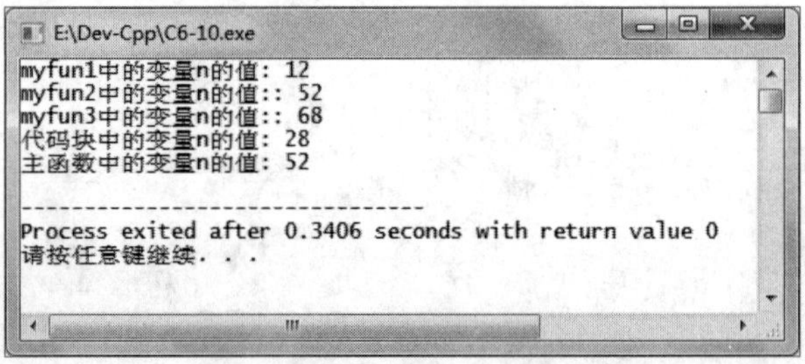

图 6.11　局部变量和全局变量

6.5　实例：计算一个数为两个质数之和

质数又称为素数，是指整数在一个大于 1 的自然数中，除了 1 和此整数自身外，无法被其他自然数整除的数。换句话说，只有两个正因数（1 和自己）的自然数即为质数。

双击桌面上的“Dev-C++”桌面快捷图标，打开 Dev-C++ 集成开发环境，然后单击菜单栏中的“文件 / 新建 / 源文件”命令（快捷键：Ctrl+N），新建一个源文件，并命名为“C6-11.c”。

首先包含 stdio.h 头文件，具体代码如下：

```
#include <stdio.h>
```

接下来定义 myprime() 函数，判断一个数是不是质数，具体代码如下：

```
int myprime(int n)
{
    int i, isprime = 1;
    for(i = 2; i <= n/2; ++i)
    {
        if(n % i == 0)
        {
            isprime = 0;
            break;
        }
    }
    return isprime;
}
```

自定义函数 myprime() 有一个形式参数 n，即判断这个 n 是不是素数，那么该如何判断呢？

答案是让 n 除以 2、3、4……n/2，如果其中有任意一个数能被 n 整除，即 n 除以其中一个数等于 0，那么 n 就不是质数。如果不是质数，则变量 isprime 为 0；如果是质数，则变量 isprime 为 1，该函数的返回值是 isprime。

接下来定义主函数，调用 myprime() 函数，计算一个数为两个质数之和，具体代码如下：

```
int main()
{
    int n, i, flag = 0;
    printf("请输入一个正整数：");
    scanf("%d", &n);
    for(i = 2; i <= n/2; ++i)
    {
        // 检测判断
        if (myprime(i) == 1)
        {
                //递归调用 myprime() 函数
            if (myprime(n-i) == 1)
            {
                printf("%d = %d + %d\n", n, i, n - i);
                flag = 1;
            }
        }
    }
    if (flag == 0)
        printf("%d 不能分解为两个素数。", n);
    return 0;
}
```

单击菜单栏中的“运行 / 编译运行”命令（快捷键：F11），运行程序，这时提醒“请输入一个正整数”，在这里输入“46”，然后回车，就可以看到 46 由哪两个质数相加得到，如图 6.12 所示。

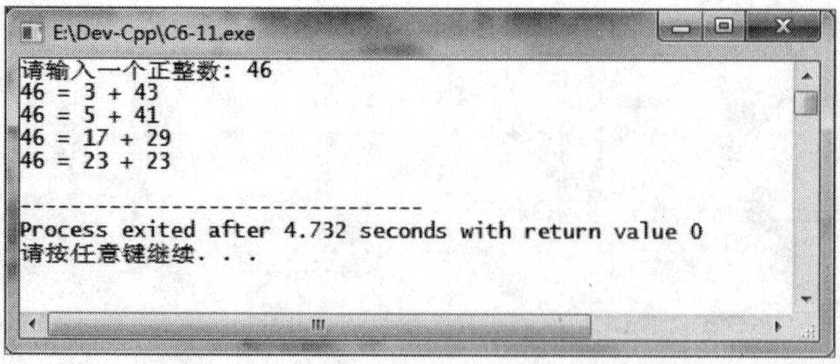

图 6.12　计算一个数为两个质数之和

6.6　实例：年龄问题的解决

一些人按年龄大小从左到右坐在一起，其中相邻的两个人相差 2 岁。假设最右边的人为 1，则第 n−1 个人与第 n 个人的年龄相差 2 岁。如果最右边人的年龄为 10 岁，问第 n 个人的年龄为几岁。

下面编写 C 语言代码实现年龄问题的解决。

年龄问题是一个递归问题。假如要求第 5 个人的年龄，则必须先知道第 4 个人的年龄，显然第 4 个人的年龄也是未知的，但可以由第 3 个人的年龄推算出来。而想知道第 3 个人的年龄又必须先知道第 2 个人的年龄，第 2 个人的年龄则取决于第 1 个人的年龄。

已知每个人的年龄都比其前一个人的年龄大 2，因此根据题意，可得到如下几个表达式：

```
age(5)=age(4)+2
age(4)=age(3)+2
age(3)=age(2)+2
age(2)=age(1)+2
age(1)=10
```

归纳上述 5 个表达式，用数学公式表达出来为：

```
age(n)=age(n-1)+2
```

双击桌面上的“Dev−C++”桌面快捷图标，打开 Dev−C++ 集成开发环境，然后单击菜单栏中的“文件 / 新建 / 源文件”命令（快捷键：Ctrl+N），新建一个源文件，并命名为“C6−11.c”。

首先包含 stdio.h 头文件，具体代码如下：

```
#include <stdio.h>
```

然后定义 age() 函数，实现递归调用，具体代码如下：

```
int age(int n)
{
    int x;
```

```
    if (n==1)
    {
            x =10 ;
    }
    else
    {
            x = age(n-1) + 2  ;                    //递归调用函数
    }
    return x ;
}
```

接下来定义主函数，调用 age() 函数，从而实现年龄问题的解决，具体代码如下：

```
int main()
{
    while (1)
    {
            int x1,x2,x3,n;
        printf("\n请输入n的值：") ;
        scanf("%d",&n) ;
        if (n==0)
        {
            break;
            }
        printf("第%d个人的年龄是：%d",n,age(n)) ;
    }
}
```

在主函数中，定义一个无限循环，这样可以反复输入 n 的值，只有输入 0 时，程序才会结束。

单击菜单栏中的“运行 / 编译运行”命令（快捷键：F11），运行程序，这时提醒“请输入 n 的值”，在这里输入“6”，然后回车，就可以看到第 6 个人的年龄，如图 6.13 所示。

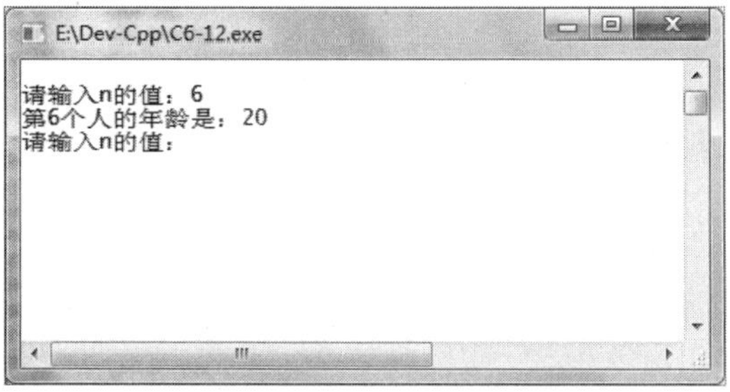

图 6.13　第 6 个人的年龄

这时又提醒“请输入 n 的值”，假如输入“10”，就可以看到第 10 个人的年龄，然后提醒“请输入 n 的值”。总之，只要不输入“0”，就可以反复输入 n 的值，一旦输入 0 回车，程序就结束，如图 6.14 所示。

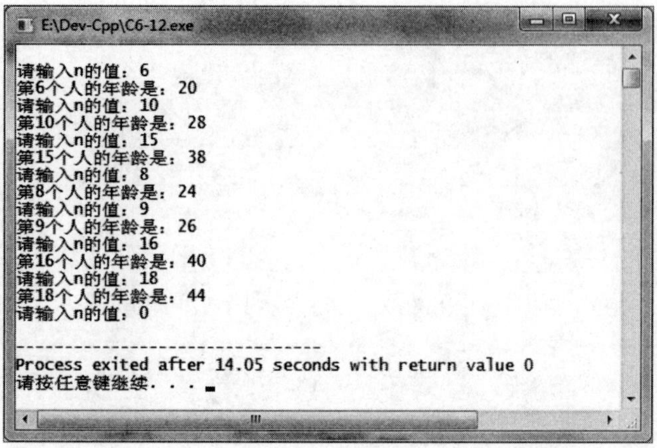
E:\Dev-Cpp\C6-12.exe
请输入n的值：6
第6个人的年龄是：20
请输入n的值：10
第10个人的年龄是：28
请输入n的值：15
第15个人的年龄是：38
请输入n的值：8
第8个人的年龄是：24
请输入n的值：9
第9个人的年龄是：26
请输入n的值：16
第16个人的年龄是：40
请输入n的值：18
第18个人的年龄是：44
请输入n的值：0

Process exited after 14.05 seconds with return value 0
请按任意键继续. . .

图 6.14　程序运行效果

第 7 章

C 语言的数组

数组是有序的元素序列，对于每一门编程语言来说都是重要的数据结构之一，当然不同语言对数组的实现及处理也不尽相同。

本章主要内容包括：

- 数组的定义和初始化
- 数组内存是连续的
- 实例：利用数组元素的索引显示 6×4 行矩阵
- 实例：利用 for 循环显示数组中的元素
- 实例：利用随机数为数组赋值并显示
- 二维数组的定义和初始化
- 二维数组元素的访问
- 判断某数是否在数组中
- 把数组作为参数传给函数
- 函数的返回值是数组
- 冒泡排序
- 选择排序
- 插入排序

7.1 初识数组

通过对前面章节的学习，读者已经知道如何定义和使用各种变量，但还是有不够用的时候。例如，要记录一个班 36 个同学“语文”这科的成绩，难道要定义 36 个变量？当然可以这样，但似乎令人觉得不妥，可以再联想一下，如果几百个人或者更多人呢？这就引出数组的概念。

C 语言支持数组数据结构，它可以存储一个固定大小的相同类型元素的顺序集合，即数组是用来存储一系列数据的，但这一系列数据应具有相同的数据类型。

数组的定义并不是声明一个单独的变量，比如 num0、num1、…、num99，而是声明一个数组变量，比如 nums，然后使用 nums[0]、nums[1]、…、nums[99] 来代表一个单独的变量。

7.1.1 数组的定义

在 C 语言中，要定义一个数组，需要指定元素的类型和元素的数量，其语法格式如下：

```
类型说明符 数组名 [常量表达式];
```

其中，类型说明符是任意一种基本数据类型或构造数据类型，它定义了全体数组成员的数据类型，可以发现，要比定义 N 个元素方便得多，如果把一个元素看作一个点，那么一维数组就像一条线。

数组名是定义的数组标识符。方括号中的常量表达式表示数据元素的个数，也称为数组的长度。注意：数据的长度一定要大于 0。另外，还需要注意的是，数组中的元素下标是从 0 开始计算的。数组的定义代码如下：

```
int a[60];     //定义一个数组名为 a，存储 60 个 int 类型的数组，其元素分别是 a[0]~a[59]
float b[20];   //定义一个数组名为 b，存储 20 个 float 类型的数组，其元素分别是 b[0]~b[19]
char c[256];   //定义一个数组名为 c 的字符型数组，长度为 256，其元素分别是 c[0]~c[255]
```

7.1.2 数组内存是连续的

在 C 语言中，数组是一个有序元素的整体，其内存是连续的。也就是说，数组元素之间是相互挨着的，彼此之间没有一点缝隙。

连续的内存，为指针操作（通过指针来访问数组元素）和内存处理（整块内存的复制、写入等）提供了便利，这使得数组可以作为缓存（临时存储数据的一块内存）使用。

7.1.3 数组的初始化

在 C 语言中，定义数组与定义变量一样，都可以先定义，再赋值，也可以在定义时赋值，具体代码如下：

```
int  mynums[6]
mynums[6] = {10,20,30,40,50,60} ;
或
int  mynums[6] = {10,20,30,40,50,60} ;
```

数组元素的值由 { } 包围，各个值之间以“,”分隔。

在进行数组初始化时，要注意以下几点：

第一，可以只给部分元素赋值。当 { } 中值的个数少于元素个数时，只给前面部分元素赋值。

```
int a[60]={1,2,3,4,5};                    //定义一个整型数组 a，前 5 个元素即赋值为 1、2、3、4、5，后 55 个元素值全部为 0
float b[20]={1.1,2.2,3.3};                //定义一个 float 数组 b，前 3 个元素分别赋值为 1.1、2.2、3.3，后 17 个元素值全部为 0.0
char c[256]={'C','l', 'a','n','g','u','a','g','e'};      //定义一个数组名为 c 的字符型数组 并对前 9 个元素进行赋值，其余元素全部为 '\0'
```

如果想让数组所有元素都为 0，则具体代码如下：

```
int a1[10] ={0} ;
float a2[10] = {0.0} ;
```

第二，只能给数组元素逐个赋值，不能给数组整体赋值。例如，给 5 个元素的数组全部赋值为 10，只能写作：

```
int a[5] = {10, 10, 10, 10, 10};
```

而不能写作：

```
int a[5] = 10;
```

第三，如果给数组中全部元素赋值，那么在定义数组时可以不给出数组长度。例如：

```
int a[] = {10, 20, 30};
等价于
int a[3] = {10, 20, 30};
```

7.2 数组元素的访问

数组定义和初始化后，即可访问数据元素。数组元素可以通过数组名称加索引进行访问。元素的索引放在方括号内，跟在数组名称的后面。

7.2.1 实例：利用数组元素的索引显示 6×4 行矩阵

双击桌面上的“Dev-C++”桌面快捷图标，打开 Dev-C++ 集成开发环境，然后单击菜单栏中的“文件 / 新建 / 源文件”命令（快捷键：Ctrl+N），新建一个源文件，并命

名为“C7−1.c”，然后输入如下代码：

```
#include <stdio.h>
int main()
{
    int a1[6] = {1,2,3,4,5,6} ;
    int a2[6] = {10,20,30,40,50,60} ;
    int a3[6] = {5,15,25,25,45,55} ;
    int a4[6] = {16,26,36,46,56,66} ;
    printf("利用数组元素的索引显示 6×4 行矩阵 \n") ;
    printf("%-9d %-9d %-9d %-9d %-9d %-9d\n", a1[0], a1[1], a1[2], a1[3], a1[4], a1[5]);
    printf("%-9d %-9d %-9d %-9d %-9d %-9d\n", a2[0], a2[1], a2[2], a2[3], a2[4], a2[5]);
    printf("%-9d %-9d %-9d %-9d %-9d %-9d\n", a3[0], a3[1], a3[2], a3[3], a3[4], a3[5]);
    printf("%-9d %-9d %-9d %-9d %-9d %-9d\n", a4[0], a4[1], a4[2], a4[3], a4[4], a4[5]);
}
```

单击菜单栏中的“运行 / 编译运行”命令（快捷键：F11），运行程序，效果如图 6.1 所示。

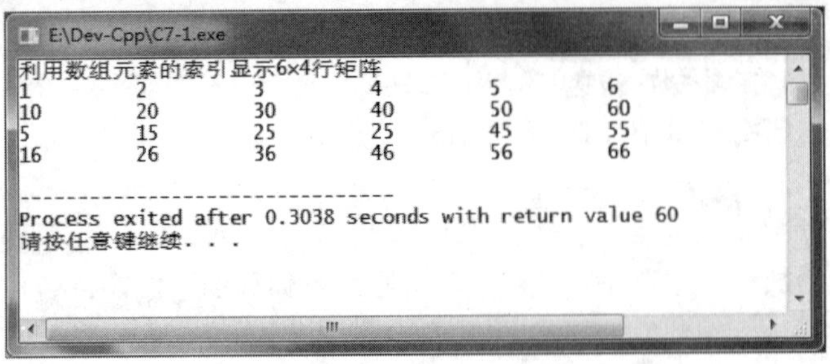

图 7.1　利用数组元素的索引显示 6×4 行矩阵

7.2.2　实例：利用 for 循环显示数组中的元素

双击桌面上的“Dev−C++”桌面快捷图标，打开 Dev−C++ 集成开发环境，然后单击菜单栏中的“文件 / 新建 / 源文件”命令（快捷键：Ctrl+N），新建一个源文件，并命名为“C7−2.c”，然后输入如下代码：

```
#include <stdio.h>
int main()
{
    int a1[10] ={0} ;
    float a2[10] = {0.0} ;
    int x ;
    for (x=0; x<10; x++)
    {
            printf("数据 a1[%d] 中的值 :%d\n",x,a1[x]) ;
            printf("数据 a2[%d] 中的值 :%f\n",x,a2[x]) ;
    }
}
```

单击菜单栏中的“运行 / 编译运行”命令（快捷键：F11），运行程序，效果如图 7.2 所示。

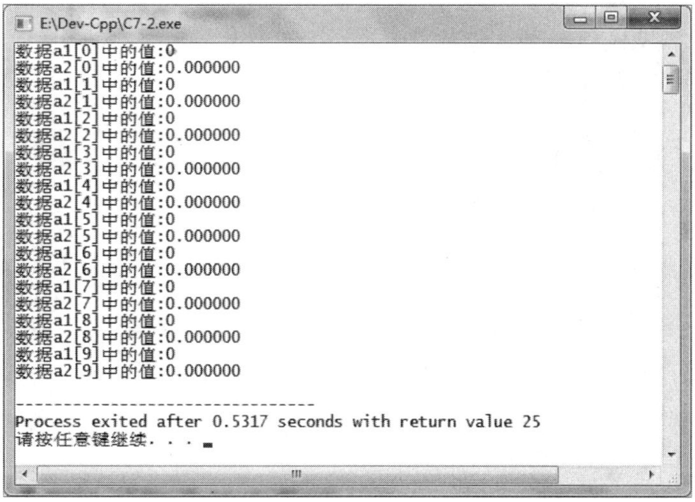

图 7.2　利用 for 循环显示数组中的元素

7.2.3　实例：利用随机数为数组赋值并显示

双击桌面上的“Dev-C++”桌面快捷图标，打开 Dev-C++ 集成开发环境，然后单击菜单栏中的“文件 / 新建 / 源文件”命令（快捷键：Ctrl+N），新建一个源文件，并命名为“C7-3.c”，然后输入如下代码：

```
#include <stdio.h>
# include <stdlib.h>
int main()
{
    int a1[10] ;
    int i ;
    for (i=0; i<10; i++)
    {
            // 产生一个 1~100 的随机整数
            a1[i] = rand()%100 ;
    }
    for (i=0; i<10 ; i++)
    {
            printf(" 数组中第 %d 个元素的值是: %d\n",i,a1[i]) ;
    }
}
```

这里要使用随机函数 rand()，该函数在 stdlib.h 库文件中，所以要先包含该库文件。随机函数 rand() 随机产生范围在 0 到 32767 之间的一个数，然后取模 100，即产生一个 1~100 的随机整数。

单击菜单栏中的“运行 / 编译运行”命令（快捷键：F11），运行程序，效果如图 7.3 所示。

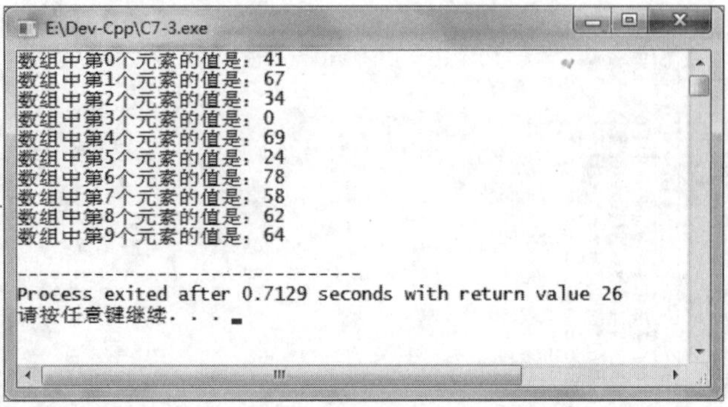

图 7.3　利用随机数为数组赋值并显示

7.3　二维数组

C 语言支持多维数组。多维数组定义的一般格式如下：

```
类型说明符 数组名 [ 常量表达式 ] [ 常量表达式 ]……[ 常量表达式 ];
```

例如，定义一个三维（5，10，6）整型数组，具体代码如下：

```
int  threenums[5][10][6] ;
```

多维数组最简单的形式是二维数组，下面来具体讲解二维数组。

7.3.1　二维数组的定义

二维数组定义的一般语法格式如下：

```
类型说明符 数组名 [ 行数 ] [ 列数 ];
```

可以将二维数组看作一个表格，有行有列，第一个 [] 表示行数，第二个 [] 表示列数，要在二维数组中定位某个元素，必须同时指明行和列，例如：

```
int a[3][4];  /* 定义一个整型二维数组 a，有 3 行 4 列共 12 个元素分别为：
a[0][0] a[0][1] a[0][2] a[0][3]
a[1][0] a[1][1] a[1][2] a[1][3]
a[2][0] a[2][1] a[2][2] a[2][3]
*/
```

如果想表示第 2 行第 2 列的元素，则应该写作 a[2][2]。

> **提醒**：可以将二维数组看成一个坐标系，有 x 轴和 y 轴，要想在一个平面中确定一个点，必须同时知道 x 轴和 y 轴。

二维数组在概念上是二维的，但在内存中是连续存放的，即二维数组的各个元素是相互挨着的，彼此之间没有缝隙。那么，如何在线性内存中存放二维数组呢？有两种方式，具体如下：

第一种是，按行排列，即放完一行之后再放入第二行。

第二种是，按列排列，即放完一列之后再放入第二列。

在 C 语言中，二维数组是按行排列的，也就是先存放 a[0] 行，再存放 a[1] 行，最后存放 a[2] 行。每行中的 4 个元素也是依次存放。数组 a 为 int 类型，每个元素占用 4 字节，整个数组共占用 4×(3×4)=48 字节。

7.3.2 二维数组的初始化

二维数组可以通过在括号内为每行指定值来进行初始化。带有 3 行 4 列的数组的初始化如下：

```
int a[3][4] = {
 {0, 1, 2, 3} ,                              /*  初始化索引号为 0 的行 */
 {4, 5, 6, 7} ,                              /*  初始化索引号为 1 的行 */
 {8, 9, 10, 11}                              /*  初始化索引号为 2 的行 */
};
```

内部嵌套的括号是可选的，下面的初始化与上述是等同的：

```
int a[3][4] = {0,1,2,3,4,5,6,7,8,9,10,11};
```

在进行二维数组初始化时，要注意以下几点：

第一，可以只对部分元素赋值，未赋值的元素自动取“零”值，例如：

```
int a[3][4] = {{1}, {2}, {3}};
```

这里是对每一行的第一列元素赋值，未赋值的元素的值为 0。赋值后各元素的值为：

```
1  0  0  0
2  0  0  0
3  0  0  0
```

第二，如果对全部元素赋值，那么第一维的长度可以不给出，例如：

```
int a[3][4] = {0,1,2,3,4,5,6,7,8,9,10,11};
```

可以写为：

```
int a[][4] = {0,1,2,3,4,5,6,7,8,9,10,11};
```

第三，二维数组可以看作由一维数组嵌套而成。如果一个数组的每个元素又是一个数组，那么它就是二维数组。当然，前提是各个元素的类型必须相同。根据这种分析，一个二维数组也可以分解为多个一维数组，C 语言允许这种分解。

7.3.3 二维数组元素的访问

二维数组中的元素是通过使用下标（数组的行索引和列索引）来访问的，下面举例说明。

双击桌面上的“Dev-C++”桌面快捷图标，打开 Dev-C++ 集成开发环境，然后单击菜单栏中的“文件 / 新建 / 源文件”命令（快捷键：Ctrl+N），新建一个源文件，并命名为“C7-4.c”，然后输入如下代码。

```
#include <stdio.h>
int main()
{
    int a[3][4] = {
            {0, 1, 2, 3} ,                              /*  初始化索引号为 0 的行 */
            {4, 5, 6, 7} ,                              /*  初始化索引号为 1 的行 */
            {8, 9, 10, 11}                              /*  初始化索引号为 2 的行 */
            };
    int i,j ;
    /* 输出数组中每个元素的值 */
   for ( i = 0; i < 3; i++ )
   {
      for ( j = 0; j < 4; j++ )
      {
         printf("a[%d][%d] = %d\n", i,j, a[i][j] );
      }
   }
}
```

单击菜单栏中的“运行 / 编译运行”命令（快捷键：F11），运行程序，效果如图 7.4 所示。

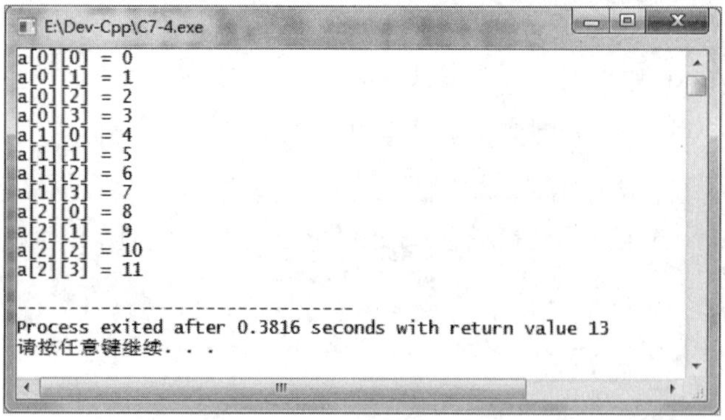

图 7.4　二维数组元素的访问

下面利用随机数为二维数组赋值并显示。双击桌面上的“Dev-C++”桌面快捷图标，打开 Dev-C++ 集成开发环境，然后单击菜单栏中的“文件 / 新建 / 源文件”命令（快捷键：Ctrl+N），新建一个源文件，并命名为“C7-5.c”，然后输入如下代码：

```
#include <stdio.h>
#include <stdlib.h>
int main()
{
    int a1[8][10] ;
    int i,j ;
    for (i=0; i<8 ; i++)
    {
            for (j=0 ; j<10; j++)
            {
                    a1[i][j] = rand()%100 ;
            }
    }
    for (i=0; i<8 ; i++)
    {
            for (j=0 ; j<10; j++)
            {
```

```
                printf("%d\t", a1[i][j] );
            }
            printf("\n") ;
        }
}
```

单击菜单栏中的“运行 / 编译运行”命令（快捷键：F11），运行程序，效果如图 7.5 所示。

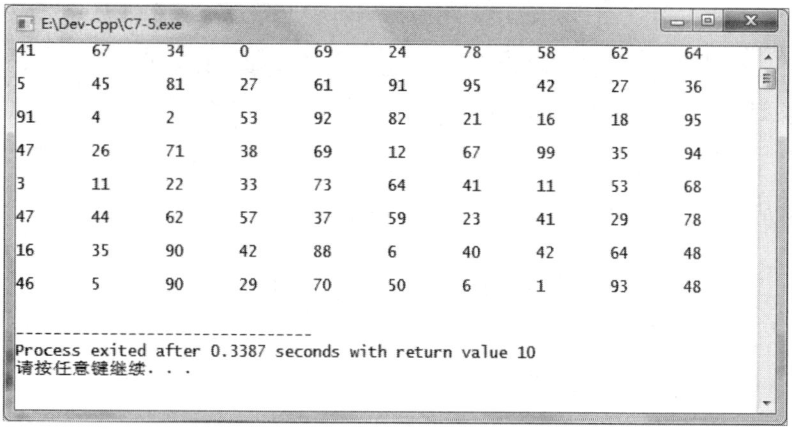

图 7.5　利用随机数为二维数组赋值并显示

7.4　判断某数是否在数组中

假如把已考上大学的学生的学号都存放在数组中，这时利用键盘输入一个学号，然后判断这个学号是否在数组中，即该学生是否考上大学。如果学号在数组中，就说明该学生考上大学了；如果学号不在数组中，就说明该学生没有考上大学。下面编程来实现。

双击桌面上的“Dev-C++”桌面快捷图标，打开 Dev-C++ 集成开发环境，然后单击菜单栏中的“文件 / 新建 / 源文件”命令（快捷键：Ctrl+N），新建一个源文件，并命名为“C7-6.c”，然后输入如下代码：

```
#include <stdio.h>
int main()
{
    int nums[15] = {12, 10, 6, 378, 177, 23,968, 100, 34, 999,59,74,16,209,398};
    int x ,stunum, stuindex ;
    stuindex = 0 ;
    printf("\n 请输入你的学号: ") ;
    scanf("%d",&stunum) ;
    // 利用 for 循环判断学号是否在数组中
    for (x=0; x<15; x++)
    {
            if (nums[x]==stunum)
            {
                    // 如果学号在数组中，则把该元素的数组索引赋值给 stuindex，然后跳出 for 循环
```

```
                stuindex = x ;
                break ;
            }
        }
        if (stuindex >0)
        {
                printf(" 学号 %d 的学生已考上大学，成绩排在第 %d 位！ ",stunum,stuindex+1) ;
        }
        else
        {
                printf(" 学号 %d 的学生，没有考上大学！ ",stunum) ;
        }
}
```

单击菜单栏中的“运行 / 编译运行”命令（快捷键：F11），运行程序，提醒“请输入你的学号”，如果输入的学号在数组中，就会显示该学号，并显示该学生已考上大学，成绩排在第几位。这里输入的学号为“378”，然后回车，效果如图 7.6 所示。

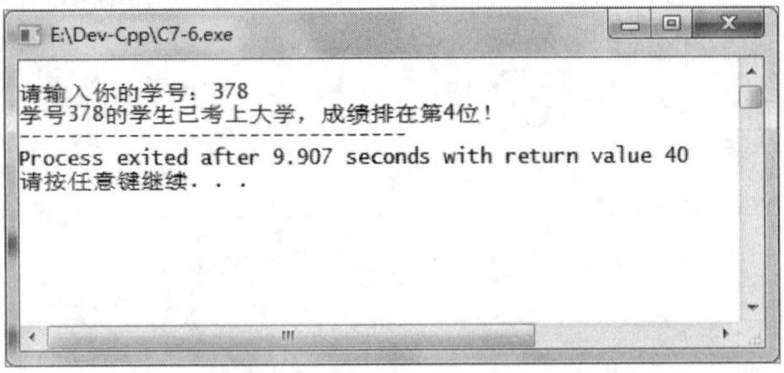

图 7.6　显示该学生已考上大学

程序运行后，如果输入的学号不在数组中，就会显示该学生没有考上大学。这里输入的学号为“51”，然后回车，效果如图 7.7 所示。

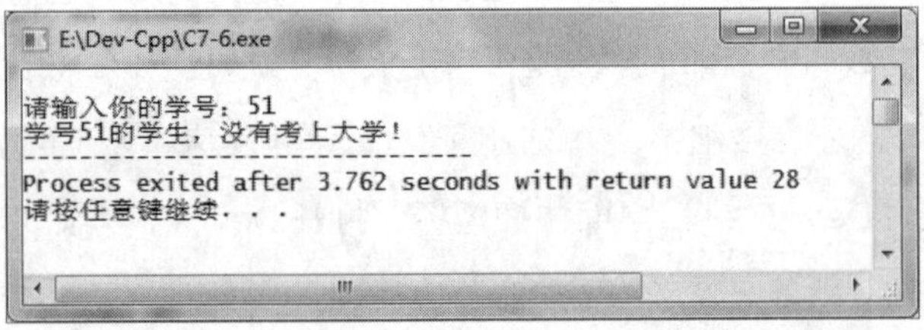

图 7.7　显示该学生没有考上大学

7.5　函数在数组中的应用

在 C 语言程序设计中，既可以把数组作为参数传给函数，也可以使函数的返回值是数组，下面进行具体讲解。

7.5.1 把数组作为参数传给函数

如果想要在函数中传递一个一维数组作为形式参数，那么有 3 种定义函数的方式，分别是，形式参数是一个已定义大小的数组，形式参数是一个未定义大小的数组，形式参数是一个指针。这 3 种定义方式的结果是一样的，因为每种方式都会告诉编译器将要接收一个整型指针。

形式参数是一个已定义大小的数组，具体代码如下：

```
void  myfun(int param[10])
{

}
```

形式参数是一个未定义大小的数组，具体代码如下：

```
void  myfun(int param[])
{

}
```

形式参数是一个指针，具体代码如下：

```
void  myfun(int  *param)
{

}
```

双击桌面上的“Dev-C++”桌面快捷图标，打开 Dev-C++ 集成开发环境，然后单击菜单栏中的“文件 / 新建 / 源文件”命令（快捷键：Ctrl+N），新建一个源文件，并命名为“C7-7.c”，首先导入头文件，具体代码如下：

```
#include <stdio.h>
```

接下来，定义求平均值函数 myavg()。注意：形式参数是一个没有定义大小的数组。具体代码如下：

```
double myavg(int arr[], int size)
{
  int    i;
  double avg;
  double sum=0;
  // 利用 for 循环求和
  for (i = 0; i < size; ++i)
  {
    sum = sum + arr[i];
  }
  // 求平均值
  avg = sum / size;
  return avg;
}
```

首先定义 3 个变量，然后利用 for 循环求和，再求平均值，并返回平均值。

接下来定义主函数，具体代码如下：

```
int main()
{
    // 带有 9 个元素的整型数组
```

```
    int myarray[9] = {10,12,133,17,50,69,89,54,128};
    double avg;
    //传递一个指向数组的指针作为参数
    avg = myavg( myarray, 9 ) ;
    /* 输出返回值 */
    printf( "\n平均值是： %f ", avg );
}
```

单击菜单栏中的“运行 / 编译运行”命令（快捷键：F11），运行程序，效果如图 7.8 所示。

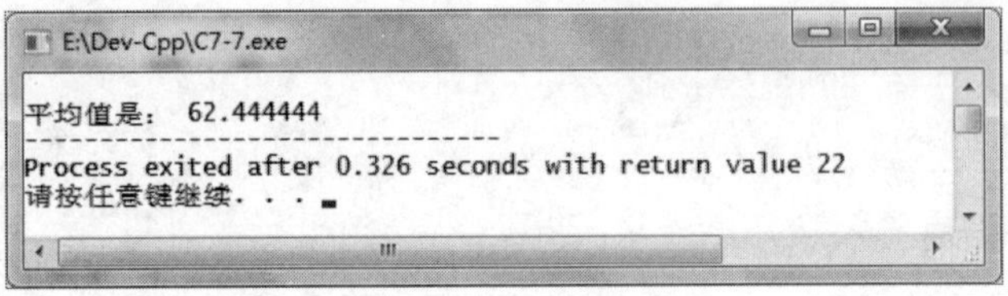

图 7.8　传递数组给函数

7.5.2　函数的返回值是数组

如果函数的返回值是数组，就必须定义一个返回指针的函数，具体格式如下：

```
int  *myfun()
{

}
```

双击桌面上的“Dev-C++”桌面快捷图标，打开 Dev-C++ 集成开发环境，然后单击菜单栏中的“文件 / 新建 / 源文件”命令（快捷键：Ctrl+N），新建一个源文件，并命名为“C7-8.c”，首先导入头文件，具体代码如下：

```
#include <stdio.h>
#include <stdlib.h>
```

接下来，定义一个返回指针的函数 myten()，其返回值是数组，具体代码如下：

```
int  *myten()
{
  //定义静态变量数组
  static int  r[10];
  int i;
  //利用 for 循环为静态变量数组赋随机值，并显示
  for ( i = 0; i < 10; ++i)
  {
     r[i] = rand()%1000 ;
     printf( "r[%d] = %d\n", i, r[i]);
  }
 //返回值是数组
  return r;
}
```

在 C 语言中，static 关键字用于声明一个静态的局部变量，其作用如下：

在这里希望函数中的局部变量的值，即 r[10] 的值，在函数调用结束后不消失而继续保留原值，即其占用的存储单元不释放，这样主函数中就可以使用。但需要注意的是，用

静态存储要多占内存（长期占用不释放，而不能像动态存储那样一个存储单元可以先后为多个变量使用，节约内存），而且降低了程序的可读性，因此若非必要，不要多用静态局部变量。

接下来，定义主函数，调用函数，然后显示指针中的数组值，具体代码如下：

```
int main ()
{
   /* 一个指向整数的指针 */
   int *p;
   int i;
   // 调用返回指针的函数
   p = myten();
   for ( i = 0; i < 10; i++ )
   {
       printf( "*(p + %d) : %d\n", i, *(p + i));
   }
}
```

单击菜单栏中的“运行 / 编译运行”命令（快捷键：F11），运行程序，效果如图 7.9 所示。

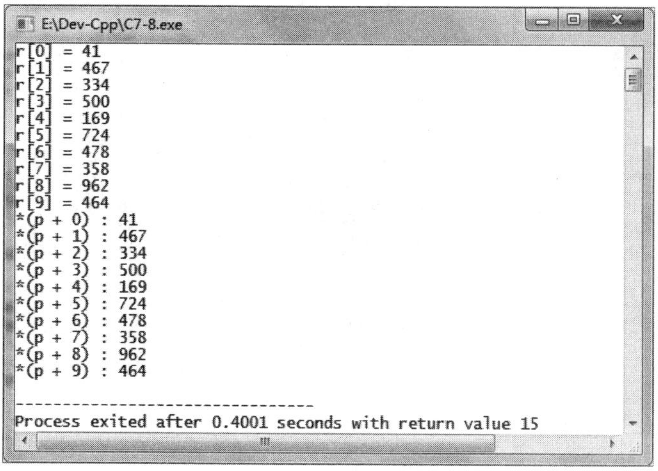

图 7.9　函数的返回值是数组

7.6 数组中元素的排序

数组中元素的排序方法有很多种，比如冒泡排序、选择排序、插入排序等。下面分别进行讲解。

7.6.1 冒泡排序

冒泡排序是一种简单的排序方法，其算法具体如下：

第一，比较相邻的元素，如果第一个比第二个大，就交换它们两个，否则不交换。

第二，对每一对相邻元素做同样的比较，从开始第一对到结尾的最后一对，这样最后的元素就是数组中最大的数。

第三，对数组中所有的元素重复上述步骤，除了最后一个。

第四，持续对越来越少的元素重复上述步骤，直到没有任何一对数字需要比较。

双击桌面上的“Dev-C++”桌面快捷图标，打开 Dev-C++ 集成开发环境，然后单击菜单栏中的“文件 / 新建 / 源文件”命令（快捷键：Ctrl+N），新建一个源文件，并命名为“C7-9.c”，首先导入头文件，具体代码如下：

```
#include <stdio.h>
```

编写 mybsort() 函数，实现冒泡排序，具体代码如下：

```
void mybsort(int arr[], int len)
 {
    int i, j, temp;
    for (i = 0; i < len - 1; i++)
    {
        for (j = 0; j < len - 1 - i; j++)
        {
          // 如果 arr[j] 大于 arr[j+1]，则两个元素交换
           if (arr[j] > arr[j + 1])
                  {
              temp = arr[j];
              arr[j] = arr[j + 1];
              arr[j + 1] = temp;
             }
        }
    }
}
```

注意：mybsort() 函数传入两个参数，第一个是数组，第二个是数组的长度。

接下来，定义主函数，并调用 mybsort() 函数，实现数组元素的排序功能，具体代码如下：

```
int main()
{
   int i;
    int myarray[12] = { 82, 34, 71, 32, 82, 55, 89, 50, 37,125, 164, 95 };
    printf("\n 排序前数组中的元素: ") ;
    for (i = 0; i < 12; i++)
    {
        printf("%d ", myarray[i]);
    }
    // 调用 mybsort() 函数实现数组中元素的排序
    mybsort(myarray, 12);
    printf("\n 排序后数组中的元素: ") ;
    for (i = 0; i < 12; i++)
    {
        printf("%d ", myarray[i]);
    }
}
```

单击菜单栏中的“运行 / 编译运行”命令（快捷键：F11），运行程序，效果如图 7.10 所示。

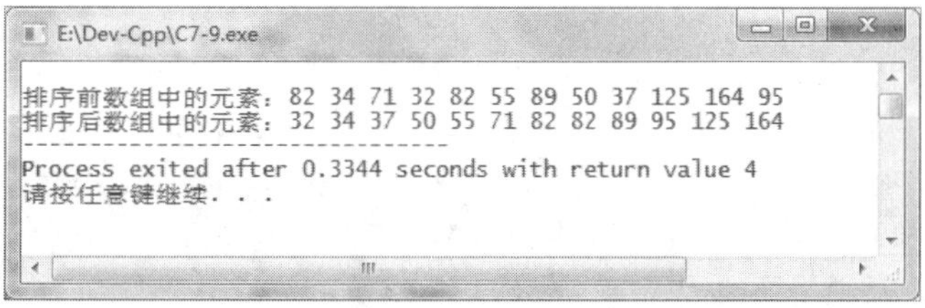

图 7.10　冒泡排序

7.6.2　选择排序

选择排序是一种简单直观的排序算法，其算法具体如下：

第一，在未排序序列中找到最小元素，存放到排序序列的起始位置。

第二，从剩余未排序元素中继续寻找最小元素，然后放到已排序序列的末尾。

第三，以此类推，直到全部待排序的数据元素排完。

再来说明如何找到最小元素，具体如下：

对比数组中前一个元素与后一个元素的大小，如果后面的元素比前面的元素小则用一个变量 k 来记住它的位置。接着第二次比较，前面“后一个元素”现变成了“前一个元素”，继续与其“后一个元素”进行比较。如果后面的元素比它要小则用变量 k 记住它在数组中的位置（下标），在循环结束时，应该找到了最小的那个数的下标，然后进行判断。如果这个元素的下标不是第一个元素的下标，就让第一个元素与其交换值，这样即可找到整个数组中最小的数。

同理，找到数组中第二小的数，让它跟数组中第二个元素交换值，以此类推。

双击桌面上的“Dev-C++”桌面快捷图标，打开 Dev-C++ 集成开发环境，然后单击菜单栏中的“文件 / 新建 / 源文件”命令（快捷键：Ctrl+N），新建一个源文件，并命名为“C7-10.c”，首先导入头文件，具体代码如下：

```
#include <stdio.h>
```

自定义交换函数 myswap()，实现两个数的交换，具体代码如下：

```
void myssort(int arr[], int len)
{
    int i,j;
    for (i = 0 ; i < len - 1 ; i++)
    {
        int min = i;
        for (j = i + 1; j < len; j++)              //循环未排序的元素
        {
            if (arr[j] < arr[min])                 //找到目前的最小值
            {
                min = j;                           //记下最小值
            }
        myswap(&arr[min], &arr[i]);                //做交换
        }
```

```
        }
    }
```

接下来，定义主函数，并调用myssort()函数，实现数组元素的排序功能，具体代码如下：

```
int main()
{
    int i;
    int myarray[12] = { 82, 34, 71, 32, 82, 55, 89, 50, 37,125, 164, 95 };
    printf("\n 排序前数组中的元素: ") ;
    for (i = 0; i < 12; i++)
    {
        printf("%d ", myarray[i]);
    }
    // 调用 myssort() 函数实现数组中元素的排序
    myssort(myarray, 12);
    printf("\n 排序后数组中的元素: ") ;
    for (i = 0; i < 12; i++)
    {
        printf("%d ", myarray[i]);
    }
}
```

单击菜单栏中的“运行 / 编译运行”命令（快捷键：F11），运行程序，效果如图 7.11 所示。

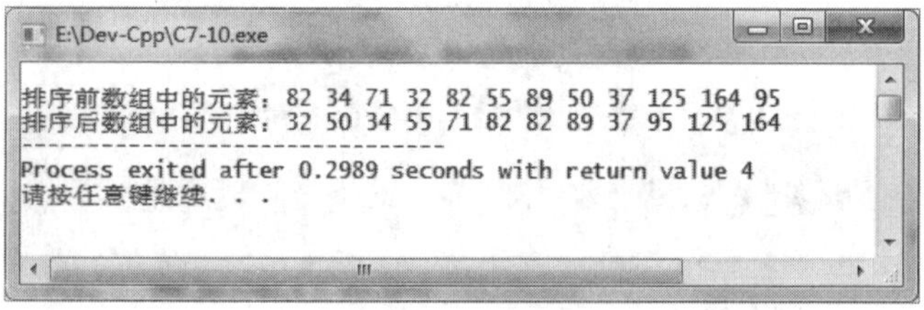

图 7.11　选择排序

7.6.3　插入排序

插入排序的基本操作就是将一个数据插入已经排好序的有序数据中，从而得到一个新的、个数加一的有序数据，算法适用于少量数据的排序。

插入算法把要排序的数组分成两部分：第一部分包含了这个数组的所有元素，但将最后一个元素除外（让数组多一个空间才有插入的位置），而第二部分就只包含这一个元素（待插入元素）。在第一部分排序完成后，再将这个最后元素插入已排好序的第一部分中。

双击桌面上的“Dev-C++”桌面快捷图标，打开 Dev-C++ 集成开发环境，然后单击菜单栏中的“文件 / 新建 / 源文件”命令（快捷键：Ctrl+N），新建一个源文件，并命名为“C7-10.c”，首先导入头文件，具体代码如下：

```
#include <stdio.h>
```

自定义函数 myisort()，实现插入排序，具体代码如下：

```
void myisort(int arr[], int len)
{
```

```
    int i,j,temp;
    for (i=1;i<len;i++)
    {
            temp = arr[i];                              //要插入的元素数据
            for (j=i;j>0 && arr[j-1]>temp;j--)
            {
                 //如果 arr[j-1] 大于 temp，就后移，直到 j 为 0
                 arr[j] = arr[j-1];
                 }
                 //新插入元素的位置
            arr[j] = temp;
    }
}
```

接下来，定义主函数，并调用myisort()函数，实现数组元素的排序功能，具体代码如下：

```
int main()
{
    int i;
    int myarray[12] = {82,34,71,32,82,55,89,50,37,225,364,95};
    printf("\n 排序前数组中的元素：") ;
    for (i = 0; i < 12; i++)
    {
        printf("%d ", myarray[i]);
    }
    //调用 myisort() 函数实现数组中元素的排序
    myisort(myarray, 12);
    printf("\n 排序后数组中的元素：") ;
    for (i = 0; i < 12; i++)
    {
        printf("%d ", myarray[i]);
    }
}
```

单击菜单栏中的“运行 / 编译运行”命令（快捷键：F11），运行程序，效果如图 7.12 所示。

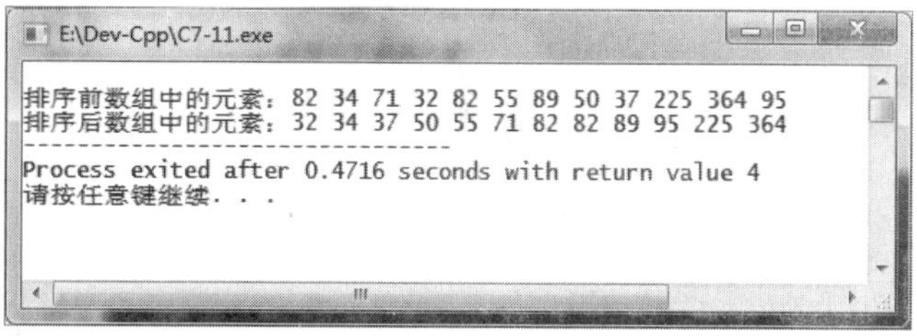

图 7.12　插入排序

第8章

C 语言的字符串

字符串是由数字、字母、下画线组成的一串字符。需要注意的是，C语言中没有字符串这一数据类型，而是借助于字符型数组来存储字符串。

本章主要内容包括：

- 字符串常量和字符数组
- 实例：字符数组元素的显示
- 实例：字符串的显示
- 字符串长度与字符串在内存的长度
- 实例：利用 scanf() 函数实现字符串的输入
- 实例：利用 getchar() 函数实现字符串的输入
- 实例：利用 gets() 函数实现字符串的输入
- 实例：利用 putchar() 函数显示字符串
- 实例：利用 puts() 函数显示字符串
- 字符串数组
- 字符串处理的常用库函数
- 实例：字符串的截取
- 实例：字符串的排序
- 实例：字符串首尾倒置
- 实例：字符串中的汉字倒置
- 实例：删除字符串右边的空格
- 实例：删除字符串左边的空格
- 实例：汉字和字母的个数
- 实例：动态输入 5 个单词并排序

8.1 初识字符串

下面来讲解字符串常量和字符数组。

8.1.1 字符串常量

字符常量是由单引号（'）括起来的单个字符，如 't''D''#' 等。在 C 语言中，除了字符常量外，还有字符串常量。字符串常量是由双引号（"）括起来的多个字符，如 "C++""good!"" 我喜欢 C 语言！ "。

在 C 语言中，每一个字符串常量的结尾，系统都会自动加一个字符 '\0' 作为该字符串的“结束标志符”，系统据此判断字符串是否结束。这里需要特别强调的是，'\0' 是系统自动加上的，不是人为添加的。

提醒：'\0' 是 ASCII 码为 0 的字符，但是一个不可以显示的字符。

字符串常量 "good!"，表面上只有 5 个字符，但在内存中要占有 6 字节，分别是 'g''o''o''d''!''\0'。在输出字符串时，'\0' 不会输出显示。

注意：空字符串 "" 的长度为 0，但在内存中却占有 1 个存储单元；一个字符的字符串 "a" 的长度为 1，在内存中占有 2 个存储单元；字符常量 'a' 的长度为 1，在内存中也只占有 1 个存储单元。

8.1.2 字符数组

用来存放字符的数组称为字符数组。字符数组的各个元素依次存放字符串的各字符，字符数组的数组名代表该数组的首地址，这为处理字符串中个别字符和引用整个字符串提供了极大的方便。字符数组的定义形式与前面介绍的数值数组相同，具体如下：

```
char c[10];
```

字符数组中的内容能否作为字符串使用，关键看其末尾是否加入了结束符 '\0'。在某些情况下，系统会自动加入 '\0'。在另一些特定情况下，就需要人为加入 '\0'。具体如下。

第一，只要所赋初值个数少于元素个数，系统就自动加入 '\0'，例如：

```
char  str1[5] = {'g','o','o','d'} ;
```

当然，也可以人为加入 '\0'，具体如下：

```
char  str2[5] = {'g','o','o','d','\0'} ;
```

上述两种赋值形式的效果是一样的。

但若定义成：

```
char  str3[4] = {'g','o','o','d'} ;
```

则 str3 不能作为字符串使用，只能作为一维数组使用，因为数组中没有存放字符串标志的空间。

第二，如果在字符数组定义中，采用单个字符赋初值来决定数组大小，则一定要人为加入 '\0'，例如：

```
char  str4[] = {'g','o','o','d','\0'} ;
```

这时系统为数组 str4 开辟 5 个存储单元。

但若定义成：

```
char  str5[] = {'g','o','o','d'} ;
```

这时系统只为数组 str5 开辟 4 个存储单元，没有存放 '\0' 的存储空间。

第三，可以在定义时，直接赋值字符串常量，这时不用人为加入 '\0'，但必须有存放 '\0' 的空间，例如：

```
char  str6[5] = {"good"} ;
```

也可以省略花括号，直接写成：

```
char  str7[5] = "good" ;
```

还可以由字符串常量来决定数组元素的个数：

```
char  str8[] = "good" ;
```

因为系统自动为字符串常量添加结束标志 '\0'，所以数组 str8 占有 5 个存储单元，但若写成：

```
char  str9[4] = "good" ;
```

数组 str9 就不能作为字符串使用，因为没有存放 '\0' 的空间。

8.2 字符数组和字符串的显示

字符数组的显示与普通数组内容显示一样，要利用循环语句一个一个显示。而字符串的显示，则可以利用字符串变量直接显示。

8.2.1 实例：字符数组元素的显示

双击桌面上的“Dev-C++”桌面快捷图标，打开 Dev-C++ 集成开发环境，然后单

击菜单栏中的“文件 / 新建 / 源文件”命令（快捷键：Ctrl+N），新建一个源文件，并命名为“C8-1.c”，然后输入如下代码：

```
#include <stdio.h>
int main()
{
    char  str1[4] = {'g','o','o','d'} ;
    int i ;
    for(i=0; i<4; i++)
    {
            printf("str1[%d]=%c\n",i,str1[i]) ;
    }
}
```

单击菜单栏中的“运行 / 编译运行”命令（快捷键：F11），运行程序，效果如图 8.1 所示。

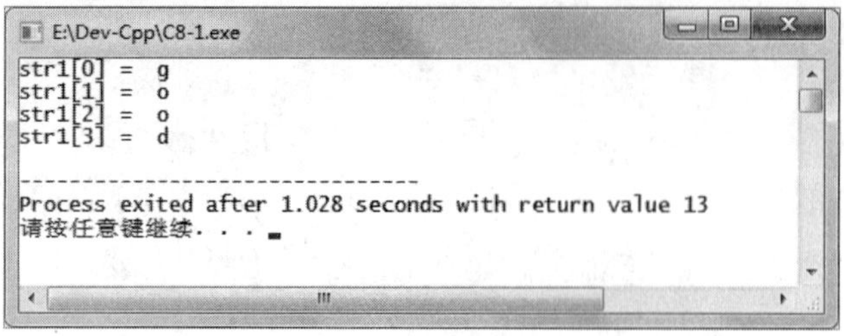

图 8.1　字符数组元素的显示

8.2.2　实例：字符串的显示

双击桌面上的“Dev-C++”桌面快捷图标，打开 Dev-C++ 集成开发环境，然后单击菜单栏中的“文件 / 新建 / 源文件”命令（快捷键：Ctrl+N），新建一个源文件，并命名为“C8-2.c”，然后输入如下代码：

```
#include <stdio.h>
int main()
{
    char  str1[5] = {'g','o','o','d'} ;
    char  str2[5] = {'g','o','o','d','\0'} ;
    char str3[] = "http://www.163.com";
    printf("%s\n",str1) ;
    printf("%s\n",str2) ;
    printf("%s\n",str3) ;
}
```

单击菜单栏中的“运行 / 编译运行”命令（快捷键：F11），运行程序，效果如图 8.2 所示。

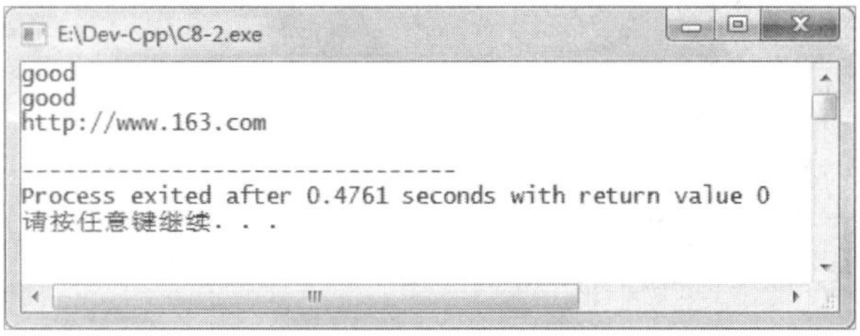

图 8.2　字符串的显示

8.3　字符串长度与字符串在内存中的长度

获取字符串长度，可以使用 strlen() 函数，strlen() 统计的是 '\0' 之前所有字符的个数。获取字符串在内存中的长度，要使用 sizeof 操作符。注意：获取字符串在内存中的长度不受 '\0' 影响。

双击桌面上的“Dev−C++”桌面快捷图标，打开 Dev−C++ 集成开发环境，然后单击菜单栏中的“文件 / 新建 / 源文件”命令（快捷键：Ctrl+N），新建一个源文件，并命名为“C8−3.c”，然后输入如下代码：

```
#include <stdio.h>
#include "sting.h"
int main()
{
    int i ;
     char str1[6]="ABC";
     char str2[]="Program";
     char str3[] = "as\0df";
     printf("str1[6]=%s\n",str1);
     printf("str1 字符串的长度是: %d\n",strlen(str1));
     printf("str1 字符串在内存中的长度是: %d\n",sizeof(str1));
     printf("\n") ;
     printf("str2[]=%s\n",str2);
     printf("str2 字符串的长度是: %d\n",strlen(str2));
     printf("str2 字符串在内存中的长度是: %d\n",sizeof(str2));
     printf("\n") ;
     for (i=0;i<5;i++)
     {
            printf("%c",str3[i]) ;
     }
    printf("\n") ;
     printf("str3 字符串的长度是: %d\n",strlen(str3));
     printf("str3 字符串在内存中的长度是: %d\n",sizeof(str3));
}
```

单击菜单栏中的“运行 / 编译运行”命令（快捷键：F11），运行程序，效果如图 8.3 所示。

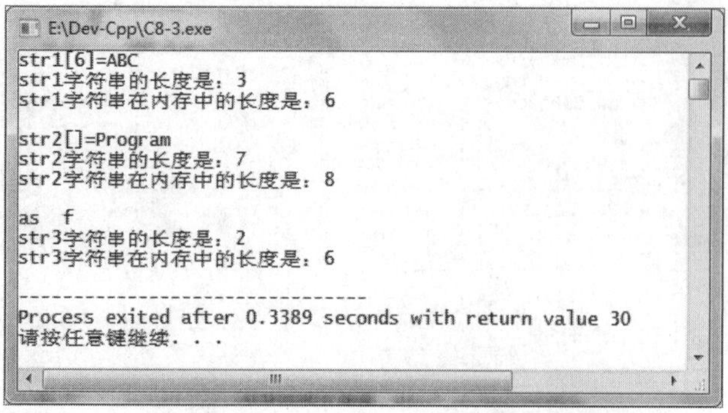

图 8.3　字符串长度与字符串在内存中的长度

8.4　字符串的输入函数

字符串的输入函数有 3 个，分别是 scanf() 函数、getchar() 函数和 gets() 函数。

8.4.1　实例：利用 scanf() 函数实现字符串的输入

双击桌面上的“Dev-C++”桌面快捷图标，打开 Dev-C++ 集成开发环境，然后单击菜单栏中的“文件 / 新建 / 源文件”命令（快捷键：Ctrl+N），新建一个源文件，并命名为“C8-4.c”，然后输入如下代码：

```
#include <stdio.h>
int main()
{
    int i ;
    char str1[8] ;
    printf("请输入 8 个字符：") ;
    // 利用 for 循环输入字符
    for (i=0; i<8; i++)
    {
           scanf("%c",&str1[i]) ;
    }
    // 利用 for 循环输出
    for(i=0;i<8;i++)
    {
           printf("第 %d 个字符是：%c",i,str1[i]) ;
           printf("\n") ;
    }
}
```

单击菜单栏中的“运行 / 编译运行”命令（快捷键：F11），运行程序，提醒“请输入 8 个字符”，在这里输入“I like C”，然后回车，如图 8.4 所示。

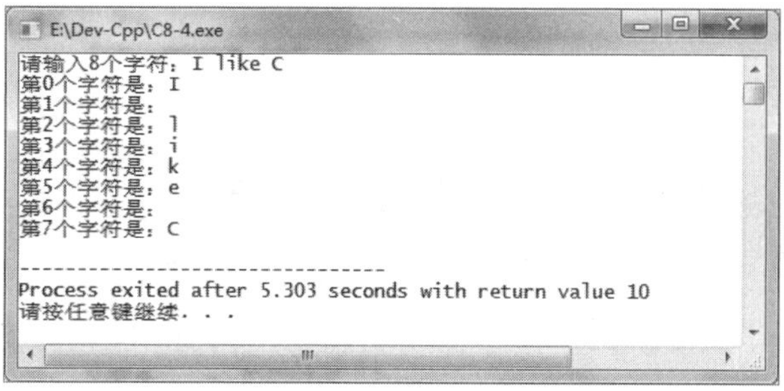

图 8.4　利用 scanf() 函数实现字符串的输入

8.4.2　实例：利用 getchar() 函数实现字符串的输入

双击桌面上的“Dev-C++”桌面快捷图标，打开 Dev-C++ 集成开发环境，然后单击菜单栏中的“文件 / 新建 / 源文件”命令（快捷键：Ctrl+N），新建一个源文件，并命名为“C8-5.c”，然后输入如下代码：

```
#include <stdio.h>
int main()
{
    int i ;
    char str1[10] ;
    printf("请输入 10 个字符：") ;
    //利用 for 循环输入字符
    for (i=0; i<10; i++)
    {
            str1[i] =getchar() ;
    }
    //利用 for 循环输出
    for(i=0;i<10;i++)
    {
            printf("第 %d 个字符是：%c",i,str1[i]) ;
            printf("\n") ;
    }
    //直接输出
    printf("输入的字符串是：%s",str1) ;
}
```

单击菜单栏中的“运行 / 编译运行”命令（快捷键：F11），运行程序，提醒“请输入 10 个字符”，在这里输入“C is good!”，然后回车，如图 8.5 所示。

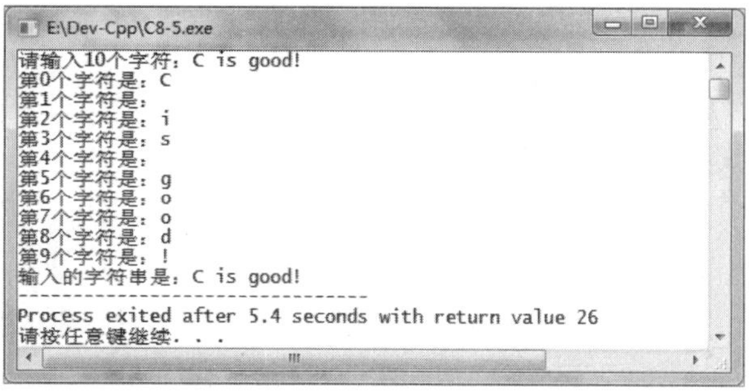

图 8.5　利用 getchar() 函数实现字符串的输入

8.4.3 实例：利用 gets() 函数实现字符串的输入

利用 gets() 函数可以整行输入字符串，具体格式如下：

```
char  str1[20] ;
gets(str1) ;    // 利用数组名进行输入
```

双击桌面上的“Dev-C++”桌面快捷图标，打开 Dev-C++ 集成开发环境，然后单击菜单栏中的“文件 / 新建 / 源文件”命令（快捷键：Ctrl+N），新建一个源文件，并命名为“C8-6.c”，然后输入如下代码：

```
#include <stdio.h>
int main()
{
    int i ;
    char str1[10] ;
    printf("请输入 10 个字符：") ;
    gets(str1) ;
    // 利用 for 循环输出
    for(i=0;i<10;i++)
    {
            printf("第 %d 个字符是：%c",i,str1[i]) ;
            printf("\n") ;
    }
    // 直接输出
    printf("输入的字符串是：%s",str1) ;
}
```

单击菜单栏中的“运行 / 编译运行”命令（快捷键：F11），运行程序，提醒“输入 10 个字符”，在这里输入“I like C!!”，然后回车，如图 8.6 所示。

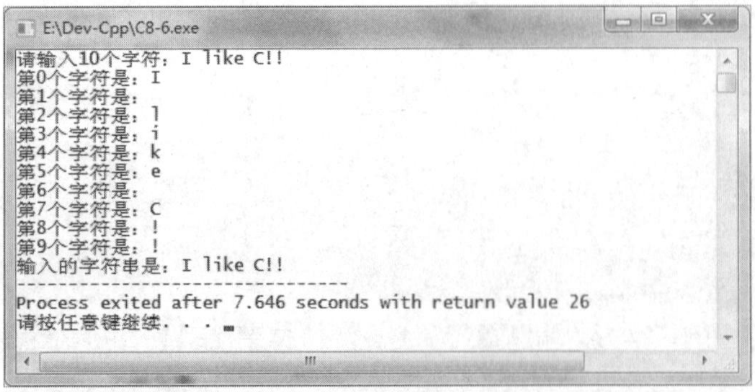

图 8.6　利用 gets() 函数实现字符串的输入

8.5 字符串的输出函数

字符串的输出函数有 3 个，分别是 printf() 函数、putchar() 函数和 puts() 函数。前面已讲过 printf() 函数，下面来讲解 putchar() 函数和 puts() 函数如何显示字符串。

8.5.1 实例：利用 putchar() 函数显示字符串

双击桌面上的“Dev-C++”桌面快捷图标，打开 Dev-C++ 集成开发环境，然后单击菜单栏中的“文件 / 新建 / 源文件”命令（快捷键：Ctrl+N），新建一个源文件，并命名为“C8-7.c”，然后输入如下代码：

```
#include <stdio.h>
int main()
{
    char str1[] = "http://www.163.com";
    int i ;
    for (i=0; str1[i]!='\0';i++)
    {
            putchar(str1[i]) ;
    }
}
```

单击菜单栏中的“运行 / 编译运行”命令（快捷键：F11），运行程序，如图 8.7 所示。

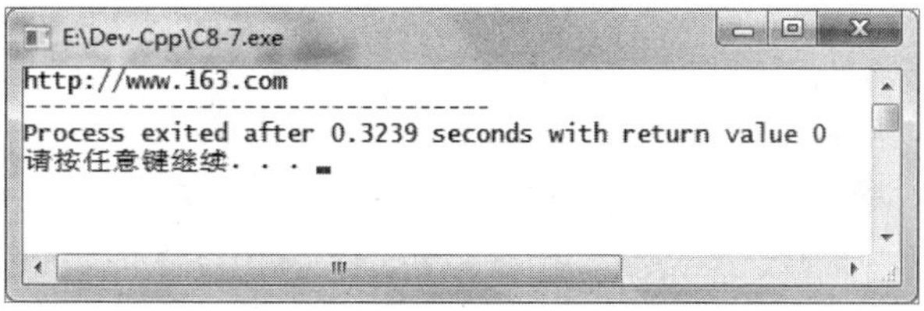

图 8.7　利用 putchar() 函数显示字符串

8.5.2 实例：利用 puts() 函数显示字符串

利用 puts() 函数显示字符串，具体格式如下：

```
char  str1[20] ;
puts(str1) ;    // 利用数组名进行输出
```

双击桌面上的“Dev-C++”桌面快捷图标，打开 Dev-C++ 集成开发环境，然后单击菜单栏中的“文件 / 新建 / 源文件”命令（快捷键：Ctrl+N），新建一个源文件，并命名为“C8-8.c”，然后输入如下代码：

```
#include <stdio.h>
int main()
{
    char str1[30] = "http://www.163.com";
    printf(" 利用 puts() 函数，显示 str1[] 中的字符串内容：") ;
    puts(str1) ;
    printf("\n 直接利用 puts() 函数，显示字符串内容：" ) ;
    puts("http://www.163.com") ;
}
```

单击菜单栏中的“运行 / 编译运行”命令（快捷键：F11），运行程序，如图 8.8 所示。

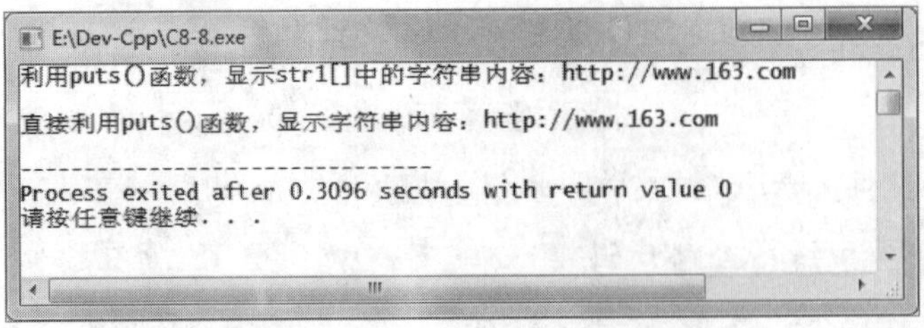

图 8.8　利用 puts() 函数显示字符串

8.6　字符串数组

在 C 语言中，利用字符型二维数据构成字符串数组，例如：

```
char  ch[3][4] = {"aa","bb","ccc"} ;
```

这样 ch 就是一个字符串数组，可以存放 3 个字符串，每个字符串中最多存放 3 个字符，最后一个存储单元留给 '\0'。

双击桌面上的“Dev-C++”桌面快捷图标，打开 Dev-C++ 集成开发环境，然后单击菜单栏中的“文件 / 新建 / 源文件”命令（快捷键：Ctrl+N），新建一个源文件，并命名为“C8-9.c”，然后输入如下代码：

```
#include <stdio.h>
int main()
{
    int i ;
    char ch[6][8] ={"李平","张亮","周涛","李博","王可","纪峰" } ;
    printf("显示字符串数组中的学生姓名：\n") ;
    for (i=0; i<6; i++)
    {
            puts(ch[i]) ;
    }
}
```

单击菜单栏中的“运行 / 编译运行”命令（快捷键：F11），运行程序，如图 8.9 所示。

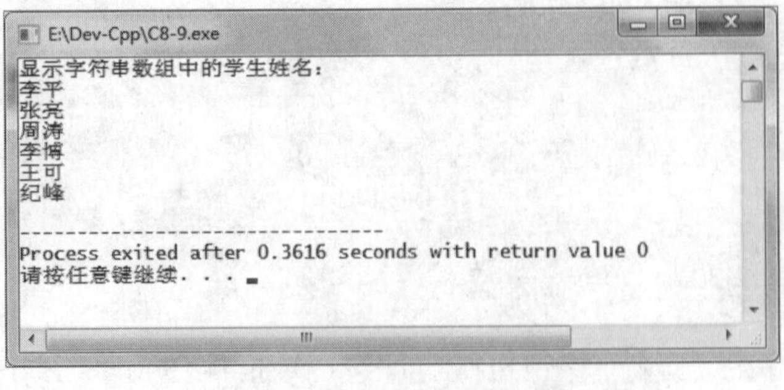

图 8.9　字符串数组的输出

下面利用 gets() 函数向字符串数组中动态输入学生学习的科目，然后利用 puts() 函数进行显示。

双击桌面上的“Dev-C++”桌面快捷图标，打开 Dev-C++ 集成开发环境，然后单击菜单栏中的“文件 / 新建 / 源文件”命令（快捷键：Ctrl+N），新建一个源文件，并命名为“C8-10.c”，然后输入如下代码：

```
#include <stdio.h>
int main()
{
    int i ;
    char ch[6][8] ;
    printf("请输入学生学习的科目（共六科）:\n" ) ;
    for (i=0; i<6; i++)
    {
            gets(ch[i]) ;
    }
    printf("显示学生学习的科目：\n") ;
    for (i=0; i<6; i++)
    {
            puts(ch[i]) ;
    }
}
```

单击菜单栏中的“运行 / 编译运行”命令（快捷键：F11），运行程序，提醒“请输入学生学习的科目（共六科）”，注意：输入一个科目，然后回车，再输入另一个科目，如图 8.10 所示。

正确输入学生学习的 6 个科目后，然后回车，就可以显示这 6 个科目，如图 8.11 所示。

图 8.10　利用键盘动态输入 6 个科目

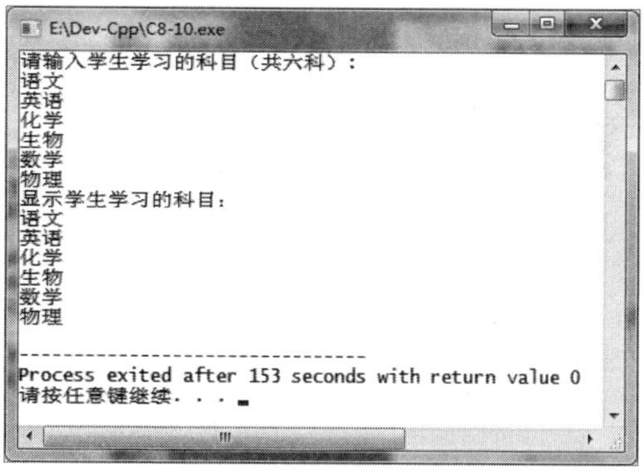

图 8.11　显示输入的 6 个科目

8.7　字符串处理的常用库函数

字符串处理的常用库函数，都包含在 string.h 头文件中，所以使用这些库函数之前，要包含 string.h 头文件。

字符串处理的常用库函数及意义如下。

1. strlen() 函数

strlen() 函数用来计算出字符串标志 '\0' 前面的字符个数，注意：不包括 '\0' 本身。例如，strlen("abc\0ttat") 的值为 3。

2. strcpy() 函数

strcpy() 函数用来复制字符串。在 C 语言中，字符串的复制不能使用赋值语句，而应使用 strcpy() 函数。例如：

```
char  mya[]="abc",b[6] ;
```

若要把字符串 mya 赋值给字符串 b，则不能写成：

```
b=a ;                    //这样写是错误的
```

而应该写成：

```
strcpy(b,a) ;
```

另外，需要注意的是，在复制时，要保证目的字符串有足够的存储空间。

3. strcat() 函数

strcat() 函数用来连接两个字符串。注意：在连接字符串时，第一个字符串的结束符会被覆盖掉。另外，第一个字符串要有足够大的存储空间。例如：

```
char  mya[20]="abc",b[]="123456" ;
```

若把字符串 b[] 放到字符串 mya[20] 后面，即两个字符串连续起来，则具体代码如下：

```
strcat(mya,b) ;
```

4. strcmp() 函数

strcmp() 函数用于比较两个字符串的大小，例如：

```
strcmp(s1,s2) ;
```

如果 s1 大于 s2，则函数的返回值大于 0；如果 s1 等于 s2，则函数的返回值等于 0；如果 s1 小于 s2，则函数的返回值小于 0。

在 C 语言程序设计中，字符串不可以用关系运算符进行比较，例如：

```
if  ("abc">"abb")   //是错误的
```

表达这一用意的语句应该是：

```
if  (strcmp("abc","abb")>0 )
```

双击桌面上的“Dev–C++”桌面快捷图标，打开 Dev–C++ 集成开发环境，然后单击菜单栏中的“文件 / 新建 / 源文件”命令（快捷键：Ctrl+N），新建一个源文件，并命名为“C8–11.c”，然后输入如下代码：

```
#include <stdio.h>
#include <string.h>
int main ()
{
   char str1[15] = "Hello";
```

```
    char str2[15] = " World!";
    char str3[15];
    int  len ;
    int x1,x2,x3 ;
    printf("str1 中的字符串是: %s, 字符个数是: %d\n",str1,strlen(str1)) ;
    printf("str2 中的字符串是: %s, 字符个数是: %d\n",str2,strlen(str2)) ;
    /* 复制 str2 到 str3 */
    strcpy(str3, str2);
    printf("strcpy( str3, str2) 后 str3 中的字符串是 : %s\n", str3 );
    /* 连接 str1 和 str2 */
    strcat( str1, str2);
    printf("strcat( str1, str2) 后 str1 中的字符串是 : %s\n", str1 );
    /* 连接后, str1 的总长度 */
    len = strlen(str1);
    printf("strcat( str1, str2) 后 str1 的字符个数: %d\n", len );
    // 比较两个字符串
    x1 = strcmp(str1,str2) ;
    printf("strcmp(str1,str2) 的值是: %d\n",x1) ;
    x2 = strcmp(str3,str1) ;
    printf("strcmp(str3,str1) 的值是: %d\n",x2) ;
    x3 = strcmp(str2,str3) ;
    printf("strcmp(str2,str3) 的值是: %d\n",x3) ;
}
```

单击菜单栏中的“运行 / 编译运行”命令（快捷键：F11），运行程序，如图 8.12 所示。

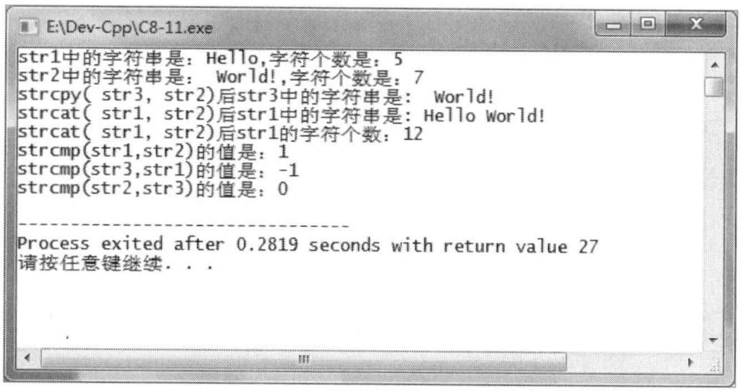

图 8.12　字符串处理的常用库函数

8.8　字符串运用实例

前面已讲解字符串的基础知识，下面通过具体实例来进一步讲解字符串的运用。

8.8.1　实例：字符串的截取

双击桌面上的“Dev-C++”桌面快捷图标，打开 Dev-C++ 集成开发环境，然后单击菜单栏中的“文件 / 新建 / 源文件”命令（快捷键：Ctrl+N），新建一个源文件，并命名为“C8-12.c”，然后输入如下代码。

```
#include "stdio.h"
void mysubstring(const char *str,int high)
{
    int i, j, k;
    // 利用 for 循环的嵌套截取字符串
    for(i=0;i<=high;i++)
    {
        for(j=i; j<=high;j++)
        {
            for(k = i; k<=j; k++)
            {
                printf("%c", str[k]);
            }

        printf("\t");
        }
       printf("\n");
    }
}

int main()
{
    //调用字符串截取函数
    mysubstring("Python",5);
}
```

单击菜单栏中的“运行 / 编译运行”命令（快捷键：F11），运行程序，如图 8.13 所示。

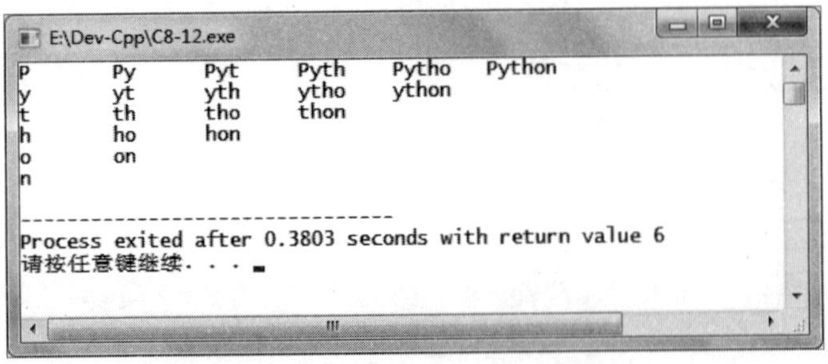

图 8.13　字符串的截取

8.8.2　实例：字符串的排序

双击桌面上的“Dev-C++”桌面快捷图标，打开 Dev-C++ 集成开发环境，然后单击菜单栏中的“文件 / 新建 / 源文件”命令（快捷键：Ctrl+N），新建一个源文件，并命名为“C8-13.c”，然后输入如下代码：

```
#include<stdio.h>
int main()
{
    char a[11] ;;
    char i,j,temp;
    printf("请输入 10 个字母：") ;
    gets(a) ;
    printf("没有排序前的字母顺序：%s\n",a) ;
    for(i=0;i<sizeof(a)-1;i++)
```

```
        {
            for(j=1;j<sizeof(a)-1-i;j++)
            {
                if(a[j-1]>a[j])
                {
                    temp = a[j-1];
                    a[j-1] = a[j];
                    a[j] = temp;
                }
            }
        }
        printf(" 排序后的字母顺序：%s\n",a);
    }
```

单击菜单栏中的“运行 / 编译运行”命令（快捷键：F11），运行程序，提醒“请输入 10 个字母”，任意输入 10 个字母后回车，如图 8.14 所示。

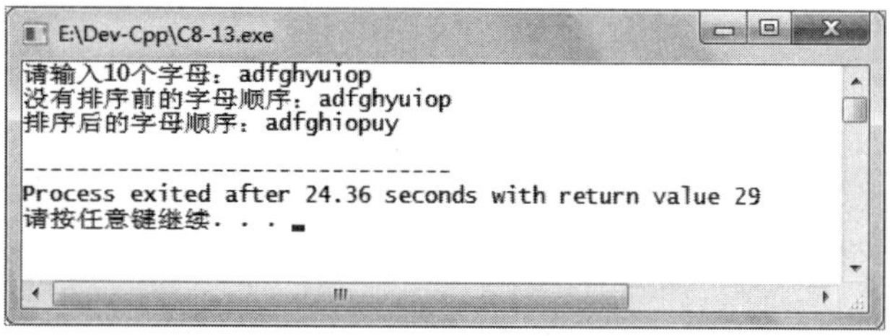

图 8.14　字符串的排序

8.8.3　实例：字符串首尾倒置

双击桌面上的“Dev-C++”桌面快捷图标，打开 Dev-C++ 集成开发环境，然后单击菜单栏中的“文件 / 新建 / 源文件”命令（快捷键：Ctrl+N），新建一个源文件，并命名为“C8-14.c”，然后输入如下代码：

```
#include<stdio.h>
int main()
{
    char str[] = "I like C!";
    int i = 0;
    printf(" 没有首尾倒置前的字符串内容：%s\n",str) ;
    while(str[i++]) ; //while 运行后 ,i 为字符串所占的内容空间
    int len = i-1;  // 字符串有效长度
    int min = 0;
    int max = len-1; //  下标最大值
    // 利用 while 循环实现首尾倒置
    while(min<max)
    {
        char temp = str[min];
        str[min] = str[max];
        str[max] = temp;
        min++;
        max--;
    }
    printf(" 首尾倒置后的字符串内容：%s\n",str);
}
```

单击菜单栏中的“运行 / 编译运行”命令（快捷键：F11），运行程序，如图 8.15 所示。

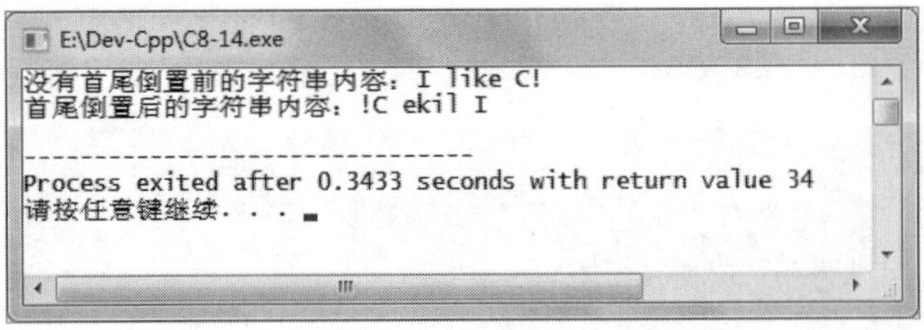

图 8.15　字符串首尾倒置

8.8.4　实例：字符串中的汉字倒置

双击桌面上的“Dev-C++”桌面快捷图标，打开 Dev-C++ 集成开发环境，然后单击菜单栏中的“文件 / 新建 / 源文件”命令（快捷键：Ctrl+N），新建一个源文件，并命名为“C8-15.c”，然后输入如下代码：

```
#include<stdio.h>
int main()
{
    char b[] = "我喜欢编程语言！";              //每个中文字符在 gbk 编码中占 2 字节
    int i = 0;
    printf("倒置前的字符串 :%s\n",b);
    while(b[i++]) ;                            // 不断遍历字符串，直至遇到末尾的 0，退出
    i--;                                       // 字符串的有效长度
    int min = 0;
    int max = i-1;
    while(min<max)
    {
        char tmp;
        tmp = b[min];                          // 调换第一个字符和倒数第二个字符
        b[min] = b[max-1];
        b[max-1] = tmp;

        tmp = b[min+1];                        // 调换第二个字符和最后一个字符
        b[min+1] = b[max];
        b[max] = tmp;

        min += 2;
        max -= 2;
    }
    printf("倒置后的字符串 :%s\n",b);
}
```

单击菜单栏中的“运行 / 编译运行”命令（快捷键：F11），运行程序，如图 8.16 所示。

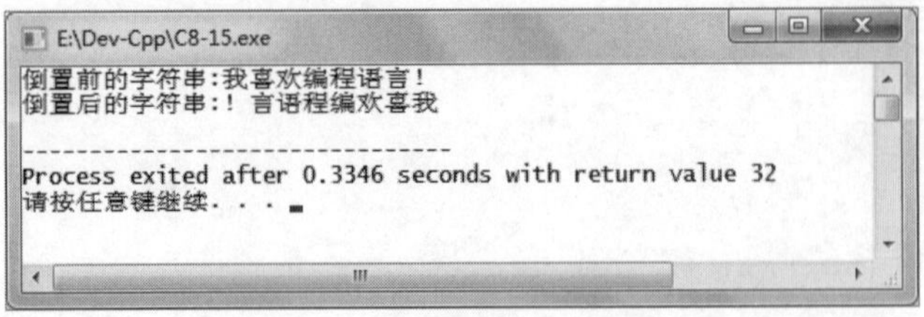

图 8.16　字符串中的汉字倒置

8.8.5 实例：删除字符串右边的空格

双击桌面上的“Dev-C++”桌面快捷图标，打开 Dev-C++ 集成开发环境，然后单击菜单栏中的“文件 / 新建 / 源文件”命令（快捷键：Ctrl+N），新建一个源文件，并命名为“C8-16.c”，然后输入如下代码：

```
#include<stdio.h>
int main()
{
    char c[100] = "C     ";
    int i = 0;
    int len,j;
    while(c[i++]) ;
    len = i--;
    for(j=len;j>0;j--)
    {
        if(c[j]!=' ')
        {
            c[j++]=0;
            break;
        }
    }
    printf("删除字符串右边的空格后的字符串：%s\n",c);
}
```

单击菜单栏中的“运行 / 编译运行”命令（快捷键：F11），运行程序，如图 8.17 所示。

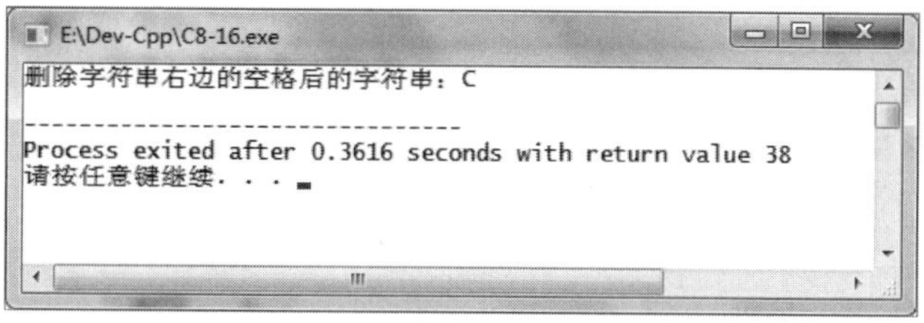

图 8.17　删除字符串右边的空格

8.8.6 实例：删除字符串左边的空格

双击桌面上的“Dev-C++”桌面快捷图标，打开 Dev-C++ 集成开发环境，然后单击菜单栏中的“文件 / 新建 / 源文件”命令（快捷键：Ctrl+N），新建一个源文件，并命名为“C8-17.c”，然后输入如下代码：

```
#include<stdio.h>
int main()
{
    char s[100] = "     hello,C!";
    int count = 0;                          //统计空格长度
    int i;
    while(s[count++]==' ') ;                //遍历空格
    count--;                                //取得空格数量
    i = count;                              //字符开始位置
    while(s[i])
    {
        s[i-count] = s[i];                  //第一个字符赋给第一个位置
```

```
            i++;
        }
        s[i-count] = 0;                                    // 字符串最后赋 0
        printf("删除字符串左边的空格后的字符串：%s\n",s);
}
```

单击菜单栏中的“运行 / 编译运行”命令（快捷键：F11），运行程序，如图 8.18 所示。

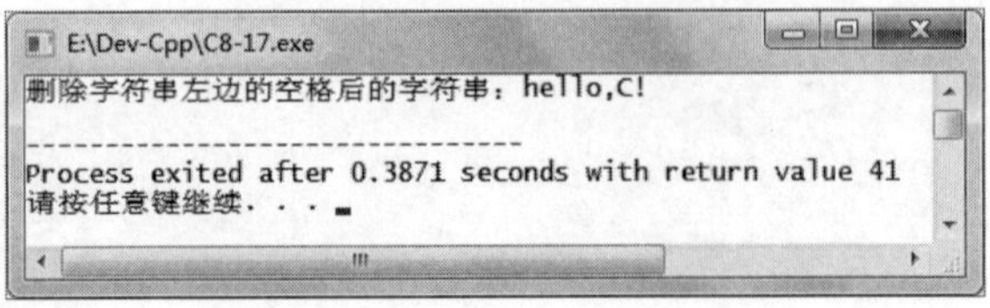

图 8.18　删除字符串左边的空格

8.8.7　实例：汉字和字母的个数

双击桌面上的“Dev-C++”桌面快捷图标，打开 Dev-C++ 集成开发环境，然后单击菜单栏中的“文件 / 新建 / 源文件”命令（快捷键：Ctrl+N），新建一个源文件，并命名为“C8-18.c”，然后输入如下代码：

```
#include<stdio.h>
int main()
{
    char str[] = "我爱C!";
    int len_e = 0;
    int len_c = 0;
    int sum = 0;
    int i,j;
    while(str[i])
    {
        if(str[i]<0)
        {
            len_c += 1;
            i += 2;
         }
         else
            {
             len_e += 1;
             i += 1;
         }
    }
    sum = len_c+len_e;
    printf("中文字符:%d,英文字符：%d,所有字符总数：%d",len_c,len_e,sum);
}
```

单击菜单栏中的“运行 / 编译运行”命令（快捷键：F11），运行程序，如图 8.19 所示。

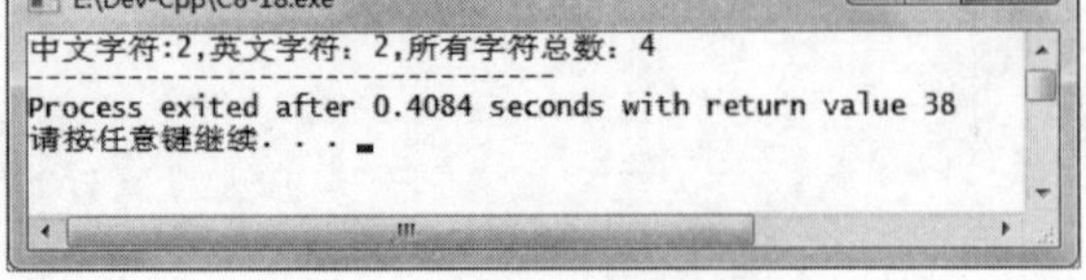

图 8.19　汉字和字母的个数

8.8.8 实例：动态输入 5 个单词并排序

双击桌面上的“Dev-C++”桌面快捷图标，打开 Dev-C++ 集成开发环境，然后单击菜单栏中的“文件 / 新建 / 源文件”命令（快捷键：Ctrl+N），新建一个源文件，并命名为“C8-19.c”，然后输入如下代码：

```
#include<stdio.h>
#include <string.h>
int main()
{
    int i, j;
    char str[5][50], temp[50];
    printf("请输入 5 个单词 :\n");
    for(i=0; i<5; ++i)
    {
            scanf("%s",str[i]);
    }
    for(i=0; i<4; ++i)
        for(j=i+1; j<5 ; ++j)
        {
            if(strcmp(str[i], str[j])>0)
            {
                strcpy(temp, str[i]);
                strcpy(str[i], str[j]);
                strcpy(str[j], temp);
            }
        }
    printf("\n 排序后 : \n");
    for(i=0; i<5; ++i)
    {
        puts(str[i]);
    }
}
```

单击菜单栏中的“运行 / 编译运行”命令（快捷键：F11），运行程序，提醒“请输入 5 个单词”，在这里输入如图 8.20 所示的 5 个单词。

正确输入 5 个单词后，回车，就可以看到 5 个单词的排序效果，如图 8.21 所示。

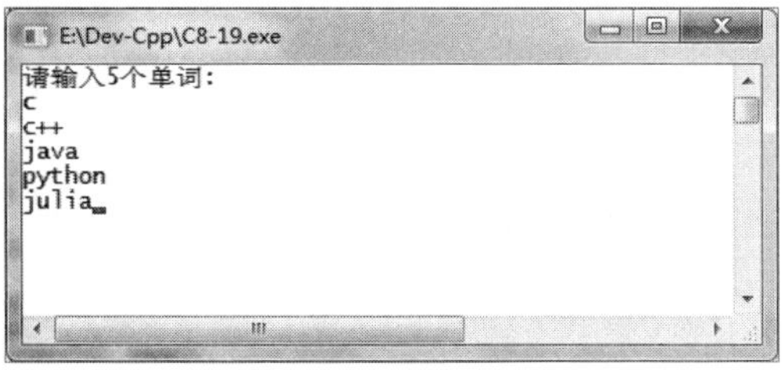

图 8.20　输入 5 个单词

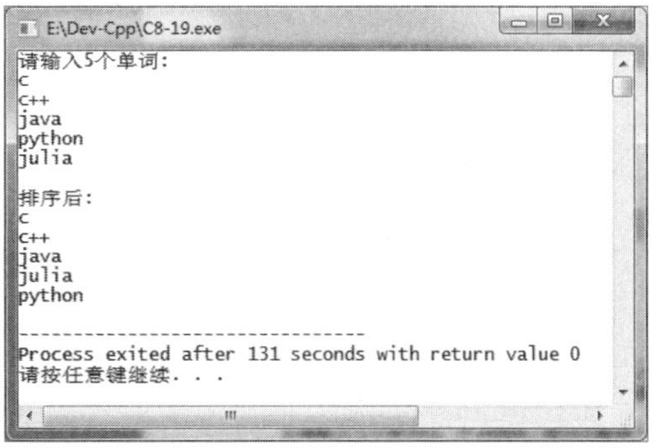

图 8.21　5 个单词的排序效果

第 9 章

C 语言的指针

C 语言的指针既简单又有趣。通过指针，可以简化一些 C 语言编程任务的执行过程，还有一些任务，如动态内存分配，没有指针是无法执行的。所以，想要成为一名优秀的 C 语言程序员，学习指针是很有必要的。

本章主要内容包括：

- ➢ 什么是地址和指针变量
- ➢ 指针变量的赋值和输出
- ➢ 引用指针变量中的变量
- ➢ 指向指针变量的指针变量
- ➢ 指针的递增和递减
- ➢ 指针的减法运算和比较
- ➢ 指针变量作为函数的形式参数
- ➢ 函数的返回值是指针变量
- ➢ 指针与数组
- ➢ 指针与字符串
- ➢ 指针数组
- ➢ 实例：输入不同的数字显示不同的月份

9.1 初识指针

指针是 C 语言的精华所在，真正理解和掌握指针是征服 C 语言的关键所在！

9.1.1 什么是地址

C 语言用变量存储数据，用函数来定义一段可以重复使用的代码，它们最终都要放到内存中才能供 CPU 使用。

CPU 访问内存时需要的是地址，而不是变量名和函数名！变量名和函数名只是地址的一种助记符，当源文件被编译和链接成可执行程序后，它们都会被替换成地址。编译和链接过程的一项重要任务就是找到这些名称所对应的地址。

所以，地址在计算机内存（注意：这里提到的内存并不是人们常说的计算机的物理内存，而是虚拟的逻辑内存空间）中，简单来讲：地址就是可以唯一标识某一点的一个编号，即一个数字！例如尺子，统一以毫米为单位，一把长 1000 毫米的尺子，其范围区间为 0~999，而人们可以准确地找到 35 毫米、256 毫米处的位置。同样的道理，内存也如此，像尺子一样线性排布，只不过这个范围略大，在用户最广泛使用的 32 位操作系统下，其范围区间为 0~4294967295，而地址就是这之中的一个编号。习惯上，常用其对应的十六进制数来表示计算机地址，比如 0x12ff7c。

在 C 语言程序中，每一个定义的变量，在内存中都占有一个内存单元，比如 float 类型占 4 字节，char 类型占 1 字节，等等。每个字节在 0~4294967295 之间都有一个对应的编号，C 语言允许在程序中使用变量的地址，并可以通过地址运算符“&”得到变量的地址。

双击桌面上的“Dev-C++”桌面快捷图标，打开 Dev-C++ 集成开发环境，然后单击菜单栏中的“文件 / 新建 / 源文件”命令（快捷键：Ctrl+N），新建一个源文件，并命名为“C9-1.c”，然后输入如下代码：

```
#include<stdio.h>
int main()
{
    int a ;
    char b[10] ;
    a = 10 ;
    b[10] ="hello" ;
    printf("变量 a 的值：%d\n",a) ;
    printf("变量 a 的内存地址：%#x\n",&a) ;
    printf("变量 b[10] 的值 :%s\n",b) ;
```

```
    printf(" 变量 b[10] 的内存地址: %#x\n",b) ;
}
```

在这里定义两个变量，分别是整型变量和字符数组变量。需要注意的是，要显示整型变量的内存地址，就要在变量名前加“&”，而字符数组变量本身就是内存地址，所以不用再加“&”。

> **提醒**：函数名、字符串名和数组名表示的是代码块或数据块的首地址。

内存地址是十六进制数，所以输出格式为“%#x”，其中 x 表示十六进制，而 # 代表这个十六进制数是有符号的。

单击菜单栏中的“运行 / 编译运行”命令（快捷键：F11），运行程序，如图 9.1 所示。

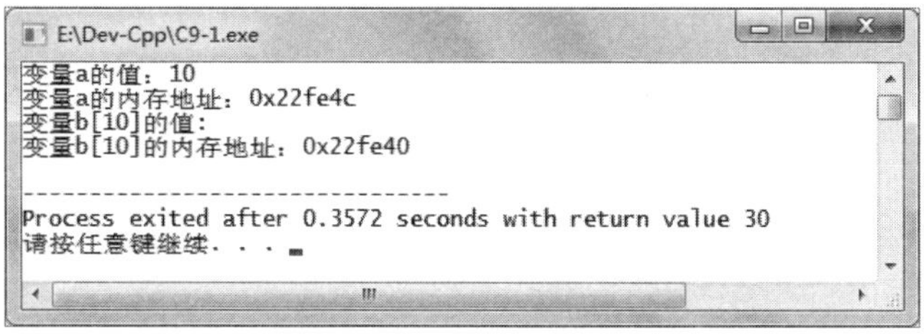

图 9.1　变量地址

9.1.2 指针变量

“指针”通常是指指针变量，在这种变量中只能存放内存地址或“空”值。在对指针变量使用之前，要先定义指针变量，其语法格式如下：

```
    类型说明符   * 变量名 ;
```

其中，这里的 * 与前面的类型说明符共同说明这是一个指针变量。类型说明符表示该指针变量所指向的变量为何种数据类型，变量名即为定义的指针变量名。例如：

```
    char   *p1,*p2,k,I ;
    double   *r1,*r2,a,b ;
```

在上述代码中，定义了 4 个指针变量，分别是 p1、p2、r1、r2。char 是指针变量 p1 和 p2 的基类型；double 是指针变量 r1 和 r2 的基类型。而 p1、p2、r1、r2 之前的星号（*）是指针说明符，其作用仅仅是说明其后的变量是指针变量，不要与运算符（* 号）混淆。

指针变量中能存放哪种类型变量的地址取决于指针变量的类型。例如，上述代码中的 p1 和 p2 只能存放字符变量的地址；r1 和 r2 只能存放 double 类型变量的地址。

9.1.3 指针变量的赋值

在 C 语言中，给指针变量赋值有 4 种方法，具体如下。

第一，通过求地址运算符（&），获得变量的地址，然后赋值给指针变量，例如：

```
char  x,*p *sp ;
x= 'a' ;
p = &x ;
```

上述代码把字符变量 x 的地址赋值给基类型为 char 的指针变量 p。

第二，可以把指针变量中的地址赋值给另一个指针变量，应注意这两个指针变量的基类型一定要相同，例如：

```
sp = p ;
```

把指针变量 p 中的地址赋值给基类型相同的另一个指针变量 sp。

第三，可以调用库函数 malloc 和 calloc 得到一个内存单元的地址（在后面章节进行讲解，这里不作讲解）。

第四，给指针变量赋值为 NULL 值（空值）。所有指针变量都可以赋“空”值，若 p 已正确定义为指针变量，则如下语句是相同的：

```
p  = NULL ;  p =0 ;  p ='\n' ;
```

注意：使用预定义符 NULL 时，要包含 stdio.h 头文件，因为 NULL 是在该头文件中定义的，它代表 0。p=0; 并不是把 0 的地址放入指针变量中，而是仅表示指针变量 p 中已有确定的值。

第五，不能直接给指针变量赋一个作为地址的整数，例如：

```
int  *kp ;
kp = oxf12;  // 这是错误的
```

在 C 语言中，没有表示地址的常量。

9.1.4 指针变量的输出

在 C 语言中，指针变量的输出有两种格式：一种是 %p 格式；另一种是 %#x 格式。下面举例说明。

双击桌面上的“Dev-C++”桌面快捷图标，打开 Dev-C++ 集成开发环境，然后单击菜单栏中的“文件 / 新建 / 源文件”命令（快捷键：Ctrl+N），新建一个源文件，并命名为“C9-2.c”，然后输入如下代码：

```
#include<stdio.h>
int main()
{
    int a ,*p, *np;
    char b[10], *cp, *kp;
    a = 10 ;
    b[10] = "hello" ;
    p = &a ;
    cp = b ;
    np = NULL ;
    kp =0 ;
    printf(" 变量 a 的内存地址：%#x\n",&a) ;
    printf(" 变量 b[10] 的内存地址：%#x\n",b) ;
    printf(" 利用指针显示变量 a 的内存地址：%#x\n",p) ;
```

```
    printf(" 利用指针显示变量 a 的内存地址（另一种格式）：%p\n",p) ;
    printf(" 利用指针显示变量 b[10] 的内存地址：%#x\n",cp) ;
    printf(" 利用指针显示变量 b[10] 的内存地址（另一种格式）：%p\n",cp) ;
    printf("np 指针：%p\n",np) ;
    printf("kp 指针：%p\n",kp) ;
}
```

单击菜单栏中的“运行 / 编译运行”命令（快捷键：F11），运行程序，如图 9.2 所示。

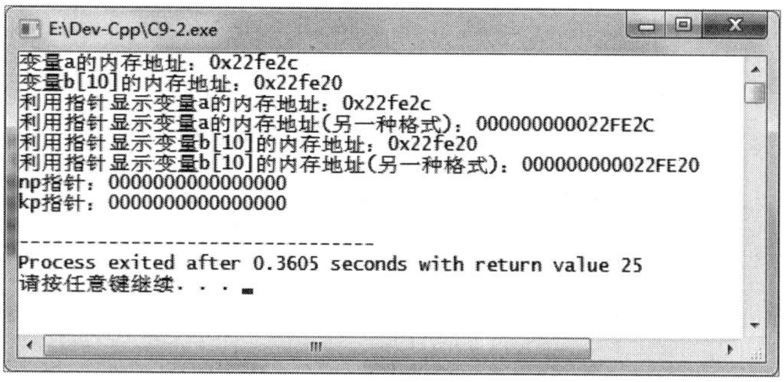

图 9.2　指针变量的输出

9.1.5　引用指针变量中的变量

在 C 语言中，如果指针变量已指向某个变量，这时就可以通过间址运算符（*）引用该变量。例如：

```
int  *p, *r , a=12 , b= 26 ;
p = &a ;
```

这样，就可以通过 *p 来引用变量 a 中的值。

第一，当 *p 出现在赋值号的右边时，例如，b = *p；则表示把 p 所指存储单元中的内容赋值给变量 b，即 b = a ，这样变量 b 中的值就变成 12。

第二，当 *p 出现在赋值号的左边时，例如，*p = b ；则表示把 b 中的值放入 p 所指存储单元，即把 b 中的值放入指针变量 p 所代表的内存地址中，即 a = b ;。所以 a 的值为 26。

第三，需要注意的是，*p 出现在赋值号右边和左边时，有着不同的含义，右边代表存储单元中的内容，称为右值；左边代表地址，称为左值。

第四，当指针变量没有指向具体的存储单元时，称为指针无定义，不可对无定义的指针使用间址运算符（*）来引用存储单元。例如：

```
*r = 7.9 ;                          // 由于指针变量 r 没有具体指向，所以这样写是错误的
a  = *r ;                           // 这要写也是错误的
```

提醒： C 语言程序中出现无定义指针的操作，将会导致出现很难查找的错误。

双击桌面上的“Dev-C++”桌面快捷图标，打开 Dev-C++ 集成开发环境，然后单击菜单栏中的“文件 / 新建 / 源文件”命令（快捷键：Ctrl+N），新建一个源文件，并命

名为“C9-3.c”，然后输入如下代码：

```
#include<stdio.h>
int main()
{
    int a = 15;
    int b = 30;
    int c = 60;
    printf("初识变量 a=%d\n",a) ;
    printf("初识变量 b=%d\n",b) ;
    printf("初识变量 c=%d\n",c) ;
     int *p  ;
     p = &a ;                //获取变量 a 的地址
     b = *p ;                //把指针变量 p 中的值赋给变量 b，即 b=15
     *p = c ;                //把变量 c 中的值放到指针 p 指向的内存地址中，即 a=c=60
     printf(" 变量 a=%d\n", a);
    printf(" 变量 b=%d\n", b);
     printf(" 变量 c=%d\n", c);
     printf(" 指针变量 *p=%d\n", *p);
     printf(" 指针变量 p 所指的内存地址：%p\n", p);
}
```

单击菜单栏中的“运行 / 编译运行”命令（快捷键：F11），运行程序，如图 9.3 所示。

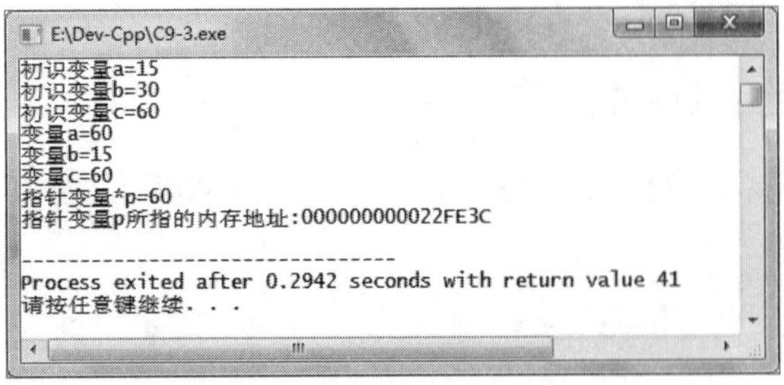

图 9.3　引用指针变量中的变量

9.1.6　指向指针变量的指针变量

由于指针变量本身也是一个变量，因此也占有存储单元，所以也可以把它的地址放入一个指针变量中。

例如，p 是一个基类型为 int 的指针变量，s 是一个可以指向 p 的指针变量，具体代码如下：

```
int  *p , **s , i ;
p = &i ;
s = &p ;
```

双击桌面上的“Dev-C++”桌面快捷图标，打开 Dev-C++ 集成开发环境，然后单击菜单栏中的“文件 / 新建 / 源文件”命令（快捷键：Ctrl+N），新建一个源文件，并命名为“C9-4.c”，然后输入如下代码：

```
#include<stdio.h>
int main()
{
    int a = 57 ;
```

```
    int *p ,**s ;
    p = &a ;
    s= &p ;
    printf(" 变量 a 所占的内存空间大小：%d 个字节 \n",sizeof(a)) ;
    printf(" 指针变量中的值 *p 所占的内存空间大小：%d 个字节 \n",sizeof(*p)) ;
    printf(" 指针变量 p 所占的内存空间大小：%d 个字节 \n",sizeof(p)) ;
    printf(" 指针变量中的值 **s 所占的内存空间大小：%d 个字节 \n",sizeof(**s)) ;
    printf(" 指针变量 s 所占的内存空间大小：%d 个字节 \n",sizeof(s)) ;
    printf(" 变量 a 的值：%d，指针 p 的值 :%d，指针 s 的值：%d",a,*p,**s) ;
}
```

单击菜单栏中的“运行 / 编译运行”命令（快捷键：F11），运行程序，如图 9.4 所示。

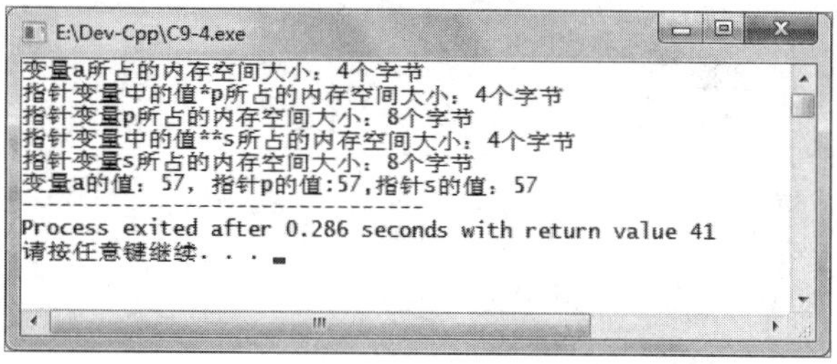

图 9.4　变量和指针变量所占内存空间

9.2　指针的移动

在 C 语言程序设计中，指针的移动操作使用很频繁，但需要注意的是，只有当指针变量已指向一个连续的存储空间时，指针的移动才有意义。

9.2.1　指针的递增

如果指针 p 已指向一个连续的存储空间中的一个存储单元，那么执行 p++ ；语句，就会使指针变量 p 指向高地址相邻的存储单元，即重新将高地址相邻存储单元的地址赋给 p。

还需要注意的是，使用指针的递增，即 p++; 增加 1，并不是增加一字节，而是一个存储单元。这个存储单元是几个字节，由指针的基类型决定。例如：

```
    int   *p ;
    double  *r ;
```

当 p 和 r 已指向一个连续存储空间时，执行 p++; 语句，将使 p 移动 4 字节。执行 r++; 语句，将使 r 移动 8 字节。

双击桌面上的“Dev-C++”桌面快捷图标，打开 Dev-C++ 集成开发环境，然后单击菜单栏中的“文件 / 新建 / 源文件”命令（快捷键：Ctrl+N），新建一个源文件，并命名为“C9-5.c”，然后输入如下代码。

```
#include <stdio.h>
int main ()
{
   int  var[] = {10,100,200,500,1000};
   int  i, *ptr;
   /* 指针中的数组地址 */
   ptr = var;
   for ( i = 0; i < 5; i++)
   {
      printf(" 存储地址: var[%d] = %x\n", i, ptr );
      printf(" 存储值: var[%d] = %d\n", i, *ptr );
      /* 移动到下一个位置 */
      ptr++;
   }
}
```

单击菜单栏中的“运行 / 编译运行”命令（快捷键：F11），运行程序，如图 9.5 所示。

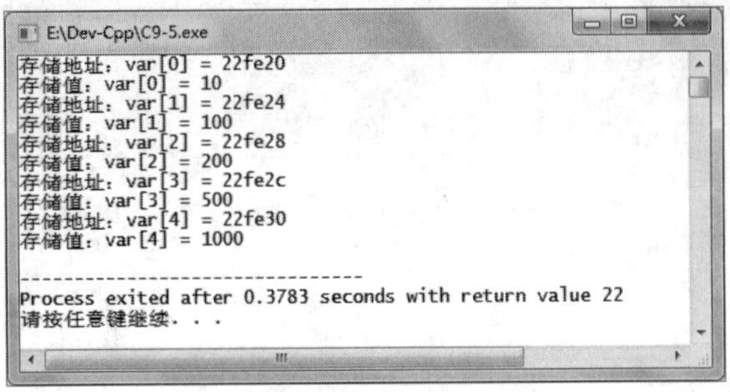

图 9.5　指针的递增

9.2.2　指针的递减

如果指针 p 已指向一个连续的存储空间中的一个存储单元，那么执行 p-- ；语句，就会使指针变量 p 指向低地址相邻的存储单元，即重新将低地址相邻存储单元的地址赋给 p。

还需要注意的是，使用指针的递减，即 p--; 减少 1，并不是减少一字节，而是一个存储单元。这个存储单元是几个字节，由指针的基类型决定。例如：

```
int  *p ;
double  *r ;
```

当 p 和 r 已指向一个连续存储空间时，执行 p--; 语句，将使 p 移动 4 字节。执行 r++; 语句，将使 r 移动 8 字节。

双击桌面上的“Dev-C++”桌面快捷图标，打开 Dev-C++ 集成开发环境，然后单击菜单栏中的“文件 / 新建 / 源文件”命令（快捷键：Ctrl+N），新建一个源文件，并命名为“C9-6.c”，然后输入如下代码：

```
#include <stdio.h>
int main ()
{
   double  var[] = {10.0, 100.0, 200.0,500.0,1000.0};
```

```
    int i ;
    double    *ptr;
     /* 最后一个元素的地址 */
    ptr = &var[4];
    for ( i = 5; i >0; i--)
    {

       printf(" 存储地址: var[%d] = %x\n", i-1, ptr );
       printf(" 存储值: var[%d] = %lf\n", i-1, *ptr );
       /* 移动到下一个位置 */
       ptr--;
    }
}
```

单击菜单栏中的“运行 / 编译运行”命令（快捷键：F11），运行程序，如图 9.6 所示。

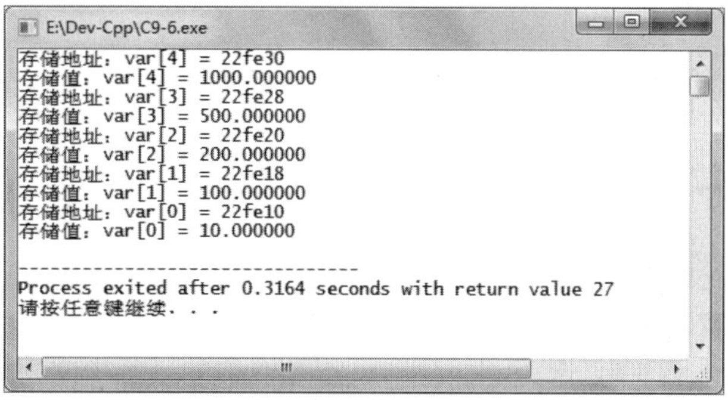

图 9.6　指针的递减

9.2.3　指针的减法运算

当两个基类型相同的指针变量同时指向一个连续存储空间的不同位置时，两个指针变量可以进行减法运算，所得结果是一个整数，代表两个指针所指存储单元之间相距的单元数，注意不是字节数。

双击桌面上的“Dev-C++”桌面快捷图标，打开 Dev-C++ 集成开发环境，然后单击菜单栏中的“文件 / 新建 / 源文件”命令（快捷键：Ctrl+N），新建一个源文件，并命名为“C9-7.c”，然后输入如下代码：

```
#include <stdio.h>
int main ()
{
   int  var[] = {10,100,200,500,1000};
   int  i, *ptr1, *ptr2;
   //取数组的首地址
   ptr1 = var;
   //取数组的第 4 个元素的地址
   ptr2 = &var[3] ;
   printf(" 数组的首地址: %p\n",ptr1) ;
   printf(" 数组的第 4 个元素的地址 : %p\n",ptr2) ;
   i = ptr2 - ptr1 ;
   printf(" 两个指针的差, 即 ptr2 - ptr1 =%d\n",i) ;
}
```

单击菜单栏中的“运行 / 编译运行”命令（快捷键：F11），运行程序，如图 9.7 所示。

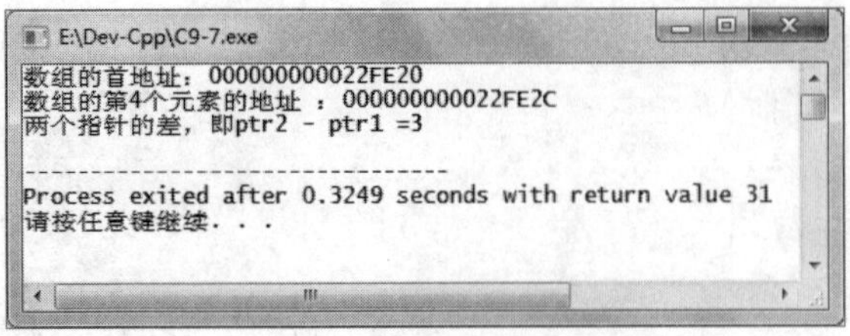

图 9.7　指针的减法运算

9.2.4　指针的比较

当两个基类型相同的指针变量同时指向一个连续存储空间的不同位置时，两个指针变量可以进行大于（>）、小于（<）和等于（=）比较。

双击桌面上的“Dev-C++”桌面快捷图标，打开 Dev-C++ 集成开发环境，然后单击菜单栏中的“文件 / 新建 / 源文件”命令（快捷键：Ctrl+N），新建一个源文件，并命名为“C9-8.c”，然后输入如下代码：

```
#include <stdio.h>
int main ()
{
   int  var[] = {10,100,200,500,1000,128};
   int  i, *ptr;
   /* 指针中第一个元素的地址 */
   ptr = var;
   i = 0;
   while ( ptr <= &var[5] )
   {
      printf(" 存储地址：var[%d] = %x\n", i, ptr );
      printf(" 存储值：var[%d] = %d\n", i, *ptr );
      /* 指向上一个位置 */
      ptr++;
      i++;
   }
}
```

单击菜单栏中的“运行 / 编译运行”命令（快捷键：F11），运行程序，如图 9.8 所示。

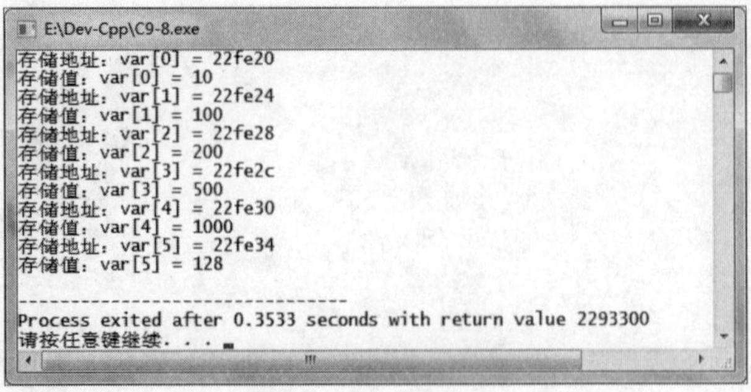

图 9.8　指针的比较

9.3 指针与函数

指针在函数中的应用，主要表现在两个方面，分别是指针变量作为函数的形式参数，函数的返回值是指针变量。

9.3.1 指针变量作为函数的形式参数

函数的形式参数可以是指针变量。注意：它所对应的实参应当是一个地址值。下面举例说明。

双击桌面上的“Dev-C++”桌面快捷图标，打开 Dev-C++ 集成开发环境，然后单击菜单栏中的“文件 / 新建 / 源文件”命令（快捷键：Ctrl+N），新建一个源文件，并命名为“C9-9.c”，然后输入如下代码：

```
#include <stdio.h>
int myfun1 (char *s)
{
    char d ;
    d = *s ;
    printf("d=%c\n",d) ;
    if (d='a')
    {
           printf("学生的成绩不错，是优秀！") ;
    }
    else if (d='b')
    {
           printf("学生的成绩是优良，还要努力呀！") ;
    }
    else
    {
           printf("学生的成绩一般，加油！") ;
    }
}

int main()
{
    char x, *p ;
    printf("请输入学生成绩的等级（a、b、c）：") ;
    scanf("%c",&x) ;
    p= &x ;
    myfun1(p) ;
}
```

自定义函数 myfun1 (char *s) 的形式参数是指针变量 s，所以要调用该函数，实参要么是指针，要么是变量的地址。在主函数中，myfun1(p)；中的 p 就是指针变量，指向变量 x 的地址，也可以写成 myfun1(&x);。

在 myfun1() 函数中，可以通过间址运算 (*) 来引用主函数中变量 x 的值，即 d = *s；。这样，动态输入的字母就传给变量 d。然后根据变量 d 的不同，显示不同的学生评语。

单击菜单栏中的“运行 / 编译运行”命令（快捷键：F11），运行程序，提醒“请输入学生成绩的等级（a、b、c）”，如果输入“a”回车，就会显示“学生的成绩不错，是优秀！”，如图 9.9 所示。

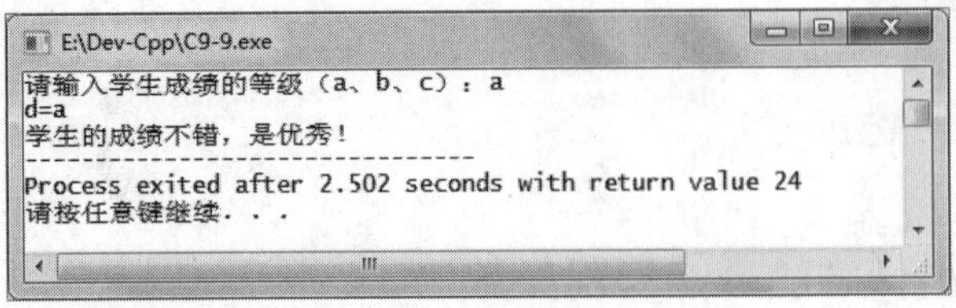

图 9.9　学生的成绩是优秀

程序运行后，如果输入“b”回车，就会显示“学生的成绩是优良，还要努力呀！”，如图 9.10 所示。

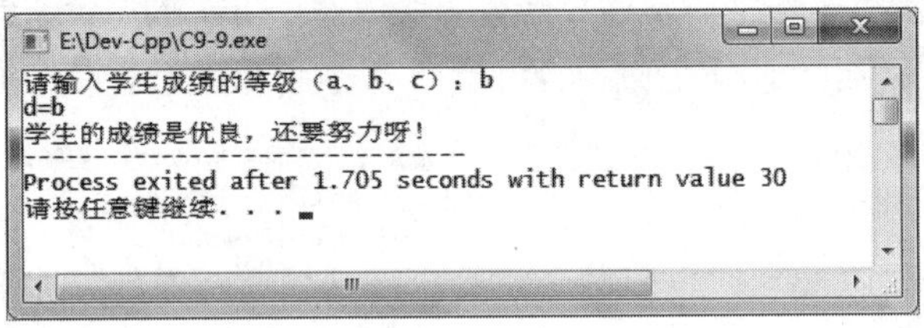

图 9.10　学生的成绩是优良

程序运行后，如果输入“c”回车，就会显示“学生的成绩一般，加油！”，如图 9.11 所示。

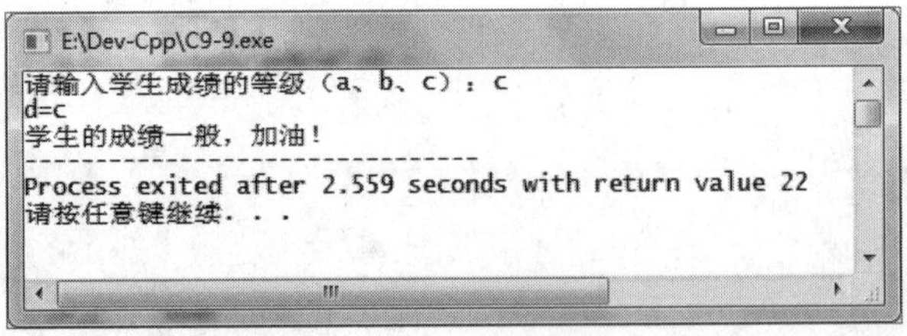

图 9.11　学生的成绩一般

9.3.2　函数的返回值是指针变量

双击桌面上的“Dev-C++”桌面快捷图标，打开 Dev-C++ 集成开发环境，然后单击菜单栏中的“文件 / 新建 / 源文件”命令（快捷键：Ctrl+N），新建一个源文件，并命名为“C9-10.c”，然后输入如下代码：

```
#include <stdio.h>
int *fun()
{
    int static mya[8] ;
    int i ;
    for(i=0; i<8; ++i)
    {
```

```
            mya[i] = 2*i+5 ;
    }
    return mya ;
}
int main()
{
    int *x,b ;
    x = fun() ;
    for (b=0; b<8;b++)
    {
            printf("*(x+[%d]):%d\n", b, *(x+b) );
    }
}
```

函数的返回值是指针变量，这就要求函数标志符前加“*”，如 *fun()。函数的返回值是指针变量，所以在主函数中，指针变量等于 fun() 函数，即 x = fun() ;，即把 fun() 的返回值赋给指针变量 x。

还要注意：数组 mya[] 为静态数组，这样该数组不仅在 fun() 函数可以用，在 main() 主函数中也可以用。

单击菜单栏中的“运行 / 编译运行”命令（快捷键：F11），运行程序，如图 9.12 所示。

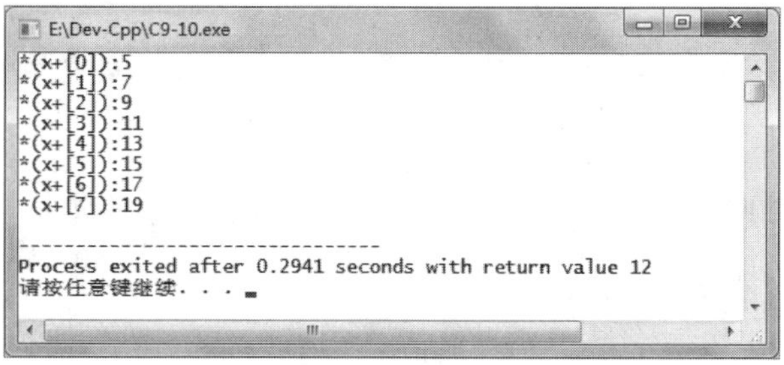

图 9.12　函数的返回值是指针变量

9.4　指针与数组

我们知道，通过数组下标可以确定数组元素在数组中的顺序和存储地址。由于每个数组元素相当于一个变量，所以指针变量可以指向数组中的元素，也就是说，可以用指针方式访问数组中的元素。对一个指向数组元素的指针变量的定义和赋值方法，与指针变量相同。例如：

```
int a[10];                          /* 定义 a 为包含 10 个整型数据的数组 */
int *p;                             /* 定义 p 为指向整型变量的指针 */
p=&a[0];                            /* 把 a[0] 元素的地址赋给指针变量 p */
```

在 C 语言中，数组名代表数组的首地址，也就是第 0 号元素的地址。因此：

```
p=a;                                /* 等价于 p=&a[0]; */
int *p=a;                           /* 等价于 int *p=a[0]; */
```

双击桌面上的“Dev-C++”桌面快捷图标，打开 Dev-C++ 集成开发环境，然后单击菜单栏中的“文件 / 新建 / 源文件”命令（快捷键：Ctrl+N），新建一个源文件，并命名为“C9-11.c”，然后输入如下代码：

```
#include<stdio.h>
int main()
{
        int i;
        int a[10]={1,2,3,4,5,6,7,8,9,0};
        int *p=a;
        printf("*p 的值是：%d\n",*p) ;
        printf("a[0] 的值是 :%d\n",a[0]) ;
        printf(" 指针变量 p 的地址：%p\n",p) ;
        printf(" 数组 a 的地址，即数组 a 的首地址：%p",a) ;
}
```

单击菜单栏中的“运行 / 编译运行”命令（快捷键：F11），运行程序，如图 9.13 所示。

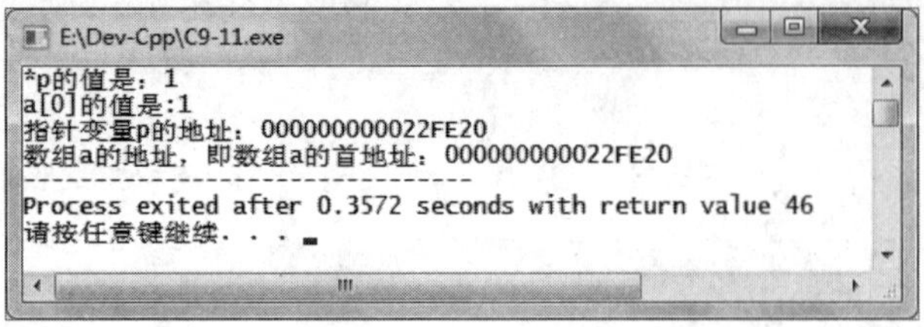

图 9.13　指针与数组

在这里可以看到，*p 的值和 a[0] 是相同的，指针变量 p 的地址与数组 a 的首地址也是一样的。

想通过指针变量引用数组元素的地址，要求指针变量的基类型必须与数组元素的基类型相同，例如：

```
double  arr[10] , *p ;
```

第一，指针变量 p 和数组 arr 的基类型相同，如果 p=arr；就使 p 指向 arr 数组的起始地址。

第二，当 p 指向 arr 数组的起始地址后，p、p+1、……、p+9 将分别代表数组元素 arr[0]、arr[1]……arr[9] 的地址。

第三，当 p 指向 arr 数组的起始地址后，p++ 或 ++p 将移动指针，使指针指向 a[1]。

第四，当 p 指向 arr 数组的起始地址后，p+6，将使指针 p 指向 a[6]。

第五，还需要注意的是，指针变量 p 可以通过改变其中地址值去取数组中的任意元素，数组名则不可以。

双击桌面上的“Dev-C++”桌面快捷图标，打开 Dev-C++ 集成开发环境，然后单击菜单栏中的“文件 / 新建 / 源文件”命令（快捷键：Ctrl+N），新建一个源文件，并命名为“C9-12.c”，然后输入如下代码。

```
#include<stdio.h>
int main()
{
        int i;
        int a[10]={1,2,3,4,5,6,7,8,9,0};
        int *p=a;
        printf(" 指针变量 p 的地址: %p\n",p) ;
        printf(" 指针变量 p 的值: %d\n",*p) ;
        printf(" 数组 a 的地址，即数组 a 的首地址: %p\n",a) ;
           p = ++p ;
           printf("p =++p 后，指针变量 p 的地址: %p\n",p) ;
           printf(" 指针变量 p 的值: %d\n",*p) ;
           p = p+6 ;
           printf("p =p+6 后，指针变量 p 的地址: %p\n",p) ;
           printf(" 指针变量 p 的值: %d\n",*p) ;
}
```

单击菜单栏中的“运行 / 编译运行”命令（快捷键：F11），运行程序，如图 9.14 所示。

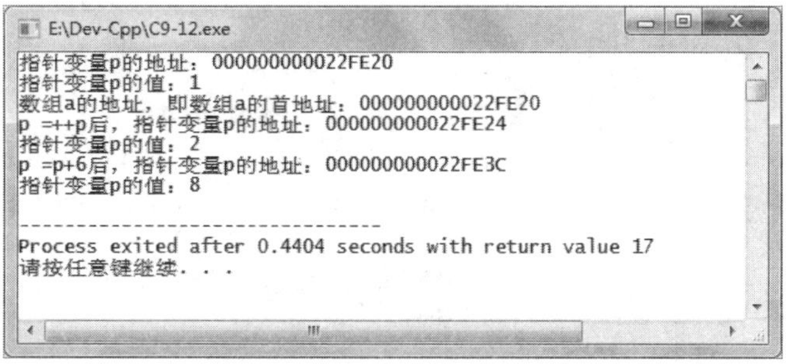

图 9.14　指针变量可以通过改变其中地址值去取数组中的任意元素

9.5　指针与字符串

可以使用指针指向字符串，然后显示字符串或显示字符串中某个字符。

第一，可以通过赋初值的方式使指针指向字符串，例如：

```
char  *p = "hello" ;
```

这样，存放字符串常量的内存空间的首地址赋给了指针变量 p。

第二，通过赋值运算使指针指向字符串，例如：

```
char  mys[] = "hello" , * ps ;
ps = mys ;
```

这样就把字符型一维数组的首地址赋值给指针变量 ps，ps 就指向字符串 mys 的第一个字符 'h'。

也可以把字符型一维数组中某个元素的地址赋给指针变量，例如：

```
ps = &mys[2] ;
```

这样，指针变量 ps 就指向字符串 mys 的第三个字符 'l'。

第三，把字符串常量的首地址直接赋给指针变量，例如：

```
char  *p ;
p = "hello" ;
```

这样，指针变量 p 就指向字符串常量 "hello" 的第一个字符 'h'。

需要注意的是，不能写成 *p="hello"。

双击桌面上的“Dev-C++”桌面快捷图标，打开 Dev-C++ 集成开发环境，然后单击菜单栏中的“文件 / 新建 / 源文件”命令（快捷键：Ctrl+N），新建一个源文件，并命名为“C9-13.c”，然后输入如下代码：

```
#include<stdio.h>
int main()
{
   char *sp, *p = "hello" ;
   sp = "http:www.163.com" ;
   printf("p 的值：%s\n",p) ;
   printf("*p 的值：%c\n",*p) ;
   printf("sp 的值：%s\n",sp) ;
   printf("*sp 的值：%c\n",*sp) ;
}
```

单击菜单栏中的“运行 / 编译运行”命令（快捷键：F11），运行程序，如图 9.15 所示。

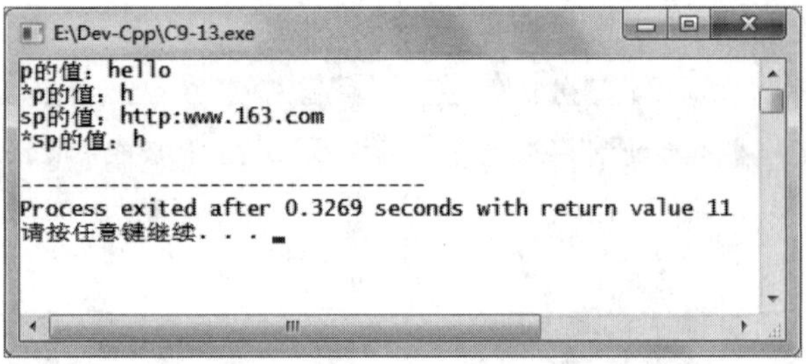

图 9.15　指针与字符串

9.6　指针数组

指针数组是指，一个数组中的所有元素保存的都是指针，其语法格式如下：

```
类型说明符  * 数组名 [ 常量表达式 ];
```

例如：

```
char  *ps[3] = {" 张平 "," 李亮 "," 王群 "} ;
```

ps 是一个具有 3 个元素的数组，它的每一个元素都是一个字符型的指针，即 ps[0] 为 " 张平 "，ps[1] 为 " 李亮 "，ps[2] 为 " 王群 "。

双击桌面上的“Dev-C++”桌面快捷图标，打开 Dev-C++ 集成开发环境，然后单击菜单栏中的“文件 / 新建 / 源文件”命令（快捷键：Ctrl+N），新建一个源文件，并命

名为“C9-14.c”，然后输入如下代码：

```
#include<stdio.h>
int main()
{
    int i ;
    char  *ps[3] = {"张平","李亮","王群"} ;
    for (i=0; i<3;i++)
    {
            printf("*ps[%d]=%s\n",i,ps[i]) ;
    }
}
```

单击菜单栏中的“运行 / 编译运行”命令（快捷键：F11），运行程序，如图 9.16 所示。

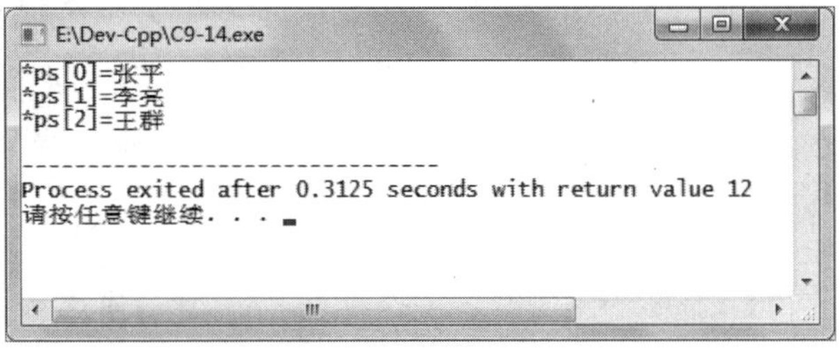

图 9.16　指针数组

9.7　实例：输入不同的数字显示不同的月份

双击桌面上的“Dev-C++”桌面快捷图标，打开 Dev-C++ 集成开发环境，然后单击菜单栏中的“文件 / 新建 / 源文件”命令（快捷键：Ctrl+N），新建一个源文件，并命名为“C9-15.c”，然后输入如下代码：

```
#include <stdio.h>
#include <string.h>
int main()
{
     //指针数组
     char *month[] = {"January","February","March","April",
             "May","June","July","August","September","October",
             "November","December"};
     char  *curMonth = month[0];
     int mon ;
     printf("请输入一个数字（1~12）:");
     scanf("%d",&mon);
     switch(mon)
     {
         case 1: curMonth = month[0];    break;
         case 2: curMonth = month[1];    break;
         case 3: curMonth = month[2];    break;
         case 4: curMonth = month[3];    break;
         case 5: curMonth = month[4];    break;
         case 6: curMonth = month[5];    break;
         case 7: curMonth = month[6];    break;
```

```
        case 8: curMonth = month[7];     break;
        case 9: curMonth = month[8];     break;
        case 10: curMonth = month[9];    break;
        case 11: curMonth = month[10];   break;
        case 12: curMonth = month[11];   break;
        default : curMonth = "没有这个月份！ ";
    }
    if( strcmp(curMonth,"没有这个月份！ ") == 0 )
    {
        printf("没有这个月份\n");
    }
    else
    {
        printf("当前月份为:%s\n",curMonth);
    }
}
```

单击菜单栏中的“运行 / 编译运行”命令（快捷键：F11），运行程序，提醒“请输入一个数字（1~12）”，即输入的数字要在 1~12 之间，如果输入“1”，回车，就会显示“当前月份为：January”，如图 9.17 所示。

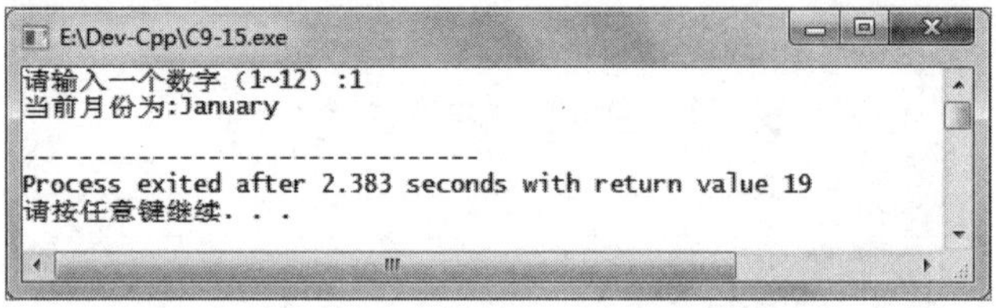

图 9.17　输入“1”的结果

程序运行后，如果输入“2”，就会显示“当前月份为：February”。

程序运行后，如果输入“3”，就会显示“当前月份为：March”。

程序运行后，如果输入“12”，就会显示“当前月份为：December”。

程序运行后，如果输入的数不在 1~12 之间，例如输入“15”，就会显示“没有这个月份”，如图 9.18 所示。

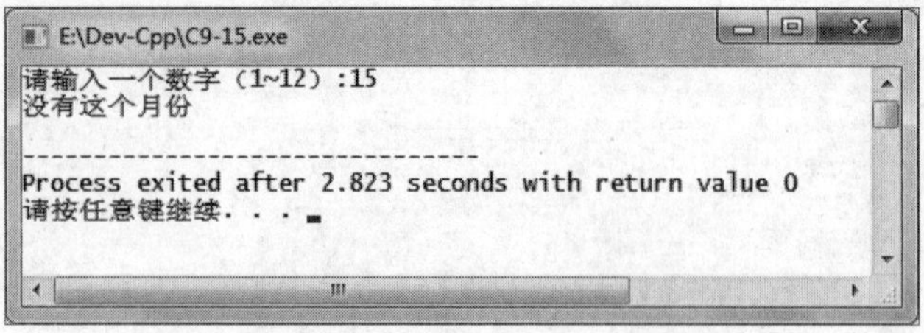

图 9.18　显示“没有这个月份”

第 10 章

C 语言的编译预处理和内存管理

编译预处理是指在编译之前对程序中的特殊命令进行的处理工作。在C语言中，所有的预处理命令都是以井号（#）开头。在编写程序时，程序员通常并不知道需要处理的数据量，或者难以评估所需处理数据量的变动程度。在这种情况下，要达到有效的资源利用，必须在运行时动态地分配所需内存，并在使用完毕后尽早释放不需要的内存，即动态内存管理。

本章主要内容包括：

- 初识编译预处理
- 不带参数的宏定义和带参数的宏定义
- 预定义宏和预处理器的运算符
- 文件包含的格式和运用
- #if 命令、#ifdef 命令和 #ifndef 命令
- 实例：编写一个带参数的宏，实现两个数的交换
- 内存动态分配常用库函数
- 动态分配内存
- 重新调整内存的大小和释放内存

10.1 初识编译预处理

C 语言编译预处理命令可分为 3 类，分别是 #define（宏定义）、#include（文件包含）和 #if()（条件编译），如图 10.1 所示。

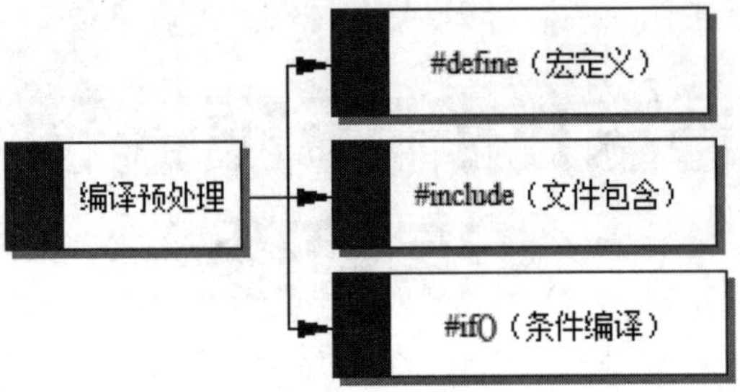

图 10.1 编译预处理

这些编译预处理命令不是 C 语言的本身组成部分，不仅 C 语言可以使用这些预处理指令，其他语言也可以使用。

所有重要的编译预处理命令及意义如表 10.1 所示。

表 10.1 所有重要的编译预处理命令及意义

编译预处理命令	意义
#define	定义宏
#include	包含一个源代码文件
#undef	取消已定义的宏
#ifdef	如果宏已经定义，则返回真
#ifndef	如果宏没有定义，则返回真
#if	如果给定条件为真，则编译下面代码
#else	#if 的替代方案
#elif	如果前面的 #if 给定条件不为真，当前条件为真，则编译下面代码
#endif	结束一个 #if...#else 条件编译块
#error	当遇到标准错误时，输出错误消息
#pragma	使用标准化方法，向编译器发布特殊的命令到编译器中

10.2 宏定义

在C语言源程序中，允许用一个标识符来表示一个字符串，称为“宏”，被定义为“宏”的标识符称为“宏名”。

在编译预处理时，对程序中所有出现的宏名，都用宏定义中的字符串去代换，这称为“宏代换”或“宏展开”。宏定义是由源程序中的宏定义命令完成的，宏代换是由预处理程序自动完成的。宏定义分为两种，分别是不带参数的宏定义和带参数的宏定义，如图 10.2 所示。

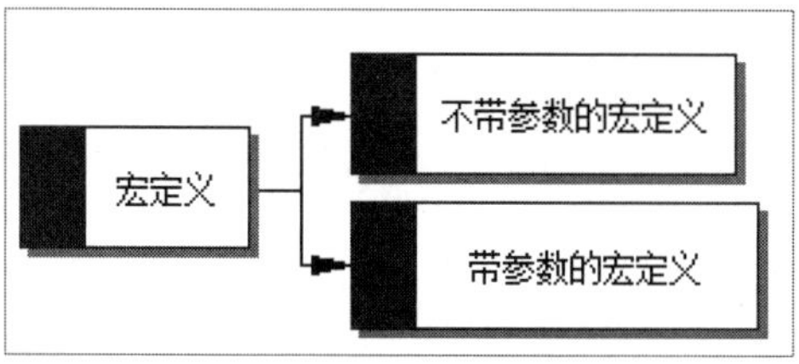

图 10.2　宏定义

10.2.1 不带参数的宏定义

宏定义又称为宏替换，简称“宏”，其语法格式如下：

```
#define 标识符 字符串；
```

其中，“#”表示这是一条预处理命令；“define”为宏定义命令；“标识符”为所定义的宏名；“字符串”可以是常数、表达式等。例如：

```
#define  PI  3.1415926
```

这个宏定义的意义是，把程序中全部的标识符 PI 换成 3.1415926。

在宏定义时，要注意以下几点：

第一，宏定义通常放在程序开始的位置，并且以 # 开头，末尾不加分号（不是 C 程序的语句）。

第二，宏名一般用大写字母来表示。

第三，一个宏名只能被定义一次。

第四，宏定义的作用域是从定义开始到程序的结尾。

第五，可以用 #undef 命令终止宏定义的作用域。

第六，宏定义可以嵌套。

第七，使用宏可提高程序的通用性和易读性，减少不一致性，减少输入错误和便于修改。

双击桌面上的“Dev-C++”桌面快捷图标，打开 Dev-C++ 集成开发环境，然后单击菜单栏中的“文件 / 新建 / 源文件”命令（快捷键：Ctrl+N），新建一个源文件，并命

名为“C10-1.c”，然后输入如下代码：

```
#include <stdio.h>
#define  PI  3.1415926
int main()
{
    int r ;
    float x ,y ;
    printf("请输入圆的半径：") ;
    scanf("%d",&r) ;
    x = 2 * PI * r ;
    y = PI * r * r ;
    printf("圆的半径是：%d\n",r) ;
    printf("圆的周长是：%f\n",x) ;
    printf("圆的面积是：%f\n",y) ;
}
```

在这里，在主函数 main() 上方定义了 PI 宏，其值为 3.1415926。然后在主函数中动态输入圆的半径，计算圆的周长和面积，就要使用前面定义的 PI 宏。

单击菜单栏中的“运行 / 编译运行”命令（快捷键：F11），运行程序，提醒“请输入圆的半径”，在这里输入“5”，然后回车，效果如图 10.3 所示。

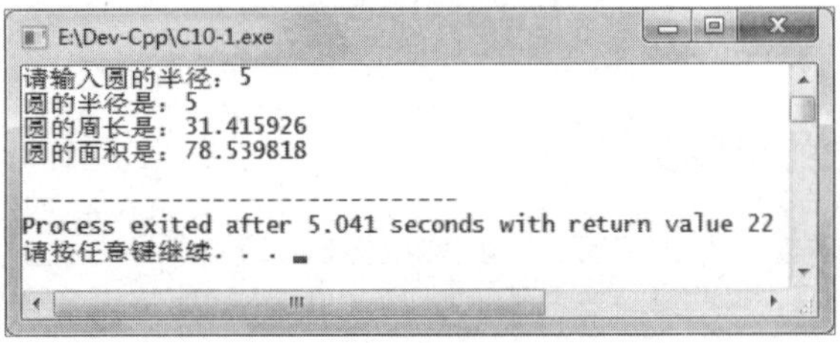

图 10.3　不带参数的宏定义

10.2.2　带参数的宏定义

带参数的宏定义，语法格式如下：

```
#define 宏名 ( 形参表 ) 字符串 ;
```

在字符串中含有各个形参，例如：

```
#define S(a,b) a*b
```

带参数的宏调用的一般形式为：

```
宏名 ( 实参表 );
```

调用上述带参数的宏，如下：

```
area  = S(5,4);
```

带参数的宏类似于一个函数调用。

带参数的宏定义要注意如下事项。

第一，实参如果是表达式则容易出问题，要特别注意，例如：

```
#define S(r) r*r
area=S(a+b); 第一步换为 area=r*r; 第二步换为 area=a+b*a+b;
```

所以正确的定义如下：

```
#define S(r)  ((r)*(r))
```

第二，宏名和参数的括号间不能有空格。

第三，宏替换只作替换，不做计算，不做表达式求解。

第四，函数调用在编译后程序运行时进行，并且分配内存。宏替换在编译前进行，不分配内存。

第五，宏展开使源程序变长，函数调用不会。

第六，宏展开不占运行时间，只占编译时间，函数调用占运行时间(分配内存、保留现场、值传递、返回值)。

双击桌面上的“Dev–C++”桌面快捷图标，打开 Dev–C++ 集成开发环境，然后单击菜单栏中的“文件 / 新建 / 源文件”命令（快捷键：Ctrl+N），新建一个源文件，并命名为“C10–2.c”，然后输入如下代码：

```
#include <stdio.h>
#define SQ(y)  ((y)*(y))
int main()
{
     int i=1;
     while(i<10)
    {
          printf("%d*%d= %d\n", i-2,i-1, SQ(i++));
     }
}
```

需要注意的是，宏调用只是简单的字符串替换，SQ(i++) 会被替换为 ((i++)*(i++))，这样每循环一次 i 的值增加 2。

单击菜单栏中的“运行 / 编译运行”命令（快捷键：F11），运行程序，效果如图 10.4 所示。

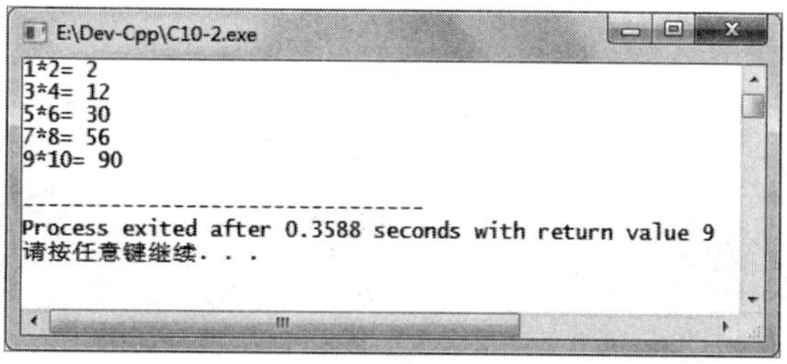

图 10.4　带参数的宏定义

下面再举一个带参数的宏定义例子。双击桌面上的“Dev–C++”桌面快捷图标，打开 Dev–C++ 集成开发环境，然后单击菜单栏中的“文件 / 新建 / 源文件”命令（快捷键：Ctrl+N），新建一个源文件，并命名为“C10–3.c”，然后输入如下代码：

```
#include <stdio.h>
/* 带参数的宏定义 */
```

```
#define MAX(a,b) (a>b)?a:b
main()
{
int x,y,max;
printf("请输入两个数（空格为分隔符）:");
scanf("%d %d",&x,&y);
/* 宏调用 */
max=MAX(x,y);
printf("两个数中较大的数是: %d\n",max);
}
```

单击菜单栏中的“运行 / 编译运行”命令（快捷键：F11），运行程序，提醒“请输入两个数（空格为分隔符）”，在这里输入“10 16”，然后回车，如图 10.5 所示。

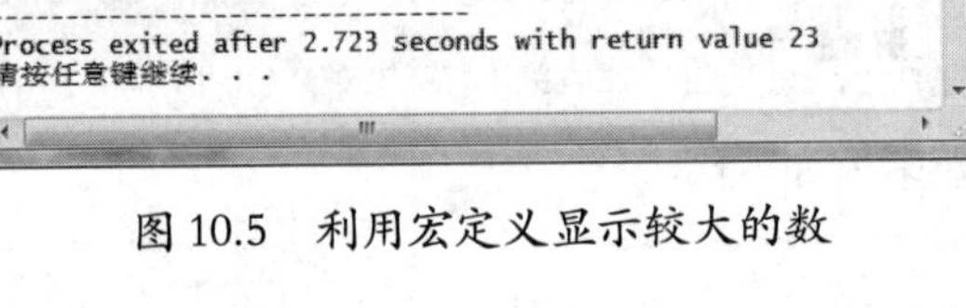

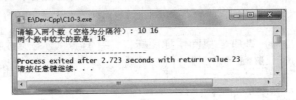

图 10.5　利用宏定义显示较大的数

10.2.3　预定义宏

C 定义了许多宏。在编程中可以使用这些宏，但是不能直接修改这些预定义的宏。预定义宏具体如下：

__DATE__：返回当前日期，一个以 "MMM DD YYYY" 格式表示的字符常量。

__TIME__：返回当前时间，一个以 "HH:MM:SS" 格式表示的字符常量。

__FILE__ ：当前文件名及文件的位置，一个字符串常量。

双击桌面上的“Dev-C++”桌面快捷图标，打开 Dev-C++ 集成开发环境，然后单击菜单栏中的“文件 / 新建 / 源文件”命令（快捷键：Ctrl+N），新建一个源文件，并命名为“C10-4.c”，然后输入如下代码：

```
#include <stdio.h>
main()
{
   printf("当前文件名及文件位置:%s\n", __FILE__ );
   printf("当前的日期:%s\n", __DATE__ );
   printf("当前的时间:%s\n", __TIME__ );
}
```

单击菜单栏中的“运行 / 编译运行”命令（快捷键：F11），运行程序，如图 10.6 所示。

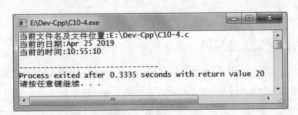

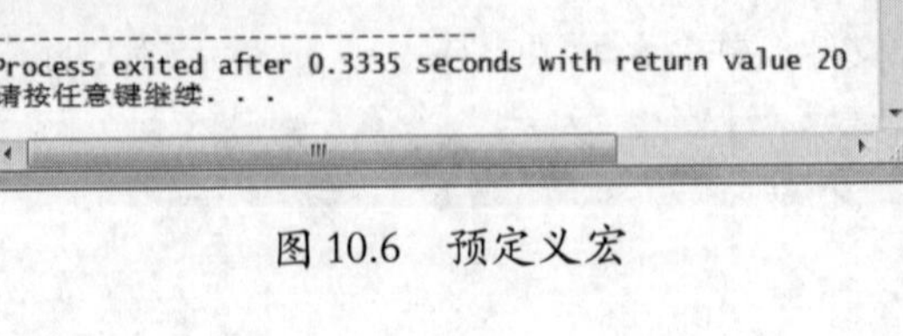

图 10.6　预定义宏

10.2.4 预处理器的运算符

C 预处理器提供 4 个运算符来帮助创建宏，分别是宏延续运算符（\）、字符串常量化运算符（#）、标记粘贴运算符（##）、defined() 运算符。下面进行具体讲解。

1. 宏延续运算符（\）

一个宏通常写在一个单行上。如果宏太长，一个单行容纳不下，则使用宏延续运算符（\），例如：

```
#define  message_box(a, b)  \
    printf(#a "和" #b ": 你俩人太牛了! \n")
```

2. 字符串常量化运算符（#）

在宏定义中，当需要把一个宏的参数转换为字符串常量时，则使用字符串常量化运算符（#）。

双击桌面上的“Dev-C++”桌面快捷图标，打开 Dev-C++ 集成开发环境，然后单击菜单栏中的“文件 / 新建 / 源文件”命令（快捷键：Ctrl+N），新建一个源文件，并命名为“C10-5.c”，然后输入如下代码：

```
#include <stdio.h>
#define  message_box(a, b)  \
    printf(#a "和" #b ": 你俩人太牛了! \n")
int main()
{
  message_box(周涛, 李平);
   return 0;
}
```

单击菜单栏中的“运行 / 编译运行”命令（快捷键：F11），运行程序，如图 10.7 所示。

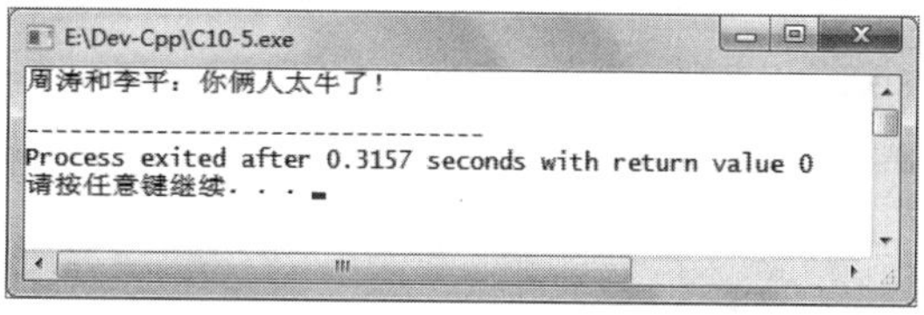

图 10.7　字符串常量化运算符(#)

3. 标记粘贴运算符（##）

宏定义内的标记粘贴运算符（##）会合并两个参数。它允许在宏定义中两个独立的标记被合并为一个标记。

双击桌面上的“Dev-C++”桌面快捷图标，打开 Dev-C++ 集成开发环境，然后单击菜单栏中的“文件 / 新建 / 源文件”命令（快捷键：Ctrl+N），新建一个源文件，并命名为“C10-6.c”，然后输入如下代码：

```
#include <stdio.h>
#define myp(n) printf ("mynum" #n " = %d", mynum##n)
```

```
int main(void)
{
    int mynum12 = 89;
    myp(12);
}
```

单击菜单栏中的“运行 / 编译运行”命令（快捷键：F11），运行程序，如图 10.8 所示。

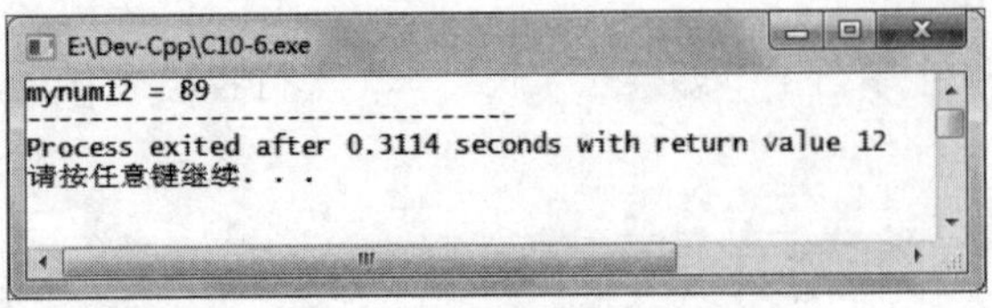

图 10.8　标记粘贴运算符（##）

4. defined() 运算符

defined 运算符是用在常量表达式中的，用来确定一个标识符是否已经使用 #define 定义过。如果指定的标识符已定义，则值为真（非零）。如果指定的标识符未定义，则值为假（零）。

双击桌面上的“Dev-C++”桌面快捷图标，打开 Dev-C++ 集成开发环境，然后单击菜单栏中的“文件 / 新建 / 源文件”命令（快捷键：Ctrl+N），新建一个源文件，并命名为“C10-7.c”，然后输入如下代码：

```
#include <stdio.h>
#if !defined (MESSAGE)
    #define MESSAGE "程序正在运行！"
#endif

int main(void)
{
    printf("提示信息是：%s\n", MESSAGE);
}
```

单击菜单栏中的“运行 / 编译运行”命令（快捷键：F11），运行程序，如图 10.9 所示。

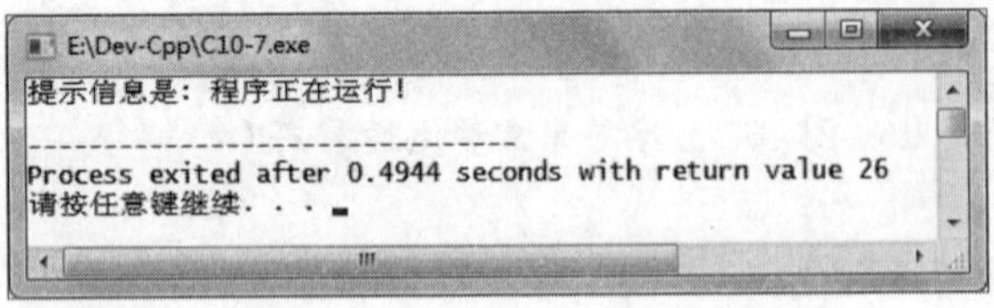

图 10.9　defined() 运算符

10.3　文件包含

文件包含是 C 语言预处理程序的另一个重要功能。文件包含命令的功能是把指定的文件插入该命令行位置取代该命令行，从而把指定的文件和当前的源程序文件连成一个源文件。

在 C 语言程序设计中，文件包含是很有用的。一个大的程序可以分为多个模块，由多个程序员分别编程，有些公用的符号常量或宏定义等可单独组成一个文件，在其他文件的开头用包含命令包含该文件即可使用。这样，可避免在每个文件开头都去书写那些公用量，从而节省时间，并减少出错。

10.3.1　文件包含的格式

在 C 语言中，文件包含的语法格式如下：

```
#include "文件名"
或者
#include <文件名>
```

#include " 文件名 " 是在包含当前文件的目录中搜索文件，如果没有找到，则再到系统指定的目录下查找。

#include < 文件名 > 是在系统指定的目录下查找。Dev-C++ 软件的系统指定的目录为“E:\Dev-Cpp\MinGW64\x86_64-w64-mingw32\include”，注意 Dev-C++ 软件安装目录为“E:\Dev-Cpp”，如图 10.10 所示。

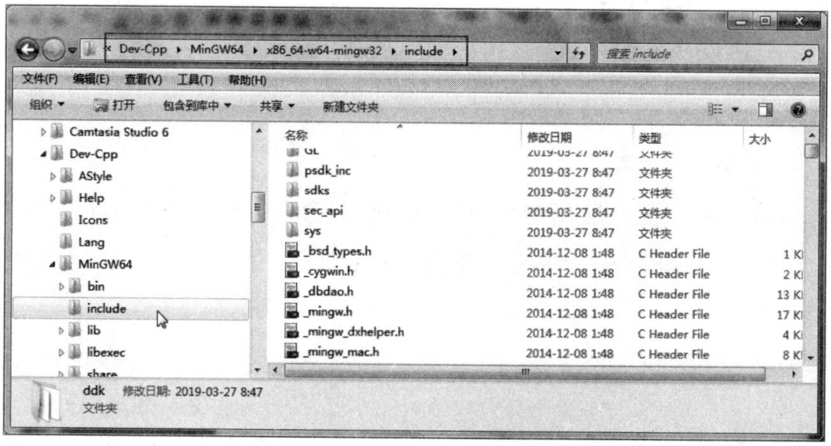

图 10.10　系统指定的目录

被包含的文件又称为“标题文件”或“头部文件”“头文件”，并且常用 .h 作扩展名。

10.3.2　文件包含的运用

#include 指令会指示 C 预处理器浏览指定的文件作为输入。预处理器的输出包含了已经生成的输出，被引用文件生成的输出以及 #include 指令之后的文本输出。

首先编写要包含的文件。双击桌面上的“Dev-C++”桌面快捷图标，打开 Dev-C++

集成开发环境，然后单击菜单栏中的“文件 / 新建 / 源文件”命令（快捷键：Ctrl+N），新建一个源文件，并命名为“init.c”，然后输入如下代码：

```
int a = 2, b=0 ;
printf("a=%d,b=%d\n",a,++b) ;
```

接下来编写主程序文件。单击菜单栏中的“文件 / 新建 / 源文件”命令（快捷键：Ctrl+N），新建一个源文件，并命名为“C10-8.c”，然后输入如下代码：

```
#include <stdio.h>
int main()
{
   int a = 10, b=3 ;
   {
         #include "init.c"                              // 文件包含
         a++ ;
   }
   b= b+5 ;
   printf("a=%d,b=%d\n",a,b) ;
}
```

需要注意的是，文件“init.c”和“C10-8.c”都保存在“E:\Dev-Cpp”文件夹中。

单击菜单栏中的“运行 / 编译运行”命令（快捷键：F11），运行程序，如图 10.11 所示。

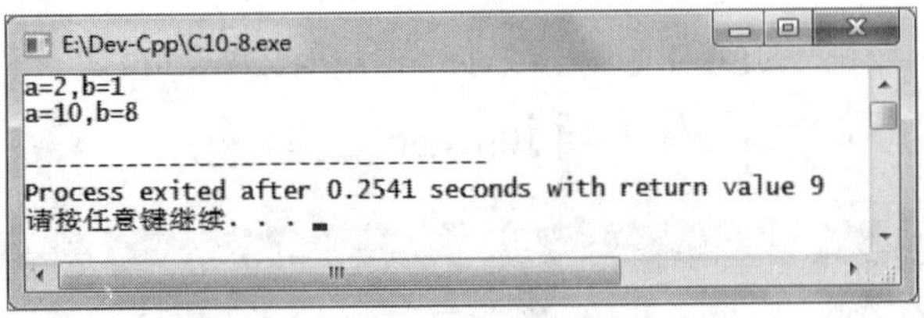

图 10.11　文件包含的运用

分析程序解释，具体如下。

第一，main() 主函数中使用 #include 命令行包含了一个名为“init.c”的源文件。预编译时，上述源文件的全部内容将复制到这一命令行所在的位置，形成新的源程序，代码如下：

```
#include <stdio.h>
int main()
{
   int a = 10, b=3 ;
   {
         int a = 2, b=0 ;
printf("a=%d,b=%d\n",a,++b) ;
         a++ ;
   }
   b= b+5 ;
   printf("a=%d,b=%d\n",a,b) ;
}
```

第二，源程序的主函数 main() 中定义了局部变量 a 和 b，分别赋值为 10 和 3，它们的作用域是整个主函数，但不包含复合语句体。因为在复合语句体内定义了同名变量 a 和 b，并赋有初值分别为 2 和 0。

第三，在复合语句体内，a=2，而 b=0，所以在复合语句体内，显示 a=2，b=1。因为这里出现的是 ++b。

第四，跳出复合语句体后，复合语句体中的变量 a 和 b 就不再起作用，起作用的是 a=10，b=3。这时 b=b+5，所以 b 值为 8，这时显示的是 a=10，b=8。

10.4 条件编译

预处理程序提供了条件编译的功能，即可以按不同的条件去编译不同的程序部分，因而产生不同的目标代码文件，这对于程序的移植和调试是很有用的。条件编译有 3 种格式，分别是 #if 命令、#ifdef 命令、#ifndef 命令，如图 10.12 所示。

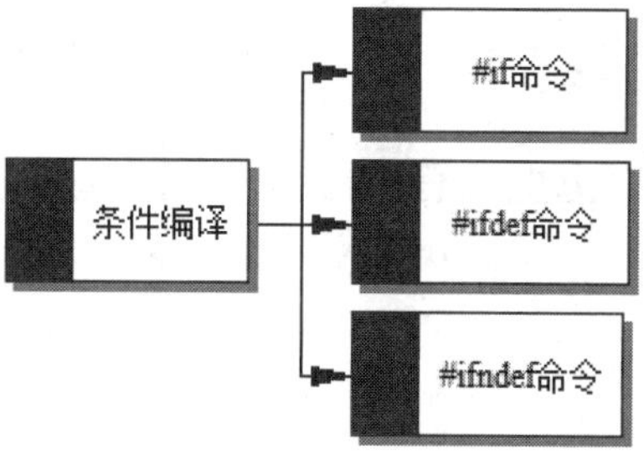

图 10.12　条件编译

10.4.1 #if 命令

#if 命令的语法格式如下：

```
#if 整型常量表达式 1
    程序段 1
#elif 整型常量表达式 2
    程序段 2
#elif 整型常量表达式 3
    程序段 3
#else
    程序段 4
#endif
```

如果“表达式 1”的值为真(非 0)，就对“程序段 1”进行编译，否则就计算“表达式 2”。如果结果为真就对“程序段 2”进行编译，为假就继续往下匹配，直到遇到值为真的表达式，或者遇到 #else。这一点与 if else 语句非常相似。

需要注意的是，#if 命令要求判断条件为“整型常量表达式”，也就是说，表达式中不能包含变量，而且结果必须是整数。而 if 后面的表达式没有限制，只要符合语法就行。这是 #if 和 if 的一个重要区别。

双击桌面上的“Dev-C++”桌面快捷图标，打开 Dev-C++ 集成开发环境，然后单击菜单栏中的“文件 / 新建 / 源文件”命令（快捷键：Ctrl+N），新建一个源文件，并命名为“C10-9.c”，然后输入如下代码：

```
#include <stdio.h>
int main()
{
    #if _WIN32
        printf("你使用的是 windows 操作系统 !\n");
    #elif __linux__
        printf("你使用的是 linux 操作系统 !\n");
    #else
           printf("你使用的是 macOS 操作系统 !\n");
    #endif
}
```

单击菜单栏中的“运行 / 编译运行”命令（快捷键：F11），运行程序，如图 10.13 所示。

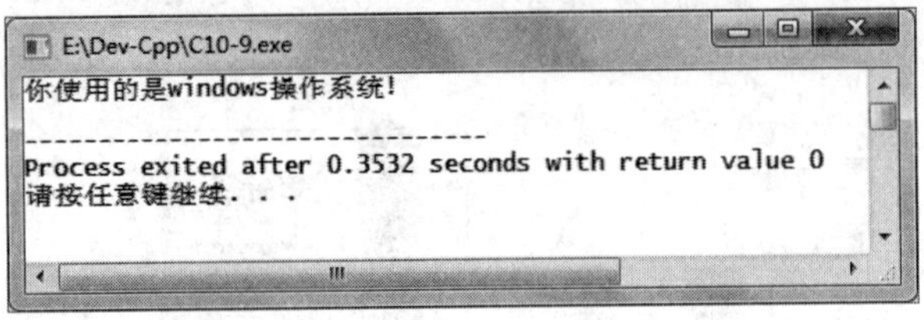

图 10.13　#if 命令

10.4.2　#ifdef 命令

#ifdef 命令的语法格式如下：

```
#ifdef  宏名
    程序段 1
#else
    程序段 2
#endif
```

如果当前的宏已被定义过，则对“程序段 1”进行编译，否则就对“程序段 2”进行编译。

双击桌面上的“Dev-C++”桌面快捷图标，打开 Dev-C++ 集成开发环境，然后单击菜单栏中的“文件 / 新建 / 源文件”命令（快捷键：Ctrl+N），新建一个源文件，并命名为“C10-10.c”，然后输入如下代码：

```
#include <stdio.h>
#define  H1  5
#define  H2  H1+1
#define  H3  H2*H2
int main()
{
   #ifdef  H3
           int s=0,k=H3 ;
           while (k--)
           {
                  s++ ;
```

```
                printf("s=%d\n",s) ;
            }
    #else
            printf("宏 H3 没有定义！ ") ;
    #endif
}
```

在这里 H1=5，H2=5+1=6，H3=H1+1*H1+1=5+5+1=11。

单击菜单栏中的“运行 / 编译运行”命令（快捷键：F11），运行程序，如图 10.14 所示。

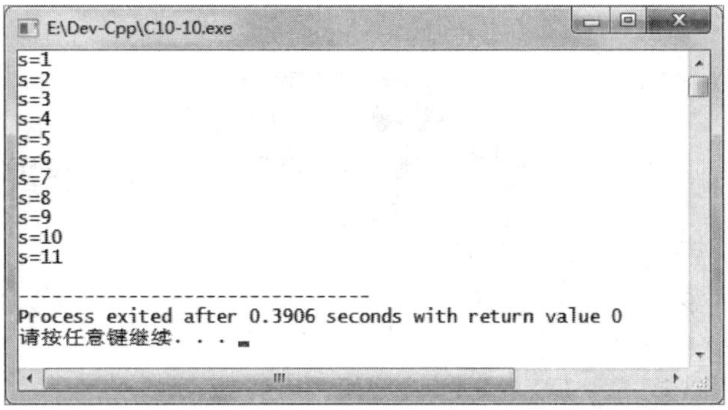

图 10.14　#ifdef 命令

10.4.3　#ifndef 命令

#ifndef 命令的语法格式如下：

```
#ifndef  宏名
    程序段 1
#else
    程序段 2
#endif
```

如果当前的宏没有被定义过，则对“程序段 1”进行编译，否则对“程序段 2”进行编译。

双击桌面上的“Dev-C++”桌面快捷图标，打开 Dev-C++ 集成开发环境，然后单击菜单栏中的“文件 / 新建 / 源文件”命令（快捷键：Ctrl+N），新建一个源文件，并命名为“C10-11.c”，然后输入如下代码：

```
#include <stdio.h>
#define SQR(x)   x*x
#define  ADD(a,b)   a+b
int main()
{
    #ifndef ADD
            printf("ADD 宏没有定义！ ") ;
    #else
            int a=2,b=3,c ;
            c = ADD(SQR(a),SQR(b)) ;
            printf("c=%d\n",c) ;
    #endif
}
```

单击菜单栏中的“运行 / 编译运行”命令（快捷键：F11），运行程序，如图 10.15 所示。

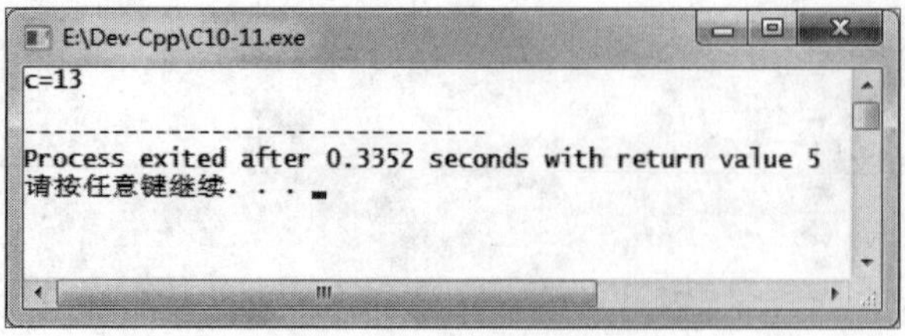

图 10.15 #ifndef 命令

如果修改一下代码，就会有不同的显示结果，具体代码如下：

```
#ifndef ADD1
          printf("ADD1 宏没有定义！ ") ;
```

即把 ADD 改为 ADD1，这样定义的宏就不存在，就会显示“ADD1 宏没有定义！”，如图 10.16 所示。

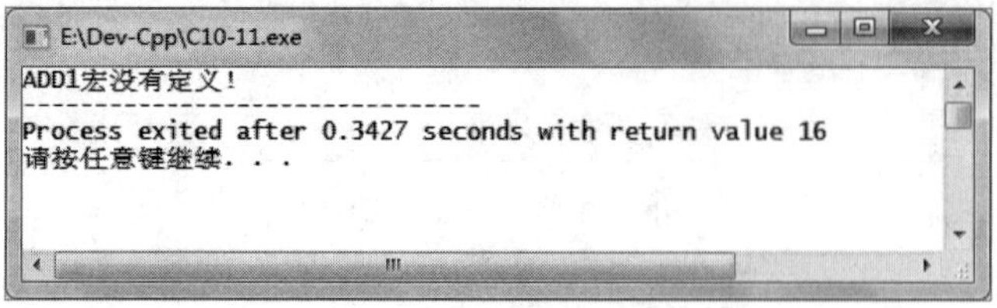

图 10.16 ADD1 宏没有定义

10.5 实例：编写一个带参数的宏，实现两个数的交换

双击桌面上的“Dev-C++”桌面快捷图标，打开 Dev-C++ 集成开发环境，然后单击菜单栏中的“文件 / 新建 / 源文件”命令（快捷键：Ctrl+N），新建一个源文件，并命名为“C10-12.c”，然后输入如下代码：

```
#include <stdio.h>
#define  EXCH(x,y,t)  {t=x;x=y;y=t;}
int main()
{
   int a,b,c;
   a=10;
   b=15;
   printf("交换之前,a=%d,b=%d\n",a,b);
   EXCH(a,b,c) ;
   printf("交换之后,a=%d,b=%d\n",a,b);
}
```

单击菜单栏中的“运行 / 编译运行”命令（快捷键：F11），运行程序，如图 10.17 所示。

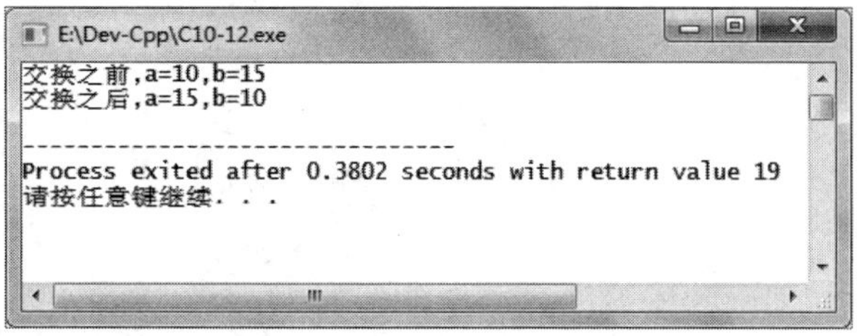

图 10.17　编写一个带参数的宏实现两个数的交换

10.6　内存管理

在 C 语言程序设计中，如果预先知道数组的大小，那么定义数组时就比较容易。例如，一个存储学生姓名的数组，最多容纳 80 个字符，具体定义代码如下：

```
char  name[80];
```

但是，如果预先不知道需要存储的文本长度，例如存储教师给一个学生的评语，在这里，就需要定义一个指针，该指针指向未定义所需内存大小的字符，后面再根据需求来分配内存。

10.6.1　内存动态分配常用库函数

内存动态分配常用库函数都在 stdlib.h 头文件中，要使用这些函数，要先包含该头文件。

内存动态分配常用库函数及意义如下。

void *calloc(int num，int size)：在内存中动态地分配 num 个长度为 size 的连续空间，并将每个字节都初始化为 0。所以它的结果是分配了 num*size 字节长度的内存空间，并且每个字节的值都是 0。

void free(void *address)：释放 address 所指向的内存块，释放的是动态分配的内存空间。

void *malloc(int num)：在堆区分配一块指定大小的内存空间，用来存放数据。这块内存空间在函数执行完成后不会被初始化，它们的值是未知的。

void *realloc(void *address，int newsize)：该函数重新分配内存，把内存扩展到 newsize。

> **提醒：** void * 类型表示未确定类型的指针。

10.6.2　动态分配内存

双击桌面上的“Dev-C++”桌面快捷图标，打开 Dev-C++ 集成开发环境，然后单击菜单栏中的“文件 / 新建 / 源文件”命令（快捷键：Ctrl+N），新建一个源文件，并命名为“C10-13.c”，然后输入如下代码：

```
#include <stdio.h>
#include <stdlib.h>
#include <string.h>
int main()
{
   char name[100];
   char *remark;
   strcpy(name, "张亮");
   /* 动态分配内存 */
   remark = (char *)malloc( 200 * sizeof(char));
   remark = "张亮是一个好学生，成绩在班内是第三名！" ;
   printf("学生的姓名:%s\n", name );
   printf("学生的评语: %s\n", remark );
}
```

在这里，remark 是一个字符型指针变量，要给它赋值，就要给它动态分配内存，否则直接赋值就会报错。这里是利用 mallco() 函数来动态分配内存的，大小为 200 × sizeof(char)。

单击菜单栏中的“运行 / 编译运行”命令（快捷键：F11），运行程序，如图 10.18 所示。

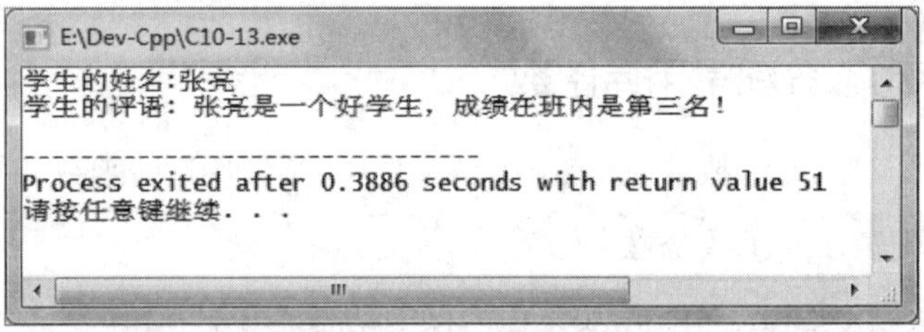

图 10.18　动态分配内存

下面进一步举例，讲解内存动态的分配。双击桌面上的“Dev-C++”桌面快捷图标，打开 Dev-C++ 集成开发环境，然后单击菜单栏中的“文件 / 新建 / 源文件”命令（快捷键：Ctrl+N），新建一个源文件，并命名为“C10-14.c”，然后输入如下代码：

```
#include <stdio.h>
#include <stdlib.h>
int main()
{
    int *p1,*p2,s ;
    p1 = (int *)malloc(sizeof(int)) ;
    p2 = (int *)calloc(1,4) ;
    *p1 = 10;
    *p2 = 16 ;
    s = *p1 +*p2 ;
    printf("*p1=%d\n",*p1) ;
    printf("*p2=%d\n",*p2) ;
    printf("s=*p1+*p2 =%d\n",s) ;
 }
```

这里定义两个整型指针，然后分别利用 malloc() 函数和 calloc() 函数来动态分配内存。

单击菜单栏中的“运行 / 编译运行”命令（快捷键：F11），运行程序，如图 10.19 所示。

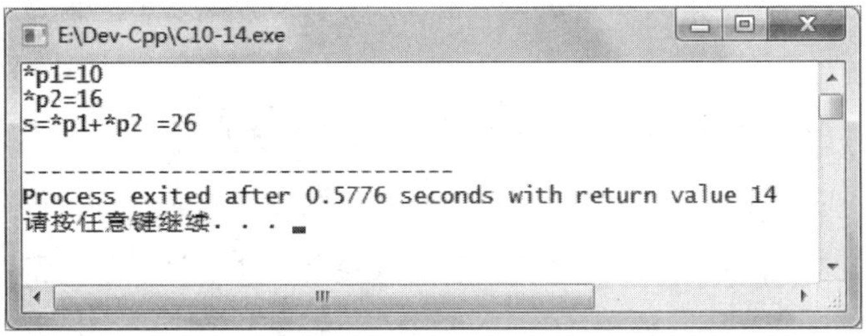

图 10.19　内存动态的分配

10.6.3　重新调整内存的大小和释放内存

当程序退出时，操作系统会自动释放所有分配给程序的内存，但是，建议在不需要内存时，都应该调用函数 free() 来释放内存。或者，可以通过调用函数 realloc() 来增加或减少已分配的内存块的大小。

双击桌面上的“Dev-C++”桌面快捷图标，打开 Dev-C++ 集成开发环境，然后单击菜单栏中的“文件 / 新建 / 源文件”命令（快捷键：Ctrl+N），新建一个源文件，并命名为“C10-15.c”，然后输入如下代码：

```
#include <stdio.h>
#include <stdlib.h>
#include <string.h>
int main()
{
   char name[100];
   char *remark;
   while (1)
   {
           printf("请输入学生的姓名：") ;
           scanf("%s",name) ;
           if (strcmp(name,"9999")==0)
           {
                   break;
           }
           //动态分配内存
           remark = (char *)malloc( 30 * sizeof(char) );
           printf("请输入学生的评语：" ) ;
           scanf("%s",remark) ;
           //修改分配的内存块的大小
           remark= (char *) realloc( remark, 100 * sizeof(char) );
           printf("学生的姓名 :%s\n", name );
           printf("学生的评语 : %s\n\n", remark );
   }
   /* 使用 free() 函数释放内存 */
   free(remark);
}
```

在主函数中定义一个字符型数组和字符型指针，然后定义一个 while 死循环，跳出循环的条件是输入的 name 变量值为“9999”。

在 while 循环内，首先动态输入学生的姓名，然后给字符型指针变量动态分配内存，接着动态输入学生的评语。担心分配的内存空间小，又利用 realloc() 函数修改分配的内存块的大小。

接着显示学生的姓名和评语，最后利用 free() 函数释放内存。

单击菜单栏中的“运行 / 编译运行”命令（快捷键：F11），运行程序，提醒“请输入学生的姓名”，这里输入“周涛”，然后回车，又提醒“输入学生的评语”，这里输入“学习成绩很好，全班第一！”，然后回车，如图 10.20 所示。

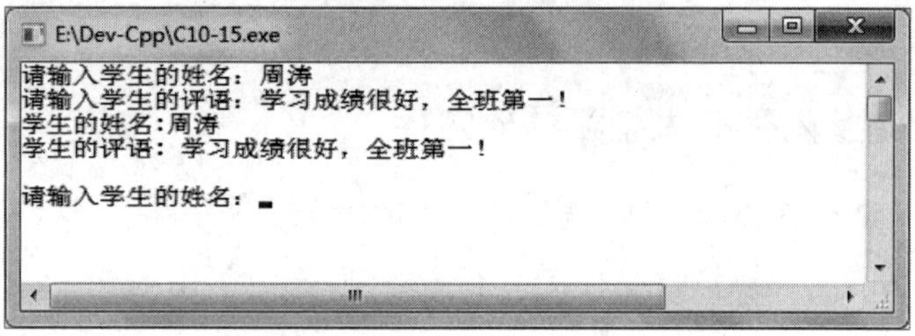

图 10.20　学生的姓名及评语

这时提醒“请输入学生的姓名”，这里输入“李平”，然后回车，又提醒“请输入学生的评语”，这里输入“学习成绩很差，全班倒数第三！”，然后回车，如图 10.21 所示。

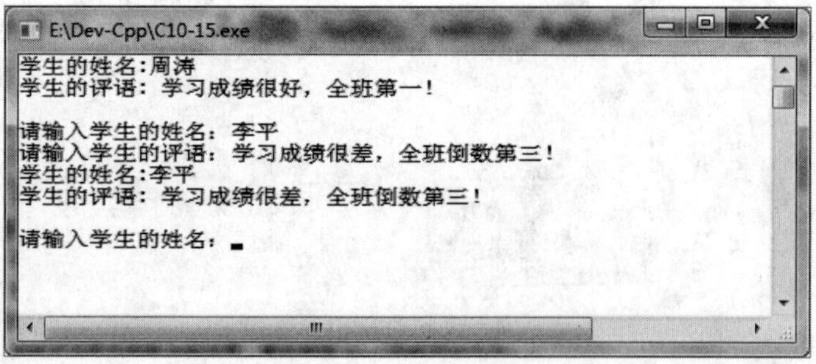

图 10.21　其他学生的姓名及评语

这时提醒“请输入学生的姓名”，这样就可以反复输入，直到将学生姓名输入“9999”，然后回车，才会退出程序，如图 10.22 所示。

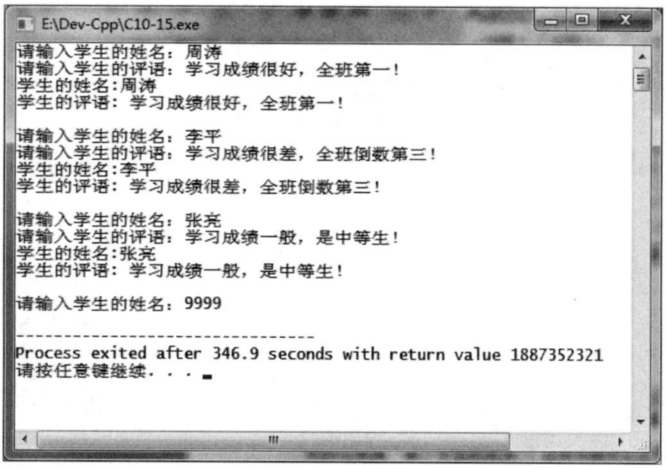
E:\Dev-Cpp\C10-15.exe
请输入学生的姓名：周涛
请输入学生的评语：学习成绩很好，全班第一！
学生的姓名:周涛
学生的评语：学习成绩很好，全班第一！
请输入学生的姓名：李平
请输入学生的评语：学习成绩很差，全班倒数第三！
学生的姓名:李平
学生的评语：学习成绩很差，全班倒数第三！
请输入学生的姓名：张亮
请输入学生的评语：学习成绩一般，是中等生！
学生的姓名:张亮
学生的评语：学习成绩一般，是中等生！
请输入学生的姓名：9999

Process exited after 346.9 seconds with return value 1887352321
请按任意键继续. . .

图 10.22　退出程序

第 11 章

C 语言的复合结构

C 语言的复合结构有 5 种，分别是结构体、位域、枚举、共用体和用户定义类型。本章具体讲解这 5 种复合结构。

本章主要内容包括：

- 结构体的定义
- 结构体变量的定义、赋初值和输出
- 结构体数组
- 结构体与指针
- 结构体作为函数的形式参数
- 位域的定义和无名位域
- 位域变量的定义、赋初值和输出
- 枚举的定义和遍历枚举元素
- 枚举变量的定义、赋初值并显示
- 实例：选择喜欢的颜色
- 共用体的定义和共用体变量的定义
- 输出共用体成员变量
- 用户定义类型

11.1 初识结构体

结构体与数组类似，都是由若干元素组成。与数组不同的是，结构体的成员可以是不同类型，还可以通过成员名来访问结构体的元素。

11.1.1 结构体的定义

结构体的定义说明了它的组成成员，以及每个成员的数据类型，其语法格式如下：

```
struct 结构类型名
{
数据类型   成员名 1;
数据类型   成员名 2;
……
数据类型   成员名 n;
};
```

例如：

```
    struct  worker
    {
            int    num ;                              //编号
            char   *name ;                            //姓名
            char   *sex ;                             //性别
            float  wages ;                            //工资
    } ;
```

下面对上述结构体进行说明：

第一，struct 是结构体类型的关键字；worker 是说明这一结构体时的标识名，标识名可以缺省；struct 和 worker 合在一起，才能代表这一结构体类型的类型名。

第二，num、name、sex、wages 都是结构成员名。需要注意的是，结构成员名不仅可以是简单类型，也可以是结构体类型。

第三，在进行上述类型说明后，仅仅表明这种模型的存在，系统并没有为其分配存储空间。因此，不能对这一类型进行赋值和运算。要使用上述结构体，还必须用类型名去定义实例，即定义变量或数组。

11.1.2 结构体变量的定义

结构体变量的定义有如下 3 种方式。

第一，紧跟在结构体类型说明之后，进行定义，具体如下：

```
    struct  worker
    {
```

```
        int    num ;                                   //编号
        char   *name ;                                 //姓名
        char   *sex ;                                  //性别
        float  wages ;                                 //工资
    } worker1,worker2 ;
```

第二，先说明结构体，再用结构体类型名单独进行定义，具体如下：

```
struct  worker  worker3  ;
```

需要注意的是，如下两种定义方式都是错误的：

```
struct    worker4  ;                                   //错误
worker    worker5  ;                                   //错误
```

第三，先利用 typedef 说明类型名，再用新类型名单独进行定义，具体代码如下：

```
typedef struct  worker
    {
        int    num ;                                   //编号
        char   *name ;                                 //姓名
        char   *sex ;                                  //性别
        float  wages ;                                 //工资
    } BB ;
BB   worker6  ;
```

11.1.3 结构体变量的赋初值

可以在定义结构体时，同时定义结构体变量并赋初值，具体如下：

```
struct  worker
    {
        int    num ;                                   //编号
        char   *name ;                                 //姓名
        char   *sex ;                                  //性别
        float  wages ;                                 //工资
    }  worker1, worker2 ={111,"李红","女",5600.0} ;
```

还可以通过结构体变量名.成员名给结构体成员赋值，具体代码如下：

```
    worker1.num = 112 ;
    worker1.*name = "周亮" ;
    worker1.*sex =  "男" ;
    worker1.wages = 6800.0 ;
```

结构体变量的赋初值要注意以下几点：

第一，所赋初值的类型要与成员的类型相对应。

第二，不可以跳过前面的成员，给后面的成员赋初值。

第三，初值的个数少于成员个数时，未得到初值的成员被自动赋以零值。

11.1.4 结构体变量的输出

在 C 语言中，利用结构体变量名.成员名的方式输出结构体变量，下面举例说明。

双击桌面上的“Dev-C++”桌面快捷图标，打开 Dev-C++ 集成开发环境，然后单击菜单栏中的“文件 / 新建 / 源文件”命令（快捷键：Ctrl+N），新建一个源文件，并命名为“C11-1.c”，然后输入如下代码。

```
#include <stdio.h>
int main()
{
struct  worker
    {
            int    num ;                                    // 编号
            char   *name ;                                  // 姓名
            char   *sex ;                                   // 性别
            float  wages ;                                  // 工资
    }  worker1, worker2 ={111,"李红","女",5600.0} ;
    worker1.num = 112 ;
    worker1.name = "周亮" ;
    worker1.sex = "男" ;
    worker1.wages = 6800.0 ;
    printf("编号\t姓名\t性别\t工资\n" ) ;
    printf("%d\t%s\t%s\t%f\n",worker1.num,worker1.name,worker1.sex,worker1.
wages) ;
    printf("%d\t%s\t%s\t%f\n",worker2.num,worker2.name,worker2.sex,worker2.
wages) ;
 }
```

单击菜单栏中的“运行/编译运行”命令（快捷键：F11），运行程序，效果如图 11.1 所示。

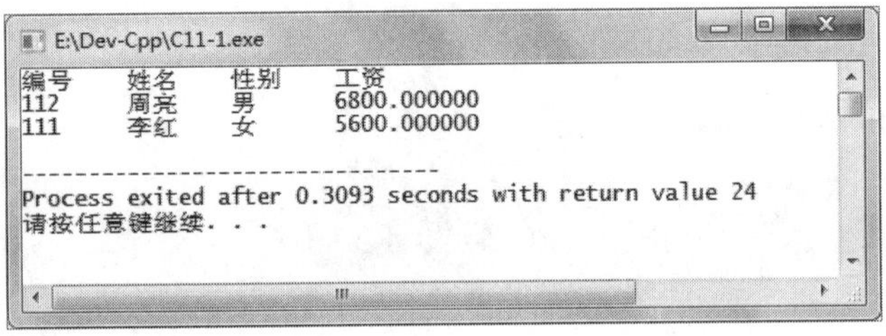

图 11.1　结构体变量的输出

11.2　结构体数组

结构体数组是一个数组，其数组的每一个元素都是结构体类型。在实际应用中，经常用结构体数组来表示具有相同数据结构的一个群体，如一个班的学生档案，一个车间职工的工资表等。例如：

```
struct  worker
    {
            int    num ;                                    // 编号
            char   *name ;                                  // 姓名
            char   *sex ;                                   // 性别
            float  wages ;                                  // 工资
    }  worker1[8] ;
```

这里表示一个车间职工有 8 个工人。

在定义的同时还可以赋初值，具体代码如下：

```
struct  worker
```

```
    {
            int    num ;                              // 编号
            char   *name ;                            // 姓名
            char   *sex ;                             // 性别
            float  wages ;                            // 工资
    }  worker1[8] =
    {
            {11,"张平","男",5600},
            {12,"周红","女",5680},
            {13,"李晓波","男",5590},
            {14,"王群","男",5690},
            {15,"赵平","男",5780},
            {16,"陈艳","女",5600},
            {17,"陈思可","女",5900},
            {18,"周元","男",5600}
    };
```

在这里需要注意的是，如果对结构体数组中全部元素赋值，那么也可不给出数组长度。

11.2.1 显示结构体数组中的元素

双击桌面上的“Dev-C++”桌面快捷图标，打开 Dev-C++ 集成开发环境，然后单击菜单栏中的“文件 / 新建 / 源文件”命令（快捷键：Ctrl+N），新建一个源文件，并命名为“C11-2.c”，然后输入如下代码：

```
    #include <stdio.h>
    int main()
    {
        int i ;
        struct  worker
        {
            int    num ;                              // 编号
            char   *name ;                            // 姓名
            char   *sex ;                             // 性别
            float  wages ;                            // 工资
        }  worker1[8] =
        {
            {11,"张平","男",5600},
            {12,"周红","女",5680},
            {13,"李晓波","男",5590},
            {14,"王群","男",5690},
            {15,"赵平","男",5780},
            {16,"陈艳","女",5600},
            {17,"陈思可","女",5900},
            {18,"周元","男",5600}
        };
        printf("编号\t姓名\t性别\t工资\n") ;
        for (i=0; i<8; i++)
        {
        printf("%d\t%s\t%s\t%f\n",worker1[i].num,worker1[i].name,worker1[i].
sex,worker1[i].wages) ;
        }
    }
```

单击菜单栏中的“运行 / 编译运行”命令（快捷键：F11），运行程序，效果如图 11.2 所示。

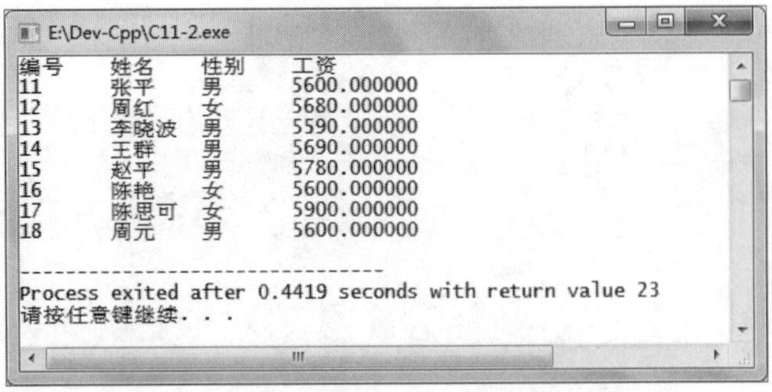

图 11.2　显示结构体数组中的元素

11.2.2　求所有职工的工资总和及平均工资

双击桌面上的“Dev-C++”桌面快捷图标，打开 Dev-C++ 集成开发环境，然后单击菜单栏中的“文件 / 新建 / 源文件”命令（快捷键：Ctrl+N），新建一个源文件，并命名为“C11-3.c”，然后输入如下代码：

```
#include <stdio.h>
int main()
{
    int i ;
    float avg, sum =0 ;
    struct  worker
    {
            int   num ;                              // 编号
            char  *name ;                            // 姓名
            char  *sex ;                             // 性别
            float  wages ;                           // 工资
    }  worker1[8] =
    {
            {11," 张平 "," 男 ",5600},
            {12," 周红 "," 女 ",5680},
            {13," 李晓波 "," 男 ",5590},
            {14," 王群 "," 男 ",5690},
            {15," 赵平 "," 男 ",5780},
            {16," 陈艳 "," 女 ",5600},
            {17," 陈思可 "," 女 ",5900},
            {18," 周元 "," 男 ",5600}
    };
     for (i=0; i<8; i++)
     {
            sum = sum + worker1[i].wages ;
     }
     avg = sum/8 ;
     printf(" 所有职工的工资总和是：%f\n",sum) ;
     printf(" 所有职工的平均工资是：%f\n",avg) ;
}
```

单击菜单栏中的“运行 / 编译运行”命令（快捷键：F11），运行程序，效果如图 11.3 所示。

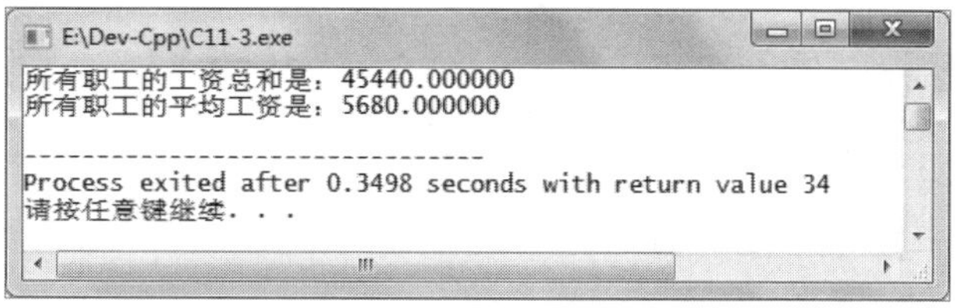

图 11.3　求所有职工的工资总和及平均工资

11.2.3　显示所有男性职工的信息及其平均工资

双击桌面上的“Dev−C++”桌面快捷图标，打开 Dev−C++ 集成开发环境，然后单击菜单栏中的“文件 / 新建 / 源文件”命令（快捷键：Ctrl+N），新建一个源文件，并命名为“C11−4.c”，然后输入如下代码：

```
#include <stdio.h>
int main()
{
    int i,j=0 ;
    float avg, sum =0 ;
    struct  worker
    {
            int    num ;                          // 编号
            char   *name ;                        // 姓名
            char   *sex ;                         // 性别
            float  wages ;                        // 工资
    }  worker1[8] =
    {
            {11," 张平 "," 男 ",5600},
            {12," 周红 "," 女 ",5680},
            {13," 李晓波 "," 男 ",5590},
            {14," 王群 "," 男 ",5690},
            {15," 赵平 "," 男 ",5780},
            {16," 陈艳 "," 女 ",5600},
            {17," 陈思可 "," 女 ",5900},
            {18," 周元 "," 男 ",5600}
    };
    printf(" 编号 \t 姓名 \t 性别 \t 工资 \n" ) ;
    for (i=0; i<8; i++)
    {
            if (worker1[i].sex==" 男 ")
            {
                    printf("%d\t%s\t%s\t%f\n",worker1[i].num,worker1[i].
name,worker1[i].sex,worker1[i].wages) ;
                    sum = sum + worker1[i].wages ;          // 男性职工的工资总和
                    j++ ;    // 计算男性职工的人数
            }
    }
    avg = sum/j ;    // 男性职工的平均值
    printf(" 所有男性职工的平均工资是：%f\n",avg) ;
}
```

单击菜单栏中的“运行 / 编译运行”命令（快捷键：F11），运行程序，效果如图 11.4 所示。

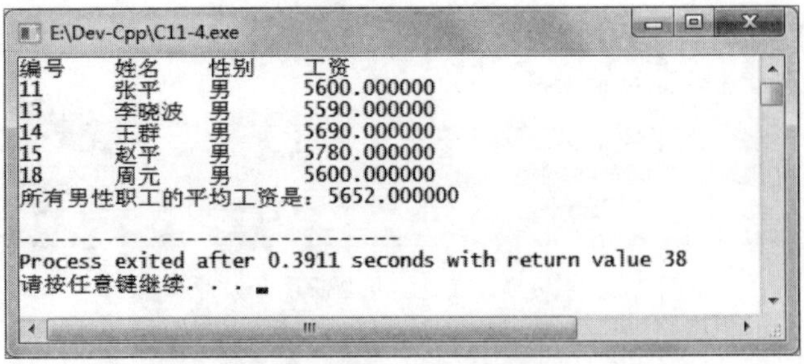

图 11.4　显示所有男性职工的信息及其平均工资

11.2.4　显示工资大于平均工资的职工信息

双击桌面上的“Dev-C++”桌面快捷图标，打开 Dev-C++ 集成开发环境，然后单击菜单栏中的“文件 / 新建 / 源文件”命令（快捷键：Ctrl+N），新建一个源文件，并命名为“C11-5.c”，然后输入如下代码：

```
#include <stdio.h>
int main()
{
    int i,j ;
    float avg, sum =0 ;
    struct  worker
    {
           int    num ;                                    // 编号
           char   *name ;                                  // 姓名
           char   *sex ;                                   // 性别
           float  wages ;                                  // 工资
    }  worker1[8] =
    {
           {11," 张平 "," 男 ",5600},
           {12," 周红 "," 女 ",5680},
           {13," 李晓波 "," 男 ",5590},
           {14," 王群 "," 男 ",5690},
           {15," 赵平 "," 男 ",5780},
           {16," 陈艳 "," 女 ",5600},
           {17," 陈思可 "," 女 ",5900},
           {18," 周元 "," 男 ",5600}
    };
    for (j=0; j<8; j++)
    {
           sum =sum + worker1[j].wages ;
    }
    avg = sum /8 ;                                         // 平均工资
     printf(" 编号 \t 姓名 \t 性别 \t 工资 \n" ) ;
     for (i=0; i<8; i++)
     {
        // 如果职工的工资大于平均工资
           if (worker1[i].wages>avg)
           {
    printf("%d\t%s\t%s\t%f\n",worker1[i].num,worker1[i].name,worker1[i].
sex,worker1[i].wages) ;
           }
    }
}
```

单击菜单栏中的“运行 / 编译运行”命令（快捷键：F11），运行程序，效果如图 11.5 所示。

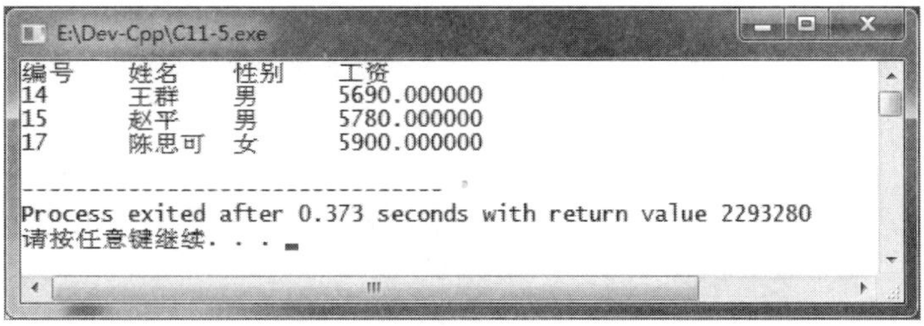

图 11.5　显示工资大于平均工资的职工信息

11.3　结构体与指针

指针也可以指向一个结构体，其语法格式如下：

```
struct 结构体名 * 变量名 ;
```

例如：

```
    struct  worker
    {
            int   num ;                                    // 编号
            char  *name ;                                  // 姓名
            char  *sex ;                                   // 性别
            float  wages ;                                 // 工资
    }  worker1 ={111,"李红","女",5600.0} ;
    // 结构体指针
    struct  worker  *p = &worker1  ;
```

需要注意的是，结构体变量名与数组名不同，数组名在表达式中会被转换为数组指针，而结构体变量名不会，无论在任何表达式中它表示的都是整个集合本身，要想取得结构体变量的地址，必须在前面加 &，所以给 p 赋值只能写作：

```
*p = &worker1
```

而不能写成：

```
*p = worker1
```

通过结构体指针可以获取结构体成员，其语法格式如下：

```
(* 变量名 ). 成员名
或
* 变量名 -> 成员名
```

下面举例说明。双击桌面上的“Dev-C++”桌面快捷图标，打开 Dev-C++ 集成开发环境，然后单击菜单栏中的“文件 / 新建 / 源文件”命令（快捷键：Ctrl+N），新建一个源文件，并命名为“C11-6.c”，然后输入如下代码。

```
#include <stdio.h>
int main()
{
    struct  worker
    {
            int    num ;                                    // 编号
            char   *name ;                                  // 姓名
            char   *sex ;                                   // 性别
            float  wages ;                                  // 工资
    }  worker1 ={111,"李红","女",5600.0} ;
    //结构体指针
    struct  worker  *p = &worker1  ;
    printf("编号\t姓名\t性别\t工资\n" ) ;
    printf("%d\t%s\t%s\t%f\n",(*p).num,(*p).name,(*p).sex,(*p).wages) ;
}
```

单击菜单栏中的“运行/编译运行”命令（快捷键：F11），运行程序，效果如图 11.6 所示。

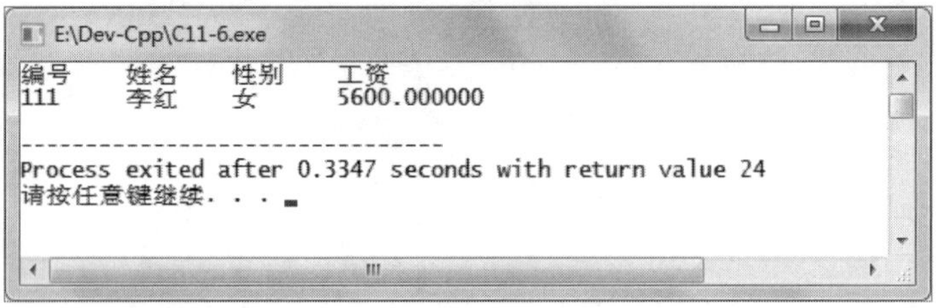

图 11.6　结构体与指针

下面利用指针显示结构体数组中的元素。双击桌面上的“Dev-C++”桌面快捷图标，打开 Dev-C++ 集成开发环境，然后单击菜单栏中的“文件/新建/源文件”命令（快捷键：Ctrl+N），新建一个源文件，并命名为“C11-7.c”，然后输入如下代码：

```
#include <stdio.h>
int main()
{
    int i ;
    struct  worker
    {
            int    num ;                                    // 编号
            char   *name ;                                  // 姓名
            char   *sex ;                                   // 性别
            float  wages ;                                  // 工资
    }  worker1[8] =
    {
            {11,"张平","男",5600},
            {12,"周红","女",5680},
            {13,"李晓波","男",5590},
            {14,"王群","男",5690},
            {15,"赵平","男",5780},
            {16,"陈艳","女",5600},
            {17,"陈思可","女",5900},
            {18,"周元","男",5600}
    } , *p ;
     printf("编号\t姓名\t性别\t工资\n" ) ;
     for (p=worker1; p<worker1+8; p++)
     {
    printf("%d\t%s\t%s\t%f\n",p->num,p->name,p->sex,p->wages) ;
```

```
        }
    }
```

单击菜单栏中的“运行 / 编译运行”命令（快捷键：F11），运行程序，效果如图 11.7 所示。

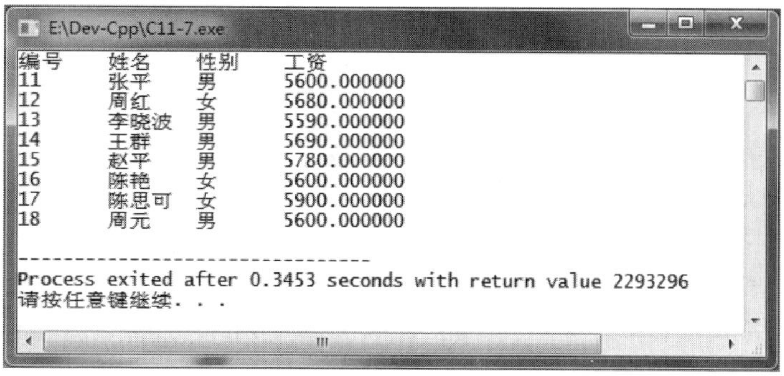

图 11.7　利用指针显示结构体数组中的元素

下面利用指针显示性别为“男”，并且工资大于 5600 的职工信息。双击桌面上的“Dev-C++”桌面快捷图标，打开 Dev-C++ 集成开发环境，然后单击菜单栏中的“文件 / 新建 / 源文件”命令（快捷键：Ctrl+N），新建一个源文件，并命名为“C11-8.c”，然后输入如下代码：

```
#include <stdio.h>
int main()
{
    int i ;
    struct  worker
    {
            int   num ;                             // 编号
            char  *name ;                           // 姓名
            char  *sex ;                            // 性别
            float  wages ;                          // 工资
    }  worker1[8] =
    {
            {11," 张平 "," 男 ",5600},
            {12," 周红 "," 女 ",5680},
            {13," 李晓波 "," 男 ",5590},
            {14," 王群 "," 男 ",5690},
            {15," 赵平 "," 男 ",5780},
            {16," 陈艳 "," 女 ",5600},
            {17," 陈思可 "," 女 ",5900},
            {18," 周元 "," 男 ",5600}
    } , *p ;
    printf(" 编号 \t 姓名 \t 性别 \t 工资 \n" ) ;
    for (p=worker1; p<worker1+8; p++)
    {
            if (p->sex==" 男 " && p->wages>5600)
            {
            printf("%d\t%s\t%s\t%f\n",p->num,p->name,p->sex,p->wages) ;
            }
    }
}
```

单击菜单栏中的“运行 / 编译运行”命令（快捷键：F11），运行程序，效果如图 11.8 所示。

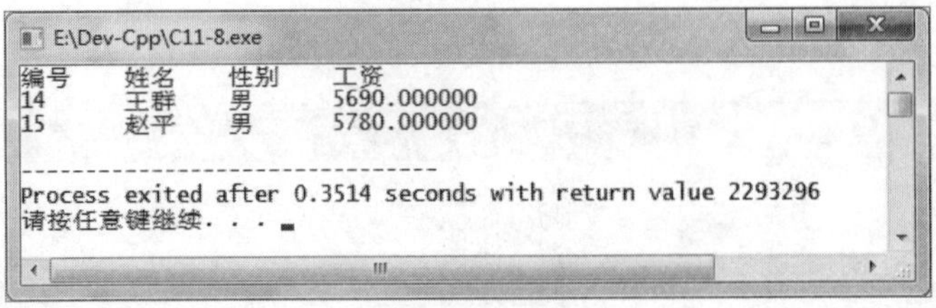

图 11.8　利用指针显示性别为“男”，并且工资大于 5600 的职工信息

下面利用指针显示性别为“女”，或工资小于等于 5600 的职工信息。双击桌面上的“Dev-C++”桌面快捷图标，打开 Dev-C++ 集成开发环境，然后单击菜单栏中的“文件 / 新建 / 源文件”命令（快捷键：Ctrl+N），新建一个源文件，并命名为“C11-9.c”，然后输入如下代码：

```
#include <stdio.h>
int main()
{
    int i ;
    struct  worker
    {
            int    num ;                                //编号
            char   *name ;                              //姓名
            char   *sex ;                               //性别
            float  wages ;                              //工资
    }  worker1[8] =
    {
            {11,"张平","男",5600},
            {12,"周红","女",5680},
            {13,"李晓波","男",5590},
            {14,"王群","男",5690},
            {15,"赵平","男",5780},
            {16,"陈艳","女",5600},
            {17,"陈思可","女",5900},
            {18,"周元","男",5600}
    } , *p ;
     printf("编号\t姓名\t性别\t工资\n" ) ;
     for (p=worker1; p<worker1+8; p++)
     {
            if (p->sex=="女" || p->wages<=5600)
            {
            printf("%d\t%s\t%s\t%f\n",p->num,p->name,p->sex,p->wages) ;
            }
     }
}
```

单击菜单栏中的“运行 / 编译运行”命令（快捷键：F11），运行程序，效果如图 11.9 所示。

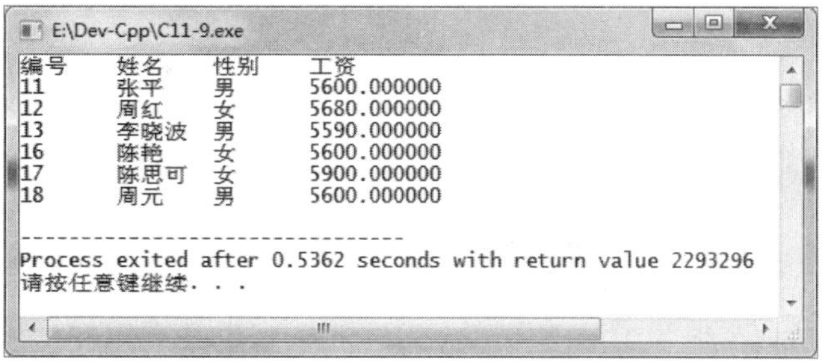

图 11.9　利用指针显示性别为“女”，或工资小于等于 5600 的职工信息

11.4　结构体作为函数的形式参数

结构体作为函数的形式参数，传递参数的方式与其他类型的变量或指针相似，下面通过具体实例进行讲解。

双击桌面上的“Dev-C++”桌面快捷图标，打开 Dev-C++ 集成开发环境，然后单击菜单栏中的“文件 / 新建 / 源文件”命令（快捷键：Ctrl+N），新建一个源文件，并命名为“C11-10.c”，首先导入头文件，并定义结构体的全局变量，具体代码如下：

```
#include <stdio.h>
    //定义全局变量结构体
    struct  worker
    {
            int    num ;                                   //编号
            char   *name ;                                 //姓名
            char   *sex ;                                  //性别
            float  wages ;                                 //工资
    } ;
```

接下来，定义输出函数，显示结构体中的成员信息，具体代码如下：

```
void  myprintf (struct worker  workers)
{
    printf("职工的编号：%d\n",workers.num) ;
    printf("职工的姓名：%s\n",workers.name) ;
    printf("职工的性别：%s\n",workers.sex) ;
    printf("职工的工资：%f\n",workers.wages) ;
    printf("\n") ;
}
```

最后定义主函数，在主函数中定义结构体变量并赋值，然后通过调用输出函数显示结构体中的成员信息，具体代码如下：

```
int main()
{
    struct  worker worker1 = {13,"李晓波","男",5590};
    struct  worker worker2 = {16,"陈艳","女",5600} ;
    struct  worker worker3 = {17,"陈思可","女",5900} ;
    myprintf(worker1) ;
    myprintf(worker2) ;
```

```
    myprintf(worker3) ;
}
```

单击菜单栏中的“运行 / 编译运行”命令（快捷键：F11），运行程序，效果如图 11.10 所示。

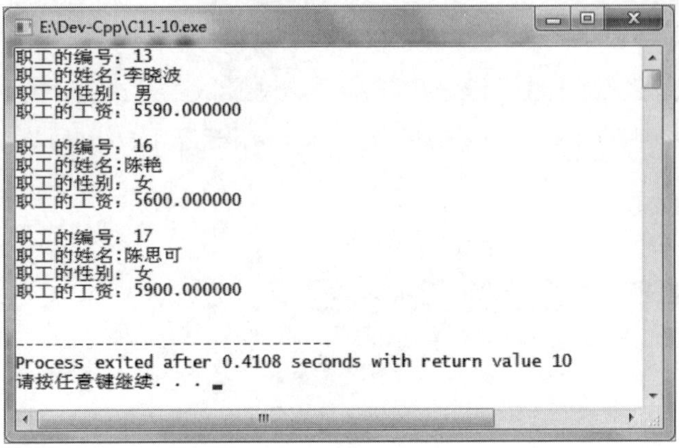

图 11.10　结构体作为函数的形式参数

11.5　位域

在 C 语言中，信息的存取一般以字节为单位。但实际上，有时存储一个信息不必用一个或多个字节。例如，“真”或“假”用 0 或 1 表示，只需 1 位即可。为了节省存储空间，并使处理简便，C 语言又提供了一种数据结构，称为“位域”或“位段”。

11.5.1　位域的定义

位域的定义与结构体相似，也说明了它的组成成员，以及每个成员的数据类型，其语法格式如下：

```
struct  位域类型名
{
数据类型  成员名 1: 宽度 ;
数据类型  成员名 2: 宽度 ;
……
数据类型  成员名 n : 宽度;
};
```

例如：

```
struct  mychar
{
    unsigned int ch   : 3;                        //3 位
    unsigned int font : 6;                        //6 位
    unsigned int size : 8;                        //8 位
} ;
```

下面对上述位域进行说明：

第一，struct 是位域类型的关键字；mychar 是说明这一位域类型时的标识名，标识名可以缺省；struct 和 mychar 合在一起，才能代表这一位域类型的类型名。

第二，ch、font、size 都是位域成员名，其后是成员名所占的位数。如果是 3，则代码占 3 个位，即 111，最大为 4+2+1=7。

第三，在进行上述类型说明后，仅仅表明这种模型的存在，系统并没有为其分配存储空间。因此，不能对这一类型进行赋值和运算。要使用上述结构体，还必须用类型名去定义实例，即定义变量。

11.5.2　位域变量的定义

位域变量的定义与结构体是一样的，也有如下 3 种方法。

第一，紧跟在位域类型说明之后，进行定义，具体如下：

```
struct  mychar
    {
          unsigned int ch   : 3;                //3 位
          unsigned int font : 6;                //6 位
          unsigned int size : 8;                //8 位
    }  mychar1 ;
```

第二，先说明位域，再用位域类型名单独进行定义，具体如下：

```
struct  mychar  mychar2 ;
```

第三，先利用 typedef 说明类型名，再用新类型名单独进行定义，具体代码如下：

```
    typedef struct  mychar CC ;
    CC  mychar3 ;
```

11.5.3　位域变量的赋初值

可以在定义位域的同时定义位域变量并赋初值，具体如下：

```
struct  mychar
    {
          unsigned int ch   : 3;                //3 位
          unsigned int font : 6;                //6 位
          unsigned int size : 8;                //8 位
    }  mychar1 ={1,50,128};
```

还可以通过结构体变量名 . 成员名给结构体成员赋值，具体代码如下：

```
   mychar1.ch = 1 ;
   mychar1.font = 50 ;
   mychar1.size = 128 ;
```

结构体变量的赋初值要注意以下几点：

第一，所赋初值的类型要与成员的类型相对应。

第二，不可以跳过前面的成员，给后面的成员赋初值。

第三，需要注意成员所占的宽度，如果占 3 位，即在内存中占 3 位，则最大为 111，即7，最小为0；如果占6位，则最大为111111，即63，最小为0。同理，如果占8位，则最大为255，最小为0。

11.5.4 位域变量的输出

在C语言中，利用位域变量名.成员名的方式输出位域变量，下面举例说明。

双击桌面上的“Dev-C++”桌面快捷图标，打开Dev-C++集成开发环境，然后单击菜单栏中的“文件 / 新建 / 源文件”命令（快捷键：Ctrl+N），新建一个源文件，并命名为“C11-11.c”，然后输入如下代码：

```
#include <stdio.h>
int main()
{
    struct  mychar
     {
            unsigned int ch   : 3;                //3位
            unsigned int font : 6;                //6位
            unsigned int size : 8;                //8位
     }  mychar1 ={1,50,128};
    printf("ch=%u\n",mychar1.ch) ;
    printf("font=%u\n",mychar1.font) ;
    printf("size=%u\n",mychar1.size) ;
    printf("位域变量mychar1所占空间的大小：%d\n",sizeof(mychar1)) ;
}
```

单击菜单栏中的“运行 / 编译运行”命令（快捷键：F11），运行程序，效果如图11.11所示。

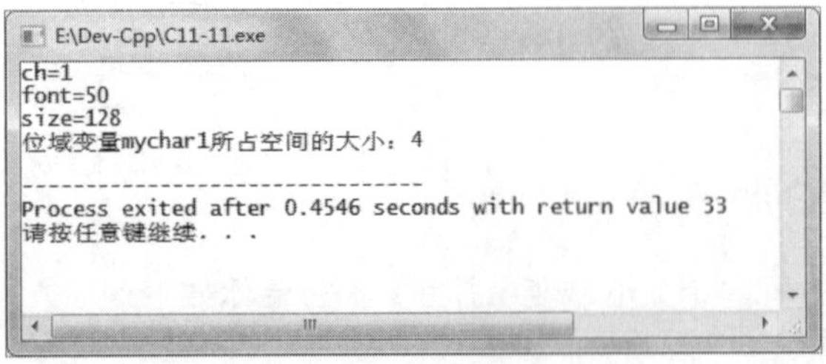

图 11.11　位域变量的输出

在这里可以看到位域变量mychar1所占空间的大小为4字节，这就节省了内存空间。到底节省多少内存空间呢？修改程序如下：

```
#include <stdio.h>
int main()
{
    struct  mychar
     {
            unsigned int ch   ;
            unsigned int font ;
            unsigned int size ;
     }  mychar1 ={1,50,128};
    printf("ch=%u\n",mychar1.ch) ;
    printf("font=%u\n",mychar1.font) ;
    printf("size=%u\n",mychar1.size) ;
```

```
    printf("结构体变量 mychar1 所占空间的大小：%d\n",sizeof(mychar1)) ;
}
```

注意：上述代码定义的是结构体，即成员名后面没有宽度。再来看一下结构体变量 mychar1 所占的内存空间。把上述代码保存到“C11-12.c”中。

单击菜单栏中的“运行 / 编译运行”命令（快捷键：F11），运行程序，效果如图 11.12 所示。

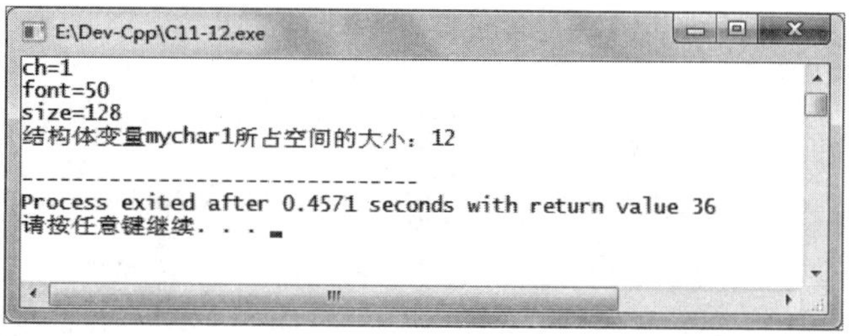

图 11.12　结构体变量 mychar1 所占的内存空间

在这里可以看到结构体变量 mychar1 所占的内存空间为 12 字节，而位域变量 mychar1 所占空间的大小为 4 字节，同样的程序，节省 12−4=8 字节内存，这样还会提高程序的运行速度。

11.5.5　无名位域

如果位域的定义没有给出标识符名字，那么这是无名位域，无法被初始化。无名位域用于填充内存布局。只有无名位域的比特数可以为 0。这种占 0 比特的无名位域，用于强迫下一个位域在内存分配边界对齐。无名位域定义代码如下：

```
struct  mychar
    {
            unsigned int ch    : 3;     //3 位
            unsigned int         : 6;     //6 位
            unsigned int size : 8;    //8 位
    }
```

在上述代码中，位域的无名成员的位宽为 6 位。如果没有该无名成员，则 ch 和 size 将会挨着存储。有了该无名成员，ch 和 size 就会分开存储。

11.6　枚举

枚举是 C 语言中的一种数据类型，它可以让数据更简洁，更易读。例如，一周有 7 天，可以利用宏定义进行定义，具体如下。

```
#define  MON  1
```

```
#define  TUE  2
#define  WED  3
#define  THU  4
#define  FRI  5
#define  SAT  6
#define  SUN  7
```

利用宏 #define 命令虽然能解决问题，但宏名过多，代码松散，看起来令人不舒服。如果利用枚举来实义，就简洁多了。下面来具体讲解枚举类型。

11.6.1 枚举的定义

定义枚举类型的语法格式如下：

```
enum  枚举名 { 枚举元素 1, 枚举元素 2,……};
```

利用枚举定义上述宏定义实现的代码功能，具体如下：

```
enum  myday
{
      MON=1, TUE, WED, THU, FRI, SAT, SUN
};
```

下面对上述枚举进行说明：

第一，enum 是枚举类型的关键字；myday 是说明这一枚举的标识名，标识名可以缺省；enum 和 myday 合在一起，才能代表这一枚举类型的类型名。

第二，枚举集合中的元素（枚举成员）是一些命名的整型常量，元素之间用逗号（，）隔开。

第三，第一个枚举成员的默认值为整型的 0，后续枚举成员的值在前一个成员上加 1。

第四，可以人为设定枚举成员的值，从而自定义某个范围内的整数。

第五，枚举型是预处理指令 #define 的替代。

第六，在进行上述类型说明后，仅仅表明这种模型的存在，系统并没有为其分配存储空间。因此，不能对这一类型进行赋值和运算。要使用上述枚举，还必须用类型名去定义实例，即定义变量。

11.6.2 枚举变量的定义

枚举变量的定义有如下 3 种方式。

第一，紧跟在枚举类型说明之后，进行定义，具体如下：

```
enum  myday
{
      MON=1, TUE, WED, THU, FRI, SAT, SUN
} week1 ;
```

第二，先说明枚举，再用枚举类型名单独进行定义，具体如下：

```
enum  myday  week2 ;
```

需要注意的是，如下两种定义方式都是错误的：

```
enum    week2 ;                                     //错误
myday    week2 ;                                    //错误
```

第三，先利用 typedef 说明类型名，再用新类型名单独进行定义，具体代码如下：

```
typedef enum  myday
    {
            int    num ;                            //编号
            char   *name ;                          //姓名
            char   *sex ;                           //性别
            float  wages ;                          //工资
    } BB ;
BB    week3 ;
```

11.6.3 枚举变量的赋初值并显示

枚举变量的赋初值很简单，具体代码如下：

```
week1 = TUE ;
week2 = SAT ;
```

双击桌面上的“Dev-C++”桌面快捷图标，打开 Dev-C++ 集成开发环境，然后单击菜单栏中的“文件 / 新建 / 源文件”命令（快捷键：Ctrl+N），新建一个源文件，并命名为“C11-13.c”，然后输入如下代码：

```
#include <stdio.h>
int main()
{
   enum  myday
   {
           MON=1, TUE, WED, THU, FRI, SAT, SUN
   } week1 ;
   enum  myday  week2 ;
   //为枚举变量赋值
   week1 = TUE ;
   week2 = SAT ;
   printf("week1=%d\n",week1) ;
   printf("week2=%d\n",week2) ;
}
```

单击菜单栏中的“运行 / 编译运行”命令（快捷键：F11），运行程序，效果如图 11.13 所示。

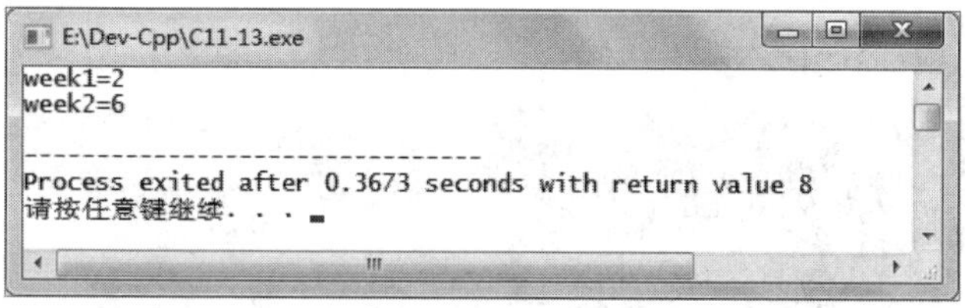

图 11.13　枚举变量的赋初值并显示

11.6.4 遍历枚举元素

双击桌面上的“Dev-C++”桌面快捷图标，打开 Dev-C++ 集成开发环境，然后单击菜单栏中的“文件 / 新建 / 源文件”命令（快捷键：Ctrl+N），新建一个源文件，并命名为“C11-14.c”，然后输入如下代码：

```
#include <stdio.h>
int main()
{
   enum  myday
   {
         MON=1, TUE, WED, THU, FRI, SAT, SUN
   } week1 ;
   // 遍历枚举元素
    for (week1 = MON; week1 <= SUN; week1++)
    {
        printf(" 枚举元素：%d \n", week1);
    }
}
```

单击菜单栏中的“运行 / 编译运行”命令（快捷键：F11），运行程序，效果如图 11.14 所示。

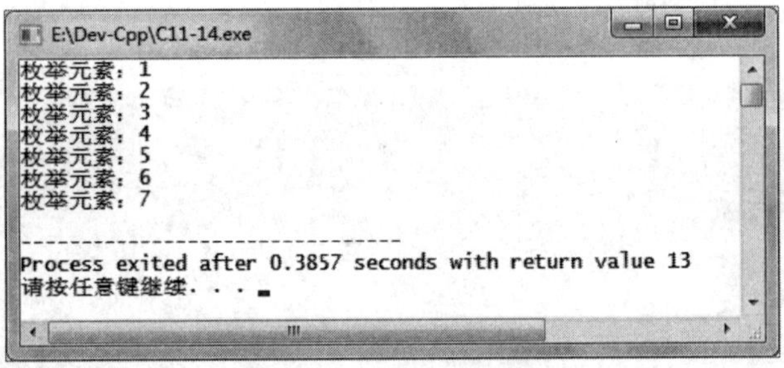

图 11.14　遍历枚举元素

11.6.5 实例：选择喜欢的颜色

双击桌面上的“Dev-C++”桌面快捷图标，打开 Dev-C++ 集成开发环境，然后单击菜单栏中的“文件 / 新建 / 源文件”命令（快捷键：Ctrl+N），新建一个源文件，并命名为“C11-15.c”，然后输入如下代码：

```
#include <stdio.h>
#include <stdlib.h>
int main()
{
    enum color { red=1,green,blue,yellow,black,purple,pink };
    enum  color mylike;
  while (1)
  {
   printf("请输入你喜欢的颜色：(1.红色， 2.绿色， 3.蓝色，4.黄色，5.黑色，6.紫色，7.粉
红色)：");
    scanf("%d", &mylike);
    if (mylike==111)
```

```
        {
              break;
        }
        /* 输出结果 */
        switch (mylike)
        {
              case red:
              printf(" 你喜欢的颜色是红色！ \n");
              break;
              case green:
              printf(" 你喜欢的颜色是绿色！ \n");
              break;
              case blue:
              printf(" 你喜欢的颜色是蓝色！ \n");
              break;
           case yellow:
              printf(" 你喜欢的颜色是黄色！ \n");
              break;
           case black:
              printf(" 你喜欢的颜色是黑色！ \n");
              break;
           case purple:
              printf(" 你喜欢的颜色是紫色！ \n");
              break;
           case pink:
              printf(" 你喜欢的颜色是粉红色！ \n");
              break;
              default:
              printf(" 你没有选择你喜欢的颜色！ \n");
        }
        printf("\n") ;
      }
   }
```

单击菜单栏中的“运行 / 编译运行”命令（快捷键：F11），运行程序，提醒“请输入你喜欢的颜色：(1. 红色 , 2. 绿色 , 3. 蓝色 ,4. 黄色 ,5. 黑色 ,6. 紫色，7. 粉红色)”，在这里输入“3”，然后回车，就可以看到“你喜欢的颜色是蓝色！”，如图 11.15 所示。

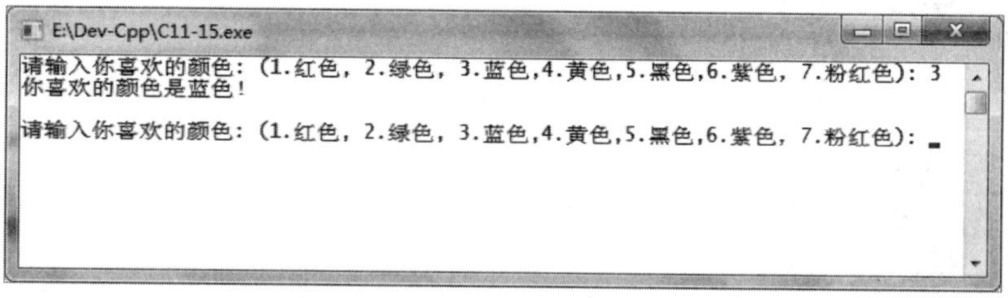

图 11.15　喜欢的颜色是蓝色

这时提醒“请输入你喜欢的颜色：(1. 红色 , 2. 绿色 , 3. 蓝色 ,4. 黄色 ,5. 黑色 ,6. 紫色，7. 粉红色)”，假如输入“6”，然后回车，就会显示“你喜欢的颜色是紫色！”。

这时提醒“请输入你喜欢的颜色：(1. 红色 , 2. 绿色 , 3. 蓝色 ,4. 黄色 ,5. 黑色 ,6. 紫色，7. 粉红色)”。只要不输入“111”，程序就会继续运行，如图 11.16 所示。

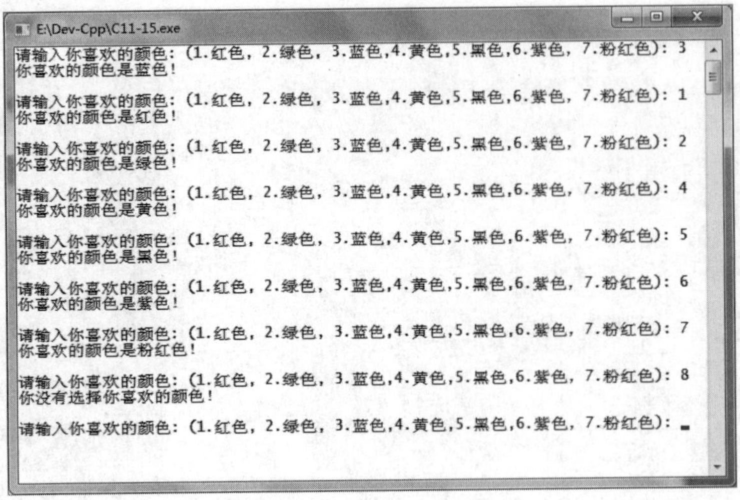

图 11.16　程序继续运行

输入“111”，然后回车，就会退出程序。

11.7　共用体

在 C 语言中，允许几种不同类型的变量存放到同一段内存单元中，也就是使用覆盖技术，几个变量互相覆盖。这种几个不同的变量共同占用一段内存的结构，称为共用体类型结构，简称共用体。

11.7.1　共用体的定义

定义共用体的语法格式如下：

```
union 共用体名
{
数据类型 成员名 1;
数据类型 成员名 2;
......
数据类型 成员名 n;
};
```

例如：

```
union mydata
{
   int i;
   float f;
   char  str[20];
} ;
```

下面对上述共用体进行说明：

第一，union 是共用体类型的关键字；mydata 是说明这一共用体时的标识名，标识名可以缺省；union 和 mydata 合在一起，才能代表这一共用体类型的类型名。

第二，同一个内存段可以用来存放几种不同类型的成员，但是在每一瞬间只能存放其中的一种，而不是同时存放几种。换句话说，每一瞬间只有一个成员起作用，其他的成员不起作用，即不是同时都在存在和起作用。

第三，共用体变量中起作用的成员是最后一次存放的成员，在存入一个新成员后，原有成员就失去作用。

第四，共用体变量的地址和它的各成员的地址都是同一地址。

11.7.2 共用体变量的定义

共用体变量的定义有如下 3 种方式。

第一，紧跟在共用体类型说明之后，进行定义，具体如下：

```
    union mydata
    {
            int i;
            float f;
            char  str[20];
    }  data1 ;
```

第二，先说明共用体，再用共用体类型名单独进行定义，具体如下：

```
union mydata  data2 ;
```

第三，先利用 typedef 说明类型名，再用新类型名单独进行定义，具体代码如下：

```
typedef union mydata
    {
            int i;
            float f;
            char  str[20];
    }  KK ;
KK  data3 ;
```

11.7.3 输出共用体成员变量

在 C 语言中，利用共用体变量名 . 成员名的方式输出共用体成员变量。下面举例说明。

双击桌面上的“Dev–C++”桌面快捷图标，打开 Dev–C++ 集成开发环境，然后单击菜单栏中的“文件 / 新建 / 源文件”命令（快捷键：Ctrl+N），新建一个源文件，并命名为“C11–16.c”，然后输入如下代码：

```
#include <stdio.h>
#include <string.h>
int main()
{
    union mydata
    {
            int i;
            float f;
            char  str[20];
    }  data1 ;
```

```
    data1.i = 6;
    data1.f = 10.86;
    strcpy( data1.str, "C 语言程序设计！ ");
    printf( "data.i=: %d\n", data1.i);
    printf( "data.f=: %f\n", data1.f);
    printf( "data.str=: %s\n", data1.str);
}
```

单击菜单栏中的“运行 / 编译运行”命令（快捷键：F11），运行程序，效果如图 11.17 所示。

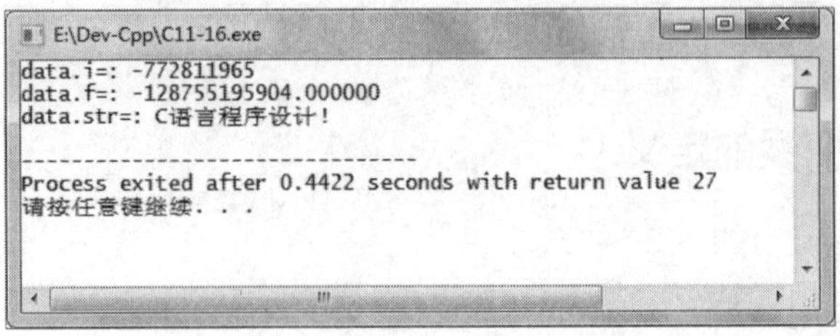

图 11.17　错误地输出共用体成员变量

在这里，可以看到共用体的 i 和 f 成员的值有损坏，原因在于 i、f 和 str 三个变量使用同一个内存空间，i 和 f 变量的值被覆盖了，最后显示的是 str 的值。再来看一个相同的实例，在同一时间只使用一个变量，具体代码如下：

```
#include <stdio.h>
#include <string.h>
int main()
{
   union mydata
   {
          int i;
          float f;
          char  str[20];
   }  data1 ;
   data1.i = 6;
    printf( "data.i=: %d\n", data1.i);
   data1.f = 10.86;
   printf( "data.f=: %f\n", data1.f);
   strcpy( data1.str, "C 语言程序设计！ ");
   printf( "data.str=: %s\n", data1.str);
}
```

单击菜单栏中的“运行 / 编译运行”命令（快捷键：F11），运行程序，效果如图 11.18 所示。

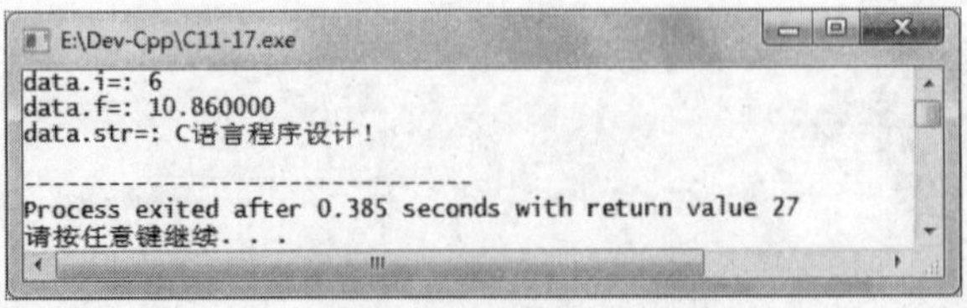

图 11.18　正确地输出共用体成员变量

在这里，可以看到所有的共用体成员都能完好输出，因为同一时间只用到一个成员。

11.8 用户定义类型

在 C 语言中，除系统定义的标准类型和用户自定义的结构体、共用体等类型之外，还可以使用类型说明语句 typedef 定义新的类型来代替已有的类型。

typedef 语句的语法格式如下：

```
typedef 已定义的类型 新的类型 ;
```

例如：

```
typedef char  CH ;
```

在这里，可以用 CH 代替 char。

上述 typedef 语句，只是为已存在的数据类型 char 增加一个新的类型名 CH，而不能创造新的数据类型。

为了与系统提供的标准类型名区别开，习惯上把 typedef 说明的类型名用大写字母表示，但这不是必需的。

双击桌面上的“Dev-C++”桌面快捷图标，打开 Dev-C++ 集成开发环境，然后单击菜单栏中的“文件 / 新建 / 源文件”命令（快捷键：Ctrl+N），新建一个源文件，并命名为“C11-18.c”，然后输入如下代码：

```
#include<stdio.h>
#include<string.h>
int main()
{
    typedef struct  myk
    {
         int num;
         char str[256];
    }  AA ;
         struct myk  a;
         AA   b ;
         a.num = 2019;
         strcpy(a.str,"平年!");
         b.num = 2016 ;
         strcpy(b.str,"闰年!");
         printf("%d 年是: %s\n",a.num,a.str);
         printf("%d 年是 : %s\n",b.num,b.str);
}
```

单击菜单栏中的“运行 / 编译运行”命令（快捷键：F11），运行程序，效果如图 11.19 所示。

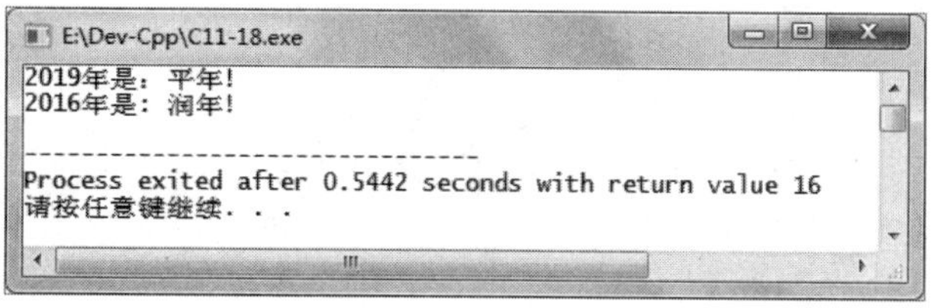

图 11.19　用户定义类型

第 12 章

C 语言的文件操作

计算机操作系统是以文件为单位对数据进行管理的。文件是指存储在某种介质上的数据集合，可以是文本文档、图像、电影、音乐、程序等。

本章主要内容包括：

- C 的源程序文件和执行文件
- C 程序中的数据文件
- 输入和输出缓冲区
- C 程序中的文件指针和位置指针
- 在当前目录中创建文件
- 在当前目录的子文件夹中创建文件
- 在当前目录的上一级目录中创建文件
- 利用绝对路径创建文件
- 打开文件并写入内容
- 读出文件中的内容
- 创建和打开二进制文件
- 向二进制文件中写入内容
- 读取二进制文件中的内容
- rewind() 函数和 fseek() 函数

12.1　初识文件

在 C 语言中，文件有 3 种，分别是源程序文件、执行文件和数据文件。另外，在文件操作中，还要用到文件指针、位置指针以及输入和输出缓冲区。下面进行具体讲解。

12.1.1　C 的源程序文件和执行文件

通过 Dev-C++ 集成开发环境或其他编译系统新建文件，然后输入 C 语言代码。当把输入的 C 语言代码以某个名字存入硬盘时，就得到 C 的源程序文件。注意：C 的源程序文件名的后缀为 .C。

对 C 的源程序文件进行编译、连接后生成的可执行文件为二进制文件，其后缀为 .EXE。此文件在操作系统下可以直接执行。

12.1.2　C 程序中的数据文件

C 程序中的数据文件以“数据流”的形式存放在硬盘中，即输出时，系统不添加任何信息，输出数据按字节依次存放在指定的文件中。输入时，对指定的数据文件按字节依次读入数据放入内存（变量）。

数据文件的文件名，是引用文件的唯一标识符，包括 3 个要素，分别是文件路径、文件主名和文件扩展名，如图 12.1 所示。

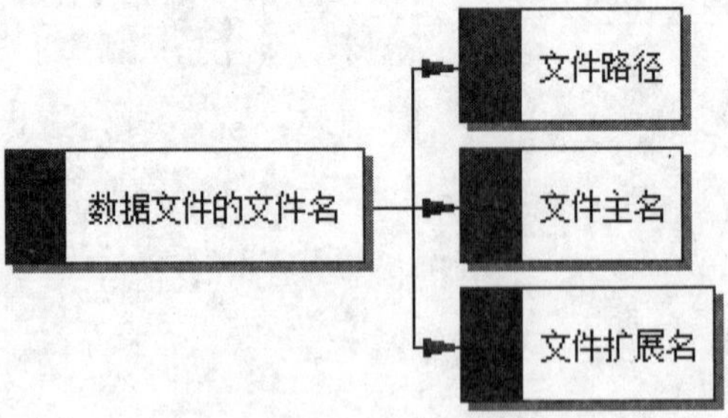

图 12.1　数据文件的文件名

1. 文件路径

文件路径可分为两种，分别是绝对路径和相对路径，如图 12.2 所示。

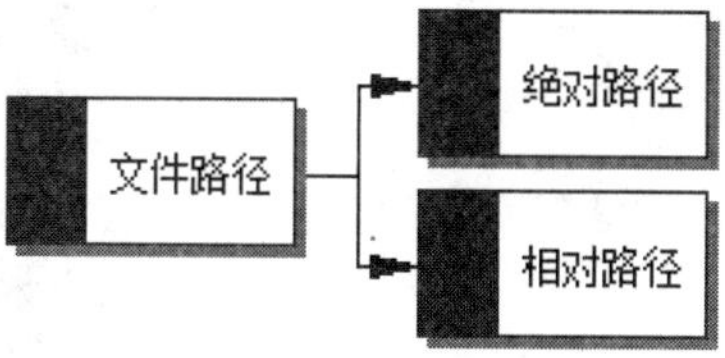

图 12.2　文件路径

绝对路径是指从磁盘的根目录开始定位，直到对应的位置为止。例如，“C:/Program Files/Office 2007 SP3/Office12”。

相对路径是指从当前所在路径开始定位，直到对应的位置为止。用“./”表示当前目录的下一级子目录，用“../”表示上一级目录。更多指向上级路径的表示以此类推。

2. 文件主名

文件主名要符合标识符的命名规则。

3. 文件扩展名

文件扩展名，又称为文件的后缀名，是操作系统用来标志文件类型的一种机制。通常来说，一个扩展名是跟在主文件名后面的，由一个分隔符分隔。在一个像“mytxt1.txt”的文件名中，mytxt1 是主文件名，txt 为扩展名，表示这个文件被认为是一个纯文本文件。

12.1.3　输入和输出缓冲区

缓冲区又称为缓存，它是内存空间的一部分。也就是说，在内存空间中预留了一定的存储空间，这些存储空间用来缓冲输入或输出的数据，这部分预留的空间就叫作缓冲区。

在进行输入和输出操作时，频繁地与外部设备打交道会增加系统的开销，这样就会降低运行效率，而在内存之间数据的传送效率要高得多。C 语言规定，在进行输入操作时，系统将从指定的文件中一次读入一批数据放满缓冲区，输入语句从缓冲区读取数据放在指定的变量中，当缓冲区中数据已被读完时，再从文件中读入一批数据放入缓冲区。在进行输出操作时，系统把输出的数据放入缓冲区中，直至缓冲区满或结束对文件的输出时，一次性地把缓冲区中的数据送入外部设置。

12.1.4　C 程序中的文件指针和位置指针

以 C 语言中，定义文件指针的预定义符是 FILE，其语法格式如下：

```
FILE  * fp1 ;
```

预定义符 FILE 在 stdio.h 头文件中，所以要先包含该文件。fp1 是用户定义的文件指针。

位置指针是一个虚拟的指针，在此引入该概念，只是为了比较形象地表达对文件的操作。注意：程序中并不存在此指针。

第一，当进行读操作时，总是在位置指针所指字节处开始读。每读入一字节数据，位置指针移向下一字节。

第二，当进行写操作时，总是在位置指针所指字节处开始写。每写一字节数据，位置指针移向下一所写字节后面。

12.2　创建文件

在 C 语言中，利用 fopen() 方法创建文件，语法格式如下：

```
FILE *fopen( const char * filename, const char * mode );
```

其中，filename 为创建的文件名，mode 为创建文件的模式。mode 的参数及意义如下。

w：打开一个文件只用于写入。如果该文件已存在则打开文件，并从开头开始编辑，即原有内容会被删除。如果该文件不存在，则创建新文件。

w+：打开一个文件用于读写。如果该文件已存在则打开文件，并从开头开始编辑，即原有内容会被删除。如果该文件不存在，则创建新文件。

a：打开一个文件用于追加。如果该文件已存在，则文件指针将会放在文件的结尾。也就是说，新的内容将会被写入已有内容之后。如果该文件不存在，则创建新文件进行写入。

a+：打开一个文件用于读写。如果该文件已存在，则文件指针将会放在文件的结尾。也就是说，新的内容将会被写入已有内容之后。如果该文件不存在，则创建新文件进行读写。

12.2.1　在当前目录中创建文件

双击桌面上的“Dev-C++”桌面快捷图标，打开 Dev-C++ 集成开发环境，然后单击菜单栏中的“文件 / 新建 / 源文件”命令（快捷键：Ctrl+N），新建一个源文件，并命名为“C12-1.c”，然后输入如下代码：

```
#include <stdio.h>
int main()
{
    //以只写模式创建文件
    FILE *fp1 = fopen("mytxt1.txt", "w");
    printf("以只写模式创建一个文本文件，文件名为 mytxt1txt\n") ;
    //以读写模式创建文件
    FILE *fp2 = fopen("mydoc.doc","w+") ;
    printf("以读写模式创建一个 word 文件，文件名为 mydoc.doc\n") ;
    //以追加只读模式创建文件
```

```
    FILE *fp3 = fopen("myexcel.xls","a") ;
    printf(" 以追加只读模式创建一个 excel 文件，文件名为 myexcel.xls\n") ;
    // 以追加读写模式创建文件
    FILE *fp4 = fopen("myppt.ppt","a+") ;
    printf(" 以追加读写模式创建一个 ppt 文件，文件名为 myppt.ppt\n") ;
}
```

首先包含 stdio.h 头文件，然后以只写的方式创建一个文本文件；以读写的方式创建一个 word 文件；以追加只写的方式创建一个 excel 表格文件；以追加读写的方式创建一个 PPT 文件。

单击菜单栏中的“运行 / 编译运行”命令（快捷键：F11），运行程序，效果如图 12.3 所示。

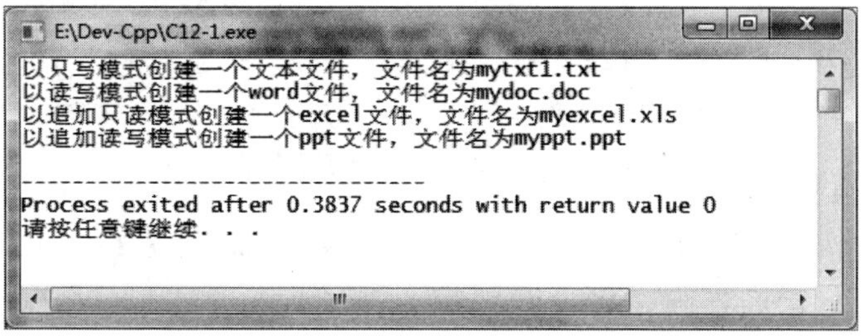

图 12.3　创建文件

需要注意的是，创建的文件保存在当前 C 源程序文件保存的位置，即“E:\Dev-Cpp”中，打开 Dev-Cpp 文件夹，就可以看到刚创建的 4 个文件，如图 12.4 所示。

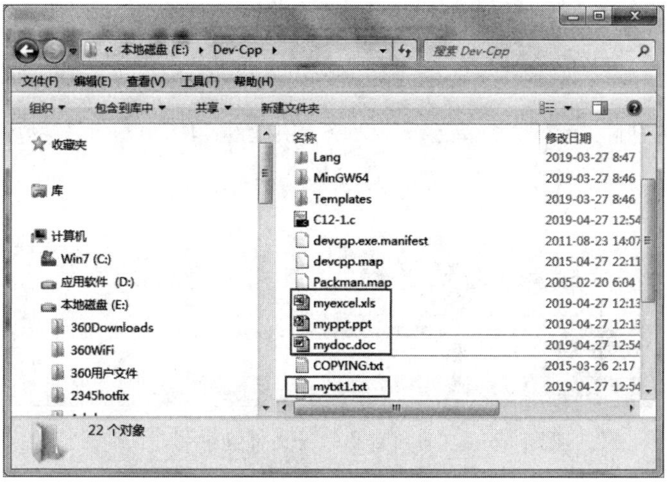

图 12.4　创建文件的保存位置

12.2.2　在当前目录的子文件夹中创建文件

首先在当前目录，即“E:\Dev-Cpp”中，创建一个子文件夹，文件夹名为“myc”，如图 12.5 所示。

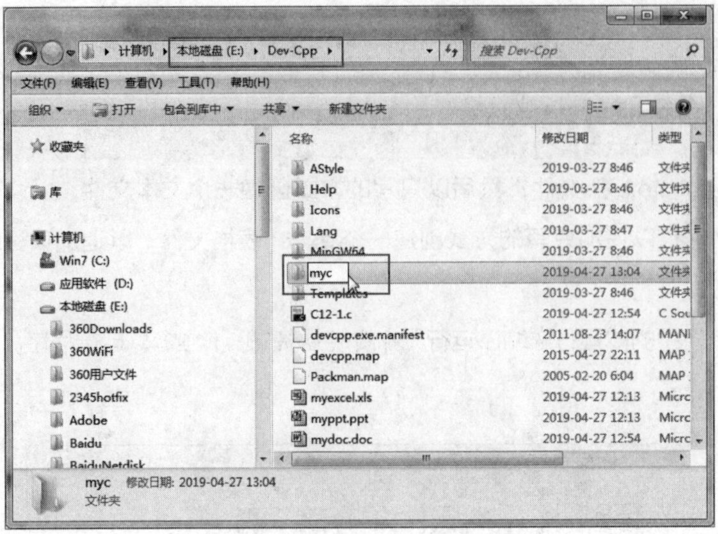

图 12.5　当前目录的子文件夹

下面编写 C 语言程序，在当前目录的子文件夹中创建文件。双击桌面上的“Dev-C++”桌面快捷图标，打开 Dev-C++ 集成开发环境，然后单击菜单栏中的“文件 / 新建 / 源文件”命令（快捷键：Ctrl+N），新建一个源文件，并命名为“C12-2.c”，然后输入如下代码：

```
#include <stdio.h>
int main()
{
    // 在当前目录的子文件夹 myc 中创建文件
    FILE *fp1 = fopen("./myc/mytxt1.txt", "w");
    printf("以只写模式在子文件夹 myc 中创建一个文本文件，文件名为 mytxt1.txt\n") ;
}
```

单击菜单栏中的“运行 / 编译运行”命令（快捷键：F11），运行程序，效果如图 12.6 所示。

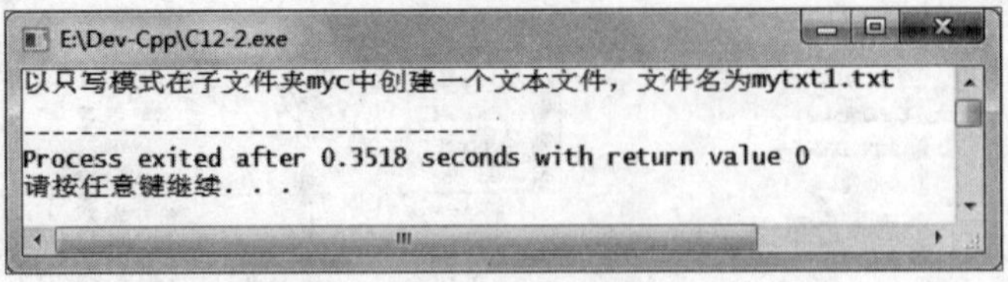

图 12.6　在当前目录的子文件夹中创建文件

这时打开“E:\Dev-Cpp\ myc”文件夹，就可以看到刚刚创建的文件，如图 12.7 所示。

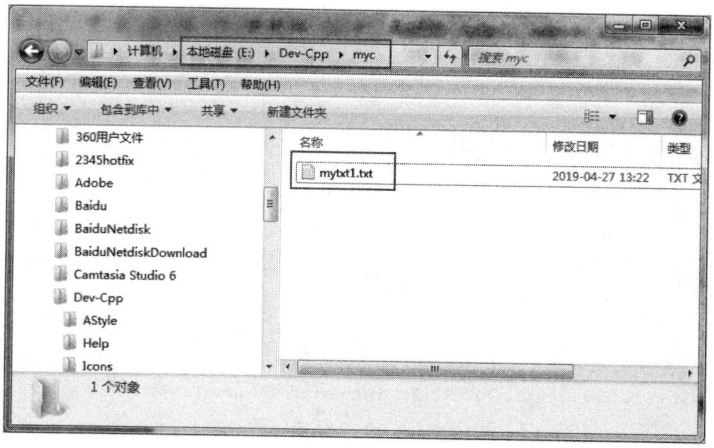

图 12.7 myc 文件夹中的文本文件

当然还可以在 myc 文件夹中再创建子文件夹，然后在其中创建文件。

12.2.3 在当前目录的上一级目录中创建文件

由于当前目录是“E:\Dev-Cpp”，所以其上一级目录就是“E:”盘。下面在 E 盘中创建文件。双击桌面上的“Dev-C++”桌面快捷图标，打开 Dev-C++ 集成开发环境，然后单击菜单栏中的“文件 / 新建 / 源文件”命令（快捷键：Ctrl+N），新建一个源文件，并命名为“C12-3.c”，然后输入如下代码：

```
#include <stdio.h>
int main()
{
    // 在当前目录的上一级目录中创建文件
    FILE *fp1 = fopen("../mytxt1.txt", "w+");
    printf("以读写模式在当前目录的上一级目录中创建一个文本文件，文件名为mytxt1.txt\n") ;
}
```

单击菜单栏中的“运行 / 编译运行”命令（快捷键：F11），运行程序，效果如图 12.8 所示。

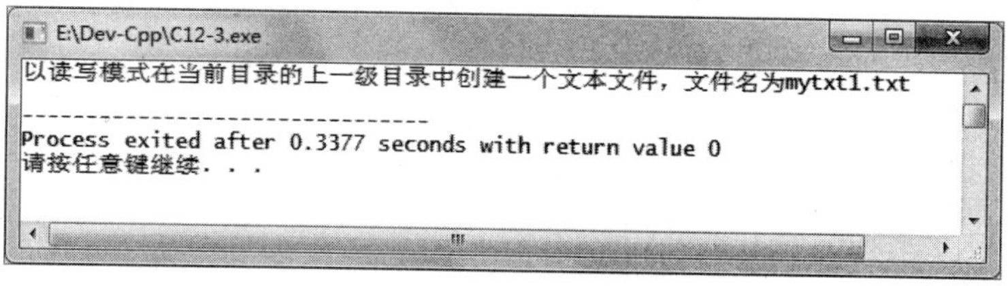

图 12.8 在当前目录的上一级目录中创建文件

这时打开“E:”盘，就可以看到刚刚创建的文件，如图 12.9 所示。

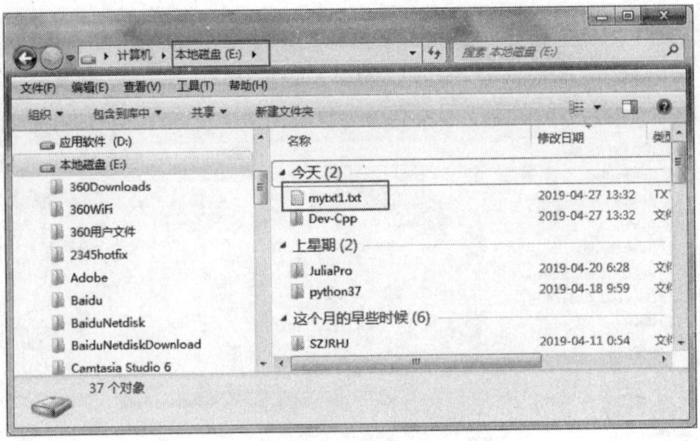

图 12.9　E 盘中的文本文件

12.2.4　利用绝对路径创建文件

利用绝对路径创建文件，需要注意的是，在 C 语言中，字符“\”一定要用转义字符“\\”来表示。如果创建文件的绝对路径为“C:\me\mytxt1.txt”，则 C 语言代码应该写成“C:\\me\\mytxt1.txt”。

另外，也可以用相对路径表示，不受转义字符限制，即“C:/me/mytxt1.txt”。

双击桌面上的“Dev-C++”桌面快捷图标，打开 Dev-C++ 集成开发环境，然后单击菜单栏中的“文件 / 新建 / 源文件”命令（快捷键：Ctrl+N），新建一个源文件，并命名为“C12-4.c”，然后输入如下代码：

```
#include <stdio.h>
int main()
{
    // 利用绝对路径创建文件
    FILE *fp1 = fopen("c:\\me\\mytxt1.txt", "w+");
    printf(" 利用绝对路径创建一个文件，文件名为 mytxt1.txt\n") ;
    // 利用相对路径表示
    FILE *fp2 = fopen("c:/me/mytxt2.txt", "w+");
    printf(" 利用相对路径创建一个文件，文件名为 mytxt2.txt\n") ;
}
```

需要注意的是，如果 C 盘下没有 me 文件夹，要先创建一个文件夹，并命名为“me”。

单击菜单栏中的“运行 / 编译运行”命令（快捷键：F11），运行程序，效果如图 12.10 所示。

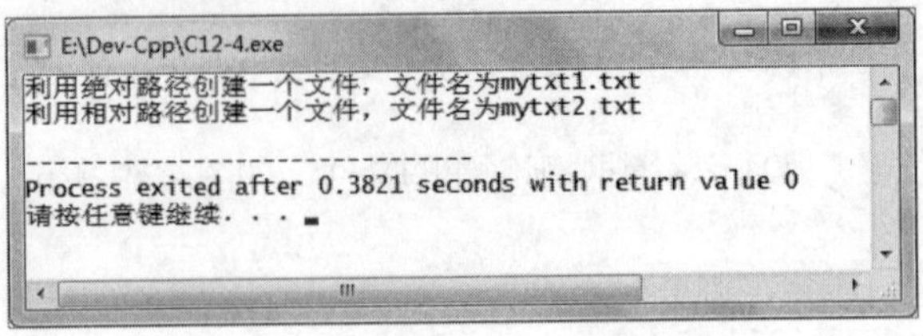

图 12.10　利用绝对路径创建文件

这时打开“C:\me”文件夹，就可以看到刚刚创建的两个文件，如图 12.11 所示。

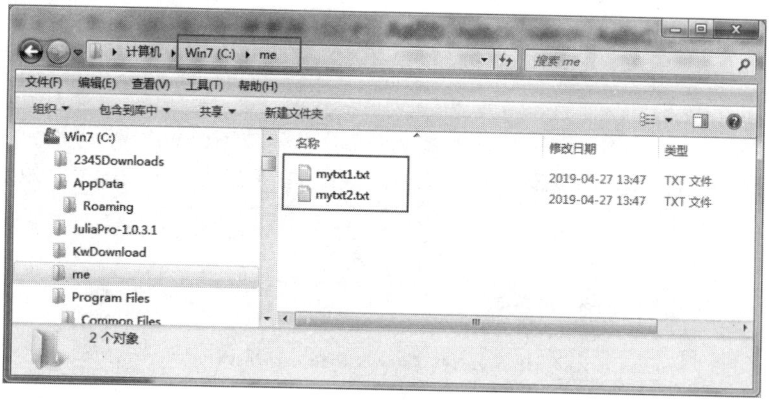

图 12.11　创建的两个文件

12.3　打开文件并写入内容

利用 fopen() 函数在创建文件后，就已打开文件，然后就可以向文件中写入内容。除了上述创建文件并打开文件方法外，还可以直接打开已创建好的文件，具体语法格式如下：

```
FILE *fopen( const char * filename, const char * mode );
```

注意：这时的 mode 为“r”或“r+”。

r：以只读方式打开文件。文件的指针将会放在文件的开头。

r+：打开一个文件用于读写。文件指针将会放在文件的开头。

打开文件后，就可以向文件中写入内容。向文件中写入内容，有 3 种方法，即 3 种库函数，分别是 fputc()、fputs()、fprint()。

12.3.1　利用 fputc() 函数向文件中写入内容

可以利用 fputc() 函数向文件中写入内容，该函数的语法格式如下：

```
fputc(ch,fp);
```

参数 ch 表示一个字符或字符变量；参数 fp 是文件指针。

下面打开“E:\Dev-Cpp”中的 mytxt1.txt，然后写入一个字符 'A'。双击桌面上的“Dev-C++”桌面快捷图标，打开 Dev-C++ 集成开发环境，然后单击菜单栏中的“文件 / 新建 / 源文件”命令（快捷键：Ctrl+N），新建一个源文件，并命名为“C12-5.c”，然后输入如下代码。

```
#include <stdio.h>
int main()
{
    //以只读模式打开文件
    FILE *fp1 = fopen("mytxt1.txt", "r");
    fputc('A',fp1) ;
    printf("向文件中成功写入一个字符。") ;
}
```

单击菜单栏中的“运行/编译运行”命令（快捷键：F11），运行程序，效果如图 12.12 所示。

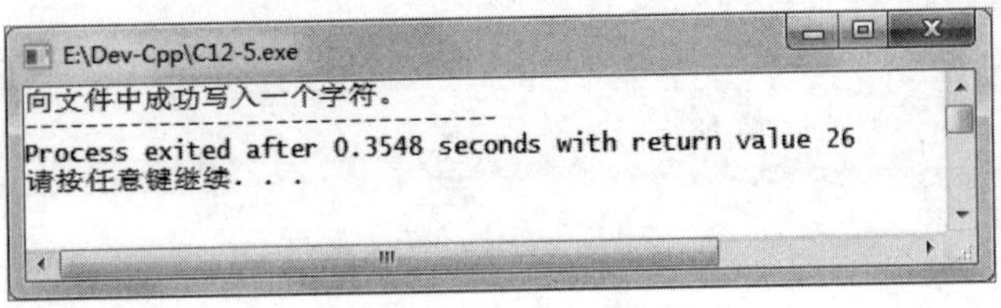

图 12.12　写入字符

下面来查看创建的文件内容。这时双击“E:\Dev-Cpp\mytxt1.txt”文件，可以发现，文件是空的，没有写入内容，如图 12.13 所示。

原因在于，在文件关闭前，字符内容存储在缓冲区中。所以这时在文件中看不到写入的内容。

下面来添加关闭文件的代码，具体如下：

```
    //关闭文件
    fclose(fp1);
```

成功添加代码后，单击菜单栏中的“运行/编译运行”命令（快捷键：F11），再次运行程序。接着打开“E:\Dev-Cpp\mytxt1.txt”文件，即可看到写入的字符，如图 12.14 所示。

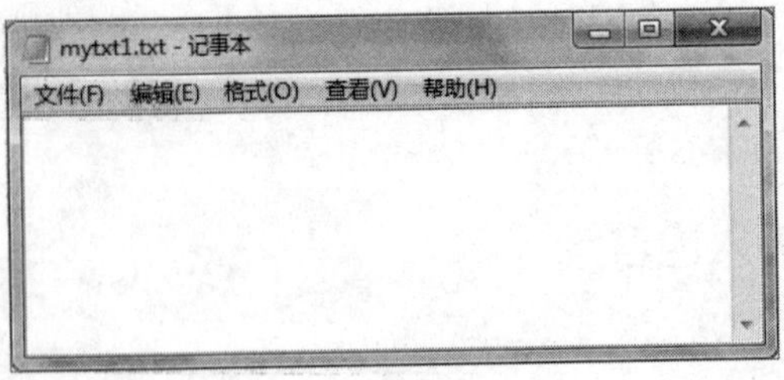

图 12.13　文件是空的

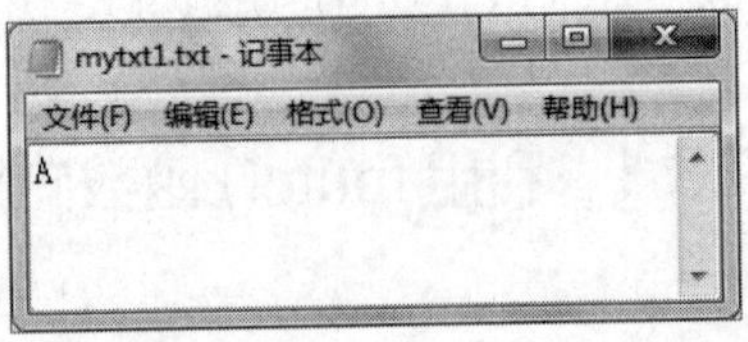

图 12.14　写入的字符

下面打开文件并向文件中写入 26 个大写字母。双击桌面上的“Dev-C++”桌面快捷图标，打开 Dev-C++ 集成开发环境，然后单击菜单栏中的“文件/新建/源文件”命令（快捷键：Ctrl+N），新建一个源文件，并命名为“C12-6.c”，然后输入如下代码：

```
#include <stdio.h>
int main()
{
```

```
    char ch ;
    FILE *fp1 = fopen("mytxt2.txt", "w");
    // 利用 for 循环向文件中写入 26 个大写字母
    for (ch='A';ch<='Z';ch++)
    {
            fputc(ch,fp1) ;
    }
    printf(" 向文件中成功写入 26 个大写字母。") ;
    // 关闭文件
    fclose(fp1);
}
```

单击菜单栏中的“运行 / 编译运行”命令（快捷键：F11），运行程序，效果如图 12.15 所示。

打开“E:\Dev-Cpp\mytxt2.txt”文件，就可以看到写入的 26 个大写字母，如图 12.16 所示。

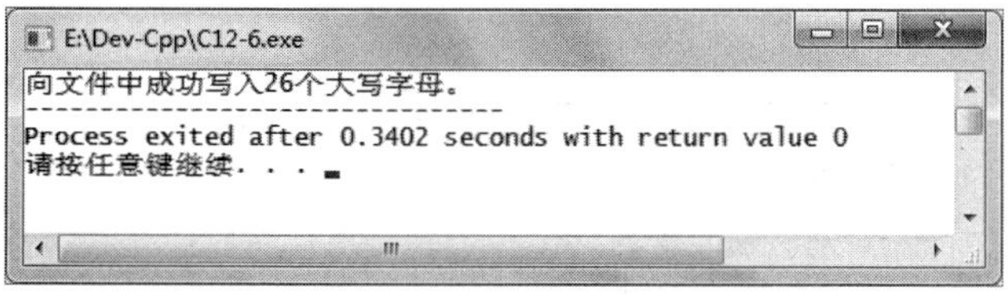

图 12.15　写入 26 个大写字母

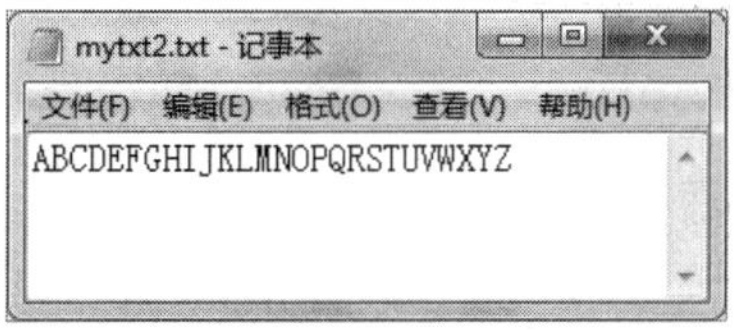

图 12.16　查看文件内容

12.3.2　利用 fputs() 函数向文件中写入内容

可以利用 fputs() 函数向文件中写入内容，该函数的语法格式如下：

```
fputs(str,fp);
```

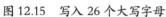

参数 str 表示存放字符串的起始地址；参数 fp 是文件指针。

利用 fputs() 函数可以把字符串内容写入文件中，但需要注意的是，字符串最后的 '\0' 不写入，所以如果连续用 fputs() 函数向文件中写入字符串，字符串就会首尾相接，分不清原有的字符串。因此，当用 fputs() 函数向文件中写入字符串时，最好人为地为每个字符串添加换行符。

下面向文件中写入多行内容。双击桌面上的“Dev-C++”桌面快捷图标，打开 Dev-C++ 集成开发环境，然后单击菜单栏中的“文件 / 新建 / 源文件”命令（快捷键：Ctrl+N），新建一个源文件，并命名为“C12-7.c”，然后输入如下代码：

```
#include <stdio.h>
int main()
{
    char *cp1="  通过 Dev-C++ 集成开发环境或其他编译系统新建文件，然后输入 C 语言代码。当把输入的 C 语言代码以某个名字存入硬盘时，就得到 C 的源程序文件。" ;
    char *cp2="  对 C 的源程序文件，进行编译、连接后生成的可执行文件为二进制文件，其后缀为 .EXE。此文件在操作系统下可以直接执行。" ;
    char *cp3="  C 程序中的数据文件以数据流的形式存放在硬盘中。即输出时，系统不添加任何信息，输出数据按字节依次存放在指定的文件中。输入时，对指定的数据文件按字节依次读入数据放入内存（变量）。" ;
```

```
    FILE *fp1 = fopen("mytxt3.txt", "w");
    fputs(cp1,fp1);
    fputs("\n",fp1) ;
    fputs(cp2,fp1);
    fputs("\n",fp1) ;
    fputs(cp3,fp1);
    fputs("\n",fp1) ;
    printf("向文件中成功写入多行字符串。") ;
    //关闭文件
    fclose(fp1);
}
```

单击菜单栏中的“运行 / 编译运行”命令（快捷键：F11），运行程序，效果如图 12.17 所示。

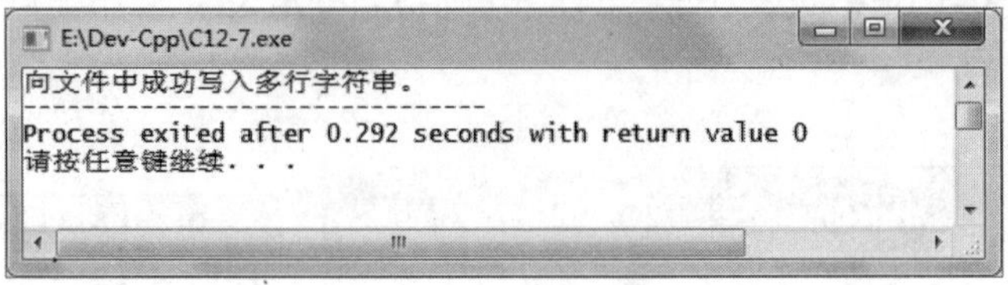

图 12.17　写入多行内容

打开“E:\Dev-Cpp\mytxt3.txt”文件，就可以看到写入的多行内容，如图 12.18 所示。

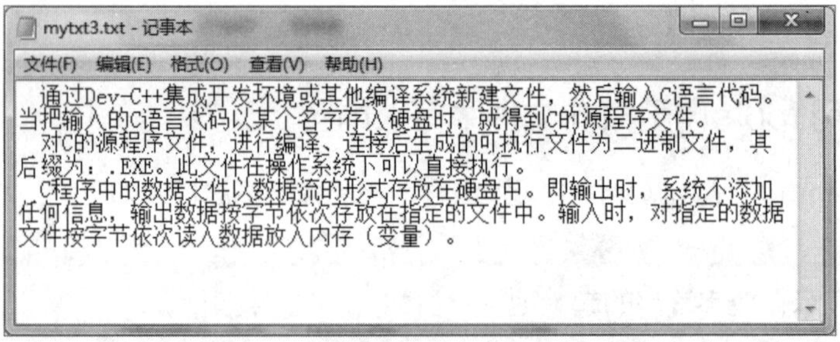

图 12.18　写入的多行内容

双击桌面上的“Dev-C++”桌面快捷图标，打开 Dev-C++ 集成开发环境，然后单击菜单栏中的“文件 / 新建 / 源文件”命令（快捷键：Ctrl+N），新建一个源文件，并命名为“C12-8.c”，然后输入如下代码：

```
#include <stdio.h>
int main()
{
    int i ;
    char ch[6][8] ;
    FILE *fp1 = fopen("mytxt4.txt", "w");
    printf("请输入学生学习的科目（共六科）:\n" ) ;
    for (i=0; i<6; i++)
    {
          gets(ch[i]) ;
    }
    for (i=0; i<6; i++)
    {
          fputs(ch[i],fp1) ;
```

```
            fputs("\n",fp1) ;
        }
        printf(" 已把动态输入的 6 科科目写入 mytxt4.txt 文件中。") ;
    }
```

单击菜单栏中的“运行 / 编译运行”命令（快捷键：F11），运行程序，提醒“请输入学生学习的科目（共六科）”，在这里输入 6 科科目，分别是语文、英语、数学、物理、化学、生物，如图 12.19 所示。

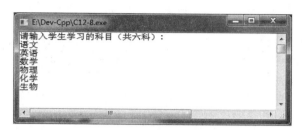

图 12.19　输入 6 科科目

然后回车，就可以把输入的 6 科科目，即语文、英语、数学、物理、化学、生物写入 mytxt4.txt 文件，并显示提示信息，如图 12.20 所示。

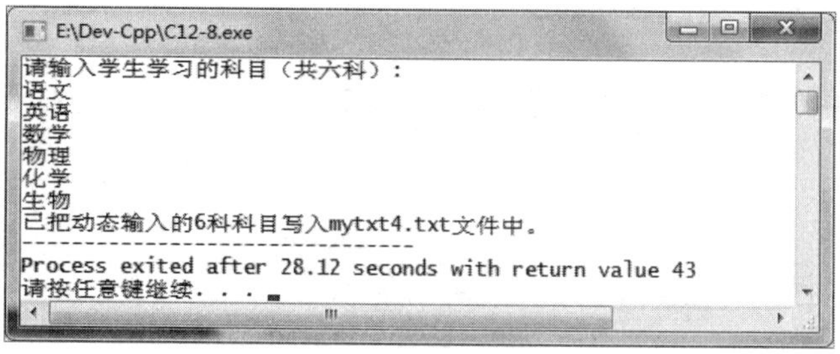

图 12.20　把输入的 6 科科目写入 mytxt4.txt 文件

打开“E:\Dev-Cpp\mytxt4.txt”文件，就可以看到 6 科科目，如图 12.21 所示。

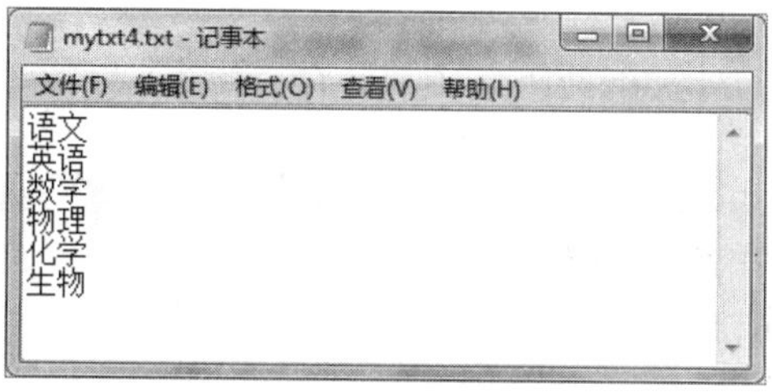

图 12.21　6 科科目

12.3.3　利用 fprintf() 函数向文件中写入内容

可以利用 fprintf() 函数向文件中写入内容，该函数的语法格式如下：

```
fprintf(文件指针，格式控制字符串，输出项表);
```

例如：

```
fprintf(sp1,"%d,%d\n",a,b)
```

下面编写程序，把二维数组中的数据写入文件。双击桌面上的“Dev-C++”桌面快捷图标，打开 Dev-C++ 集成开发环境，然后单击菜单栏中的“文件 / 新建 / 源文件”命令（快捷键：Ctrl+N），新建一个源文件，并命名为“C12-9.c”，然后输入如下代码：

```
#include <stdio.h>
int main()
{
    int a[3][4] = {
            {0, 1, 2, 3} ,                    /*  初始化索引号为 0 的行 */
            {4, 5, 6, 7} ,                    /*  初始化索引号为 1 的行 */
            {8, 9, 10, 11}                    /*  初始化索引号为 2 的行 */
            };
    int i,j ;
    FILE *fp1 = fopen("mytxt5.txt", "w");
    /* 输出数组中每个元素的值 */
    for ( i = 0; i < 3; i++ )
    {
       for ( j = 0; j < 4; j++ )
       {
         fprintf(fp1,"a[%d][%d] = %d\n", i,j, a[i][j] );
       }
    }
    printf(" 已把二维数组中的数据写入 mytxt5.txt 文件中。") ;
}
```

单击菜单栏中的“运行 / 编译运行”命令（快捷键：F11），运行程序，效果如图 12.22 所示。

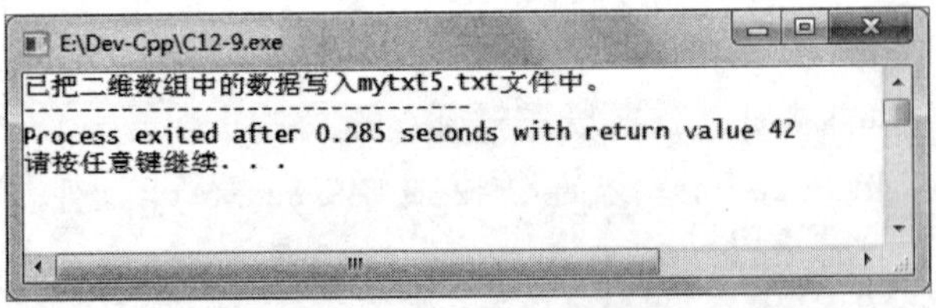

图 12.22　写入二维数组中的数据

打开“E:\Dev-Cpp\mytxt5.txt”文件，就可以看到写入的多行内容，如图 12.23 所示。

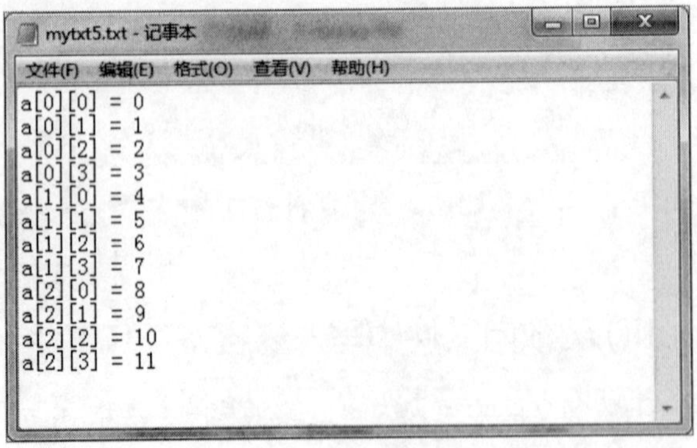

图 12.23　查看文件内容

把利用随机函数产生的矩阵内容写入文件。双击桌面上的“Dev-C++”桌面快捷图标，打开 Dev-C++ 集成开发环境，然后单击菜单栏中的“文件 / 新建 / 源文件”命令（快捷键：Ctrl+N），新建一个源文件，并命名为“C12-10.c”，然后输入如下代码：

```
#include <stdio.h>
#include <stdlib.h>
int main()
{
    int a1[8][10] ;
    int i,j ;
    FILE *fp1 = fopen("mytxt6.txt", "w");
    for (i=0; i<8 ; i++)
    {
            for (j=0 ; j<10; j++)
            {
                    a1[i][j] = rand()%100 ;
            }
    }
    for (i=0; i<8 ; i++)
    {
            for (j=0 ; j<10; j++)
            {
                    fprintf(fp1,"%d\t", a1[i][j] );
            }
            fprintf(fp1,"\n") ;
    }
    printf(" 已把随机函数产生的矩阵内容写入 mytxt6.txt 文件中。") ;
}
```

单击菜单栏中的“运行 / 编译运行”命令（快捷键：F11），运行程序，效果如图 12.24 所示。

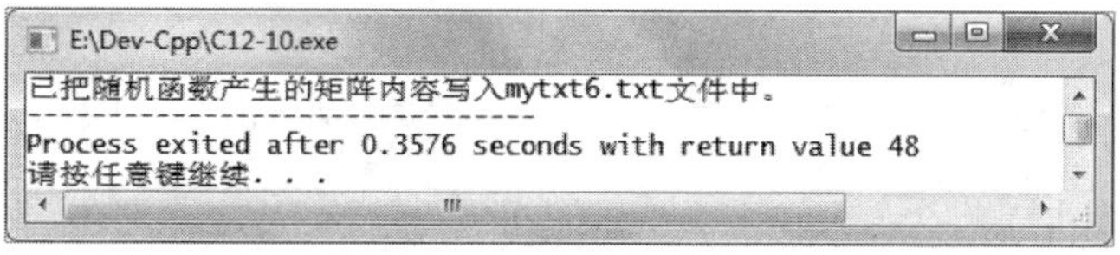

图 12.24　写入随机函数产生的矩阵内容

打开“E:\Dev-Cpp\mytxt6.txt”文件，就可以看到写入的矩阵内容，如图 12.25 所示。

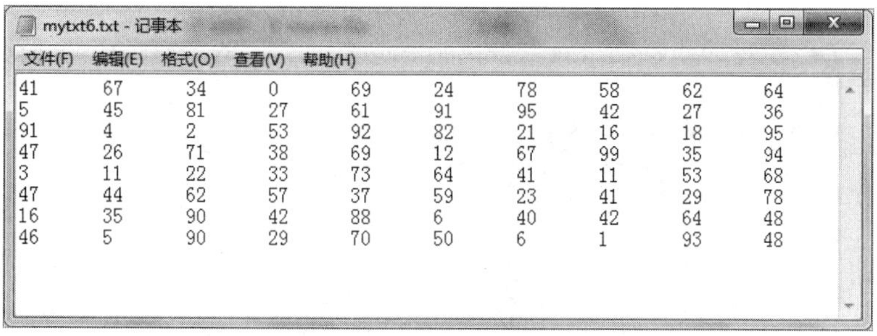

41	67	34	0	69	24	78	58	62	64
5	45	81	27	61	91	95	42	27	36
91	4	2	53	92	82	21	16	18	95
47	26	71	38	69	12	67	99	35	94
3	11	22	33	73	64	41	11	53	68
47	44	62	57	37	59	23	41	29	78
16	35	90	42	88	6	40	42	64	48
46	5	90	29	70	50	6	1	93	48

图 12.25　查看随机函数产生的矩阵内容

把结构体数组中的元素写入文件。双击桌面上的“Dev-C++”桌面快捷图标，打开 Dev-C++ 集成开发环境，然后单击菜单栏中的“文件 / 新建 / 源文件”命令（快捷键：

Ctrl+N），新建一个源文件，并命名为“C12-11.c”，然后输入如下代码：

```
#include <stdio.h>
int main()
{
    int i ;
    FILE *fp1 = fopen("mytxt7.txt", "w");
    struct  worker
    {
            int   num ;                                //编号
            char  *name ;                              //姓名
            char  *sex ;                               //性别
            float  wages ;                             //工资
    }  worker1[8] =
    {
            {11,"张平","男",5600},
            {12,"周红","女",5680},
            {13,"李晓波","男",5590},
            {14,"王群","男",5690},
            {15,"赵平","男",5780},
            {16,"陈艳","女",5600},
            {17,"陈思可","女",5900},
            {18,"周元","男",5600}
    };
     fprintf(fp1,"编号\t姓名\t性别\t工资\n" ) ;
     for (i=0; i<8; i++)
     {
    fprintf(fp1,"%d\t%s\t%s\t%f\n",worker1[i].num,worker1[i].name,worker1[i].
sex,worker1[i].wages) ;
    }
    printf("已把结构体数组中的元素写入mytxt7.txt文件中。") ;
}
```

单击菜单栏中的“运行/编译运行”命令（快捷键：F11），运行程序，效果如图 12.26 所示。

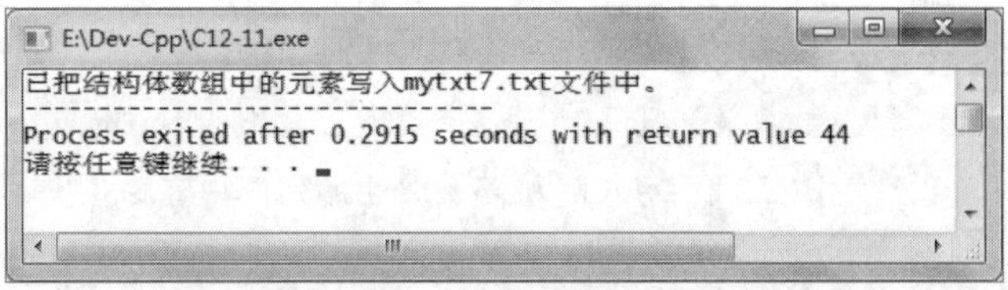

图 12.26　写入结构体数组中的元素内容

打开“E:\Dev-Cpp\mytxt7.txt”文件，就可以看到写入的多行内容，如图 12.27 所示。

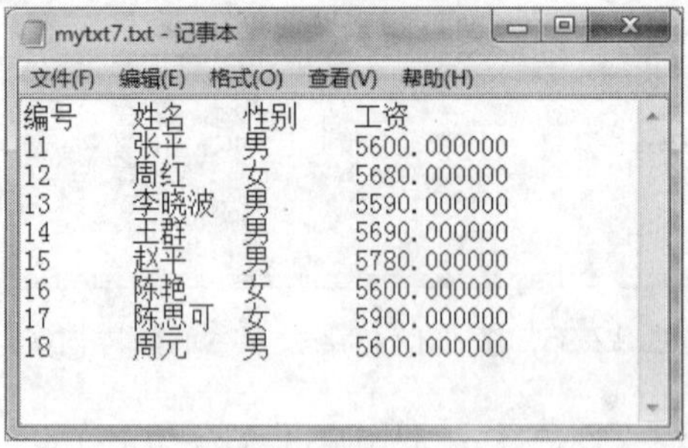

图 12.27　查看随机函数产生的矩阵内容

12.4 读出文件中的内容

读出文件中的内容也有 3 种方法，即 3 种库函数，分别是 fgetc()、fgets()、fscanf()。

12.4.1 利用 fgetc() 函数读出文件中的内容

可以利用 fgetc() 函数读出文件中的内容，该函数的语法格式如下：

```
ch  = fgetc(fp1) ;
```

下面从前面创建的 mytxt2.txt 中读取第一个字符并显示。双击桌面上的“Dev-C++”桌面快捷图标，打开 Dev-C++ 集成开发环境，然后单击菜单栏中的“文件 / 新建 / 源文件”命令（快捷键：Ctrl+N），新建一个源文件，并命名为“C12-12.c”，然后输入如下代码：

```
#include <stdio.h>
int main()
{
    //以只读的方式打开文件
    FILE *fp1 = fopen("mytxt2.txt", "r");
    char ch ;
    //从文件中读取第一个字符
    ch = fgetc(fp1);
    //显示文件中的第一个字符
    printf("mytxt2.txt 文件中的第一个字符是：%c",ch) ;
    //关闭文件
    fclose(fp1) ;
}
```

单击菜单栏中的“运行 / 编译运行”命令（快捷键：F11），运行程序，效果如图 12.28 所示。

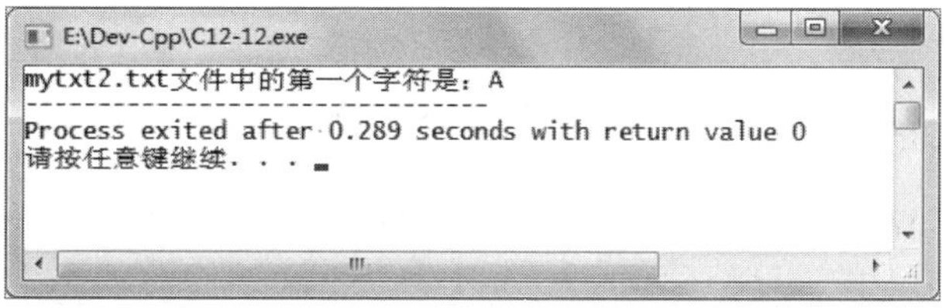

图 12.28　从 mytxt2.txt 中读取第一个字符并显示

利用 while 循环从 mytxt2.txt 中读取所有字符并显示。双击桌面上的“Dev-C++”桌面快捷图标，打开 Dev-C++ 集成开发环境，然后单击菜单栏中的“文件 / 新建 / 源文件”命令（快捷键：Ctrl+N），新建一个源文件，并命名为“C12-13.c”，然后输入如下代码：

```
#include <stdio.h>
int main()
{
    //以只读的方式打开文件
    FILE *fp1 = fopen("mytxt2.txt", "r");
    char ch ;
    int i =1 ;
    //每次读取一字节，直到读取完毕
```

```
    while ((ch=fgetc(fp1)) != EOF)
    {
            printf("mytxt2.txt 文件中的第 %d 个字符是: %c\n",i,ch) ;
            i++ ;
    }
    // 关闭文件
    fclose(fp1) ;
}
```

单击菜单栏中的“运行 / 编译运行”命令（快捷键：F11），运行程序，效果如图 12.29 所示。

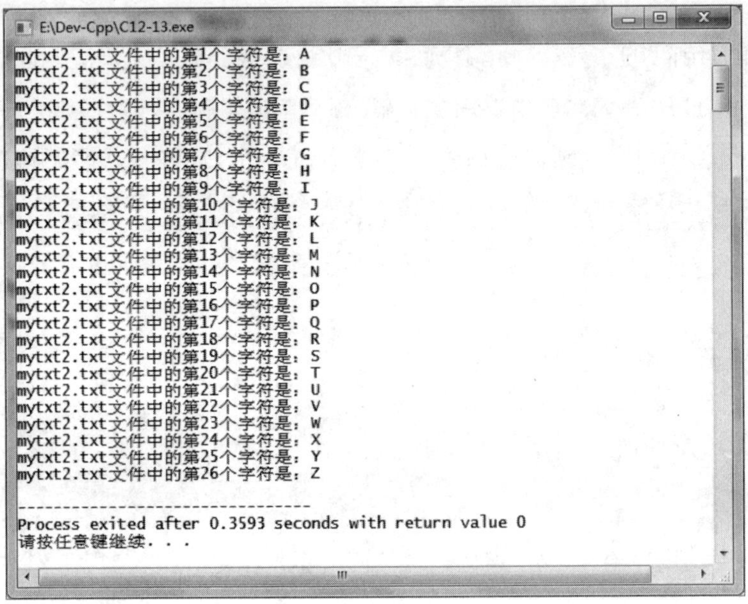

图 12.29　利用 while 循环从 mytxt2.txt 中读取所有字符并显示

12.4.2　利用 fgets() 函数读出文件中的内容

可以利用 fgets() 函数读出文件中的内容，该函数的语法格式如下：

```
fgets(str,n,fp1) ;
```

该函数从文件中最多读出 n−1 个字符放入 str 为起始地址的存储空间中，若在未读满 n−1 个字符时，读到一个换行符（"\n"）或遇到文件结束标志，就结束本次读出，把读入的字符（包括换行符）放入 str 为起始地址的存储空间中。每执行一次，系统会自动在读入的字符串最后加 "\0"。函数把 str 中的地址作为函数返回值。

双击桌面上的“Dev−C++”桌面快捷图标，打开 Dev−C++ 集成开发环境，然后单击菜单栏中的“文件 / 新建 / 源文件”命令（快捷键：Ctrl+N），新建一个源文件，并命名为“C12−14.c”，然后输入如下代码：

```
#include <stdio.h>
int main()
```

```
{
    FILE *fp1 = fopen("mytxt3.txt", "r");
    char str1[30] ;
    int i=1;
    //没有遇到文件结束标志
    while (fgets(str1, 30, fp1) != NULL)
    {
            printf("第 %d 行的内容是: %s",i,str1) ;
            i++ ;
     }
}
```

单击菜单栏中的“运行 / 编译运行”命令（快捷键：F11），运行程序，效果如图 12.30 所示。

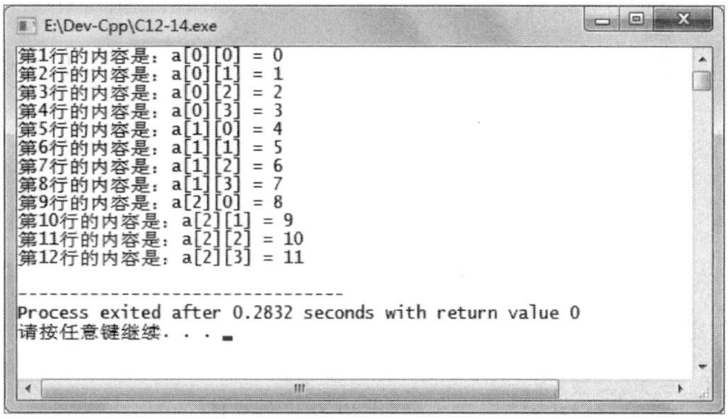

图 12.30　利用 while 循环从 mytxt3.txt 中读取所有内容并显示

12.4.3　利用 fscanf() 函数读出文件中的内容

可以利用 fscanf() 函数读出文件中的内容，该函数的语法格式如下：

```
fscanf(文件指针，格式控制字符串，输入项表);
```

例如：

```
fscanf(sp1,"%d,%d",&a,&b)
```

双击桌面上的“Dev-C++”桌面快捷图标，打开 Dev-C++ 集成开发环境，然后单击菜单栏中的“文件 / 新建 / 源文件”命令（快捷键：Ctrl+N），新建一个源文件，并命名为“C12-15.c”，然后输入如下代码：

```
#include <stdio.h>
int main()
{
    FILE *fp1 = fopen("mytxt2.txt", "r");
    char str1[30] ;
    //利用 feof() 函数判断文件是否结束
    while (feof(fp1)==0)
    {
            fscanf(fp1,"%s",str1);
        printf("%s\n",str1) ;
    }
}
```

利用 feof() 函数可以判断文件是否结束，其语法格式如下：

```
t  = feof(fp1);
```

其中，fp1 为文件指针，如果文件指针没有遇到文件结束标志，则函数的返回值为 0；如果遇到文件的结束标志，则函数的返回值为 1。

单击菜单栏中的“运行 / 编译运行”命令（快捷键：F11），运行程序，效果如图 12.31 所示。

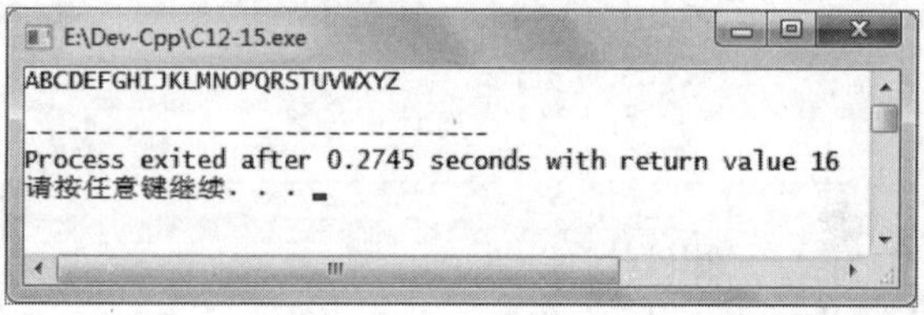

图 12.31　利用 fscanf() 函数读出文件中的内容

12.5　二进制文件

在 C 语言中，还可以创建和打开二进制文件，下面进行具体讲解。

12.5.1　创建和打开二进制文件

创建和打开二进制文件，也是利用 fopen() 方法，只是 mode 的参数不同。mode 的参数及意义如下。

wb：打开一个二进制文件只用于写入。如果该二进制文件已存在则打开文件，并从开头开始编辑，即原有内容会被删除。如果该二进制文件不存在，则创建新的二进制文件。

wb+：打开一个二进制文件用于读写。如果该二进制文件已存在则打开文件，并从开头开始编辑，即原有内容会被删除。如果该二进制文件不存在，则创建新的二进制文件。

ab：打开一个二进制文件用于追加。如果该二进制文件已存在，则文件指针将会放在文件的结尾。也就是说，新的内容将会被写入已有内容之后。如果该二进制文件不存在，则创建新的二进制文件进行写入。

ab+：打开一个二进制文件用于读写。如果该二进制文件已存在，则文件指针将会放在文件的结尾。也就是说，新的内容将会被写入已有内容之后。如果该二进制文件不存在，则创建新的二进制文件进行读写。

rb：以只读方式打开二进制文件。文件的指针将会放在文件的开头。

rb+：打开一个二进制文件用于读写。文件指针将会放在文件的开头。

双击桌面上的“Dev-C++”桌面快捷图标，打开 Dev-C++ 集成开发环境，然后单击菜单栏中的“文件 / 新建 / 源文件”命令（快捷键：Ctrl+N），新建一个源文件，并命名为“C12-16.c”，然后输入如下代码：

```
#include <stdio.h>
int main()
{
    //以只写模式创建二进制文件
    FILE *fp1 = fopen("myc1.txt", "wb");
    printf("以只写模式创建一个二进制文本文件，文件名为myc1.txt\n") ;
    //以读写模式创建二进制文件
    FILE *fp2 = fopen("myc2.doc","wb+") ;
    printf("以读写模式创建一个二进制word文件，文件名为myc2.doc\n") ;
    //以追加只读模式创建二进制文件
    FILE *fp3 = fopen("myc3.xls","ab") ;
    printf("以追加只读模式创建一个二进制excel文件，文件名为myc3.xls\n") ;
    //以追加读写模式创建二进制文件
    FILE *fp4 = fopen("myc4.ppt","ab+") ;
    printf("以追加读写模式创建一个二进制ppt文件，文件名为myc4.ppt\n") ;
}
```

单击菜单栏中的“运行 / 编译运行”命令（快捷键：F11），运行程序，效果如图 12.32 所示。

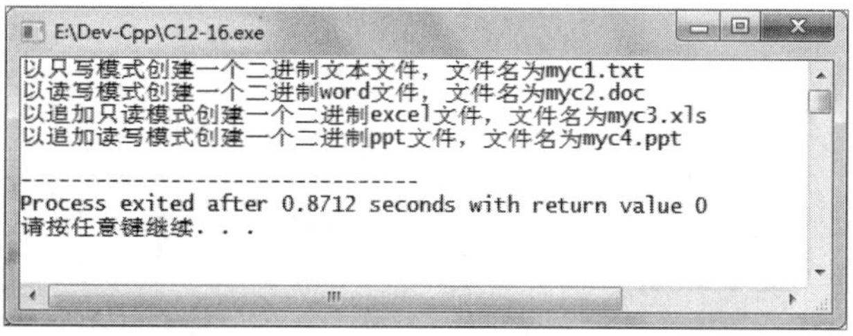

图 12.32　创建二进制文件

需要注意的是，创建的文件保存在当前 C 源程序文件保存的位置，即“E:\Dev-Cpp”中，打开 Dev-Cpp 文件夹，就可以看到刚刚创建的 4 个文件，如图 12.33 所示。

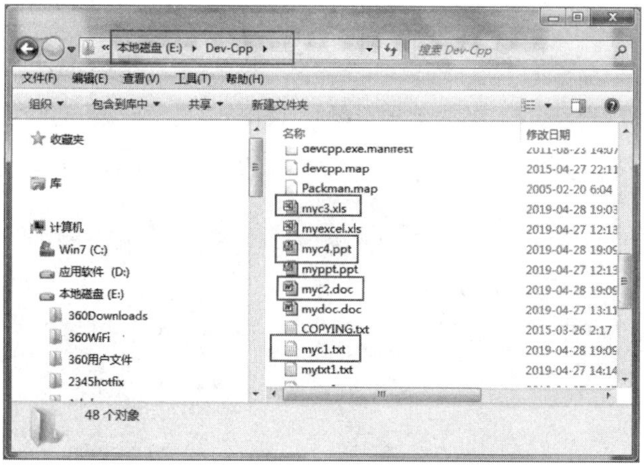

图 12.33　创建二进制文件的保存位置

12.5.2 向二进制文件中写入内容

向二进制文件中写入内容，要使用 fwrite() 函数，该函数的语法格式如下：

```
fwrite(buffer,size,count,fp1) ;
```

参数 buffer 是存放当前写入数据的起始地址；size 是每个写入数组的字节数；count 用来指定每执行一个 fwrite() 函数，写入的数据个数；fp1 是文件指针。

注意：size 的值往往用 sizeof() 函数来确定。

向二进制文件中写入一个字符。双击桌面上的“Dev-C++”桌面快捷图标，打开 Dev-C++ 集成开发环境，然后单击菜单栏中的“文件 / 新建 / 源文件”命令（快捷键：Ctrl+N），新建一个源文件，并命名为“C12-17.c”，然后输入如下代码：

```
#include <stdio.h>
int main()
{
    //以只读模式打开二进制文件
    FILE *fp1 = fopen("myc1.txt", "rb");
    char ch='B' ;
    fwrite(&ch,sizeof(char),1,fp1) ;
    printf("向二进制文件中成功写入一个字符。") ;
    fclose(fp1) ;
}
```

单击菜单栏中的“运行 / 编译运行”命令（快捷键：F11），运行程序，效果如图 12.34 所示。

打开“E:\Dev-Cpp\myc1.txt”文件，就可以看到写入的一个字符，如图 12.35 所示。

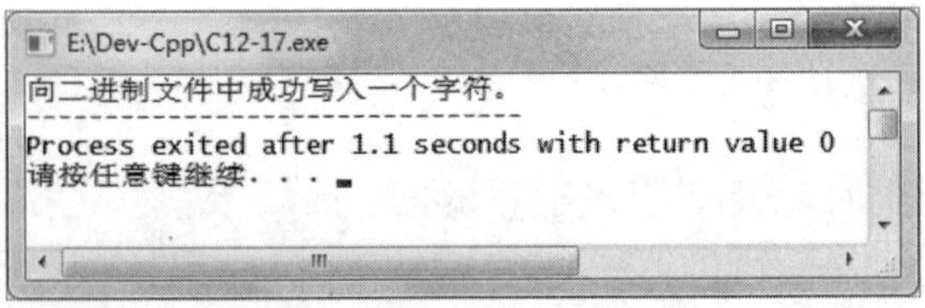

图 12.34 向二进制文件中写入一个字符

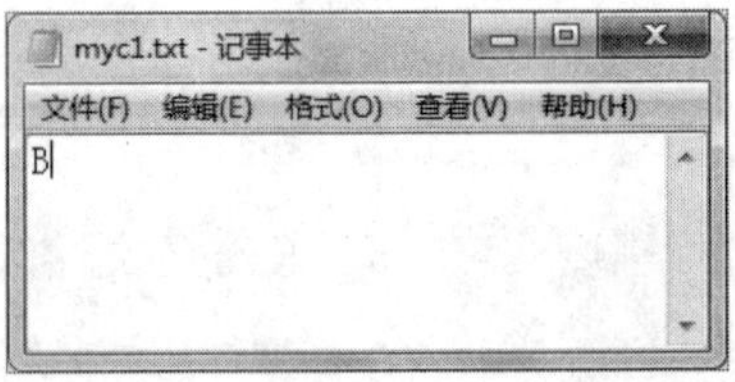

图 12.35 查看写入的字符

创建二进制文件，然后写入 12 个字符。双击桌面上的“Dev-C++”桌面快捷图标，打开 Dev-C++ 集成开发环境，然后单击菜单栏中的“文件 / 新建 / 源文件”命令（快捷键：Ctrl+N），新建一个源文件，并命名为“C12-18.c”，然后输入如下代码：

```
#include <stdio.h>
int main()
{
    //以只写模式打开二进制文件
    FILE *fp1 = fopen("myc2.txt", "wb");
    int i ;
    char a[12] ;
    printf("请输入 12 个字母：") ;
    for (i=0; i<12; i++)
    {
            scanf("%c",a+i) ;
    }
```

```
    fwrite(a,sizeof(char)*12,1,fp1) ;
    fclose(fp1) ;
    printf("向二进制文件中已成功写入 12 个字母！") ;
}
```

单击菜单栏中的“运行 / 编译运行”命令（快捷键：F11），运行程序，提醒“请输入 12 个字母”，在这里输入“hello world!”，然后回车，如图 12.36 所示。

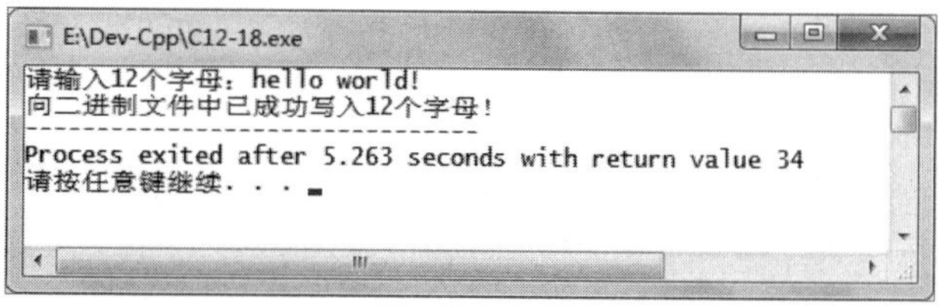

图 12.36　写入 12 个字符

打开“E:\Dev-Cpp\myc2.txt”文件，就可以看到写入的 12 个字符，如图 12.37 所示。

图 12.37　查看写入的 12 个字符

12.5.3　读取二进制文件中的内容

读取二进制文件中的内容，要使用 fread() 函数，该函数的语法格式如下：

```
fread(buffer,size,count,fp1) ;
```

参数 buffer 是存放当前读取数据的起始地址；size 是每个要读取的数组的字节数；count 用来指定每执行一个 fread() 函数，读取的数据个数；fp1 是文件指针。

注意：size 的值往往用 sizeof() 函数来确定。

下面从前面创建的二进制文件 myc1.txt 中读取一个字符并显示。双击桌面上的“Dev-C++”桌面快捷图标，打开 Dev-C++ 集成开发环境，然后单击菜单栏中的“文件 / 新建 / 源文件”命令（快捷键：Ctrl+N），新建一个源文件，并命名为“C12-19.c”，然后输入如下代码：

```
#include <stdio.h>
int main()
{
    //以只读模式打开二进制文件
    FILE *fp1 = fopen("myc1.txt", "rb");
    char ch ;
    fread(&ch,sizeof(char),1,fp1) ;
    printf("读取二进制文件中的一个字符：%c",ch) ;
```

```
    fclose(fp1) ;
}
```

单击菜单栏中的“运行 / 编译运行”命令（快捷键：F11），运行程序，效果如图 12.38 所示。

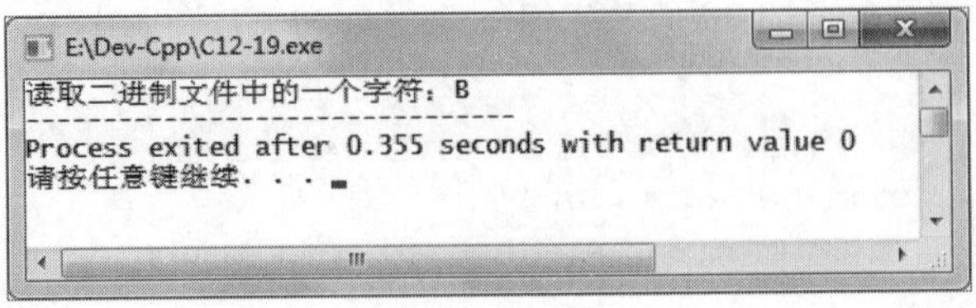

图 12.38　从二进制文件 myc1.txt 中读取一个字符并显示

下面从前面创建的二进制文件 myc2.txt 中读取 12 个字符并显示。双击桌面上的“Dev−C++”桌面快捷图标，打开 Dev−C++ 集成开发环境，然后单击菜单栏中的“文件 / 新建 / 源文件”命令（快捷键：Ctrl+N），新建一个源文件，并命名为“C12−20.c”，然后输入如下代码：

```
#include <stdio.h>
int main()
{
    //以只读模式打开二进制文件
    FILE *fp1 = fopen("myc2.txt", "rb");
    int i ;
    char ch ;
    for (i=0; i<12; i++)
    {
            fread(&ch,sizeof(char),1,fp1) ;
            printf("读取二进制文件中的第%d字符：%c\n",i+1,ch) ;
    }
    fclose(fp1) ;
}
```

单击菜单栏中的“运行 / 编译运行”命令（快捷键：F11），运行程序，效果如图 12.39 所示。

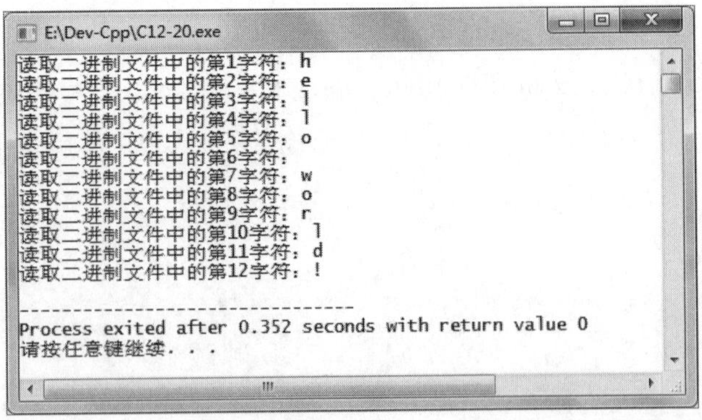

图 12.39　从二进制文件 myc2.txt 中读取 12 个字符并显示

12.6 文件的定位函数

前面读取文件内容，都是从文件的开头读取的。如果只想读取文件中的中间某部分，那么该如何操作呢？这就要用到文件的定位函数。

在 C 语言中，有 2 个文件定位函数，分别是 rewind() 函数和 fseek() 函数。

12.6.1 rewind() 函数

rewind() 函数的语法格式如下：

```
rewind(fp1) ;
```

其中，fp1 为文件指针。rewind() 函数的功能是使文件位置指针回到 fp1 所指文件的开头。这时若执行写入操作，则将从头开始重新写文件，文件中原有的数据将被覆盖掉。如果执行读取操作，则将从文件开头读取数据。

12.6.2 fseek() 函数

fseek() 函数用来移动位置指针到指定的字节前，以备接着从文件中新的位置开始进行读写操作，其语法格式如下：

```
fseek(fp1,offset,origin);
```

第一，对于二进制文件，origin 指位置指针移动的起始位置。对于起始位置，C 语言具体规定如下：

标识符 SEEK_SET 或 0 表示文件的开头；

SEEK_CUR 或 1 表示当前位置；

SEEK_END 或 2 表示文件的末尾。

offset 是一个长整型数，表示离起始位置的字节数。例如：

```
fseek(fp1,-6L*sizeof(char),2) ;
```

上述代码表示，位置指针离文件末尾为 6*1=6 字节。注意：当位移量为正数时，表示位置指针向文件尾部移动。当位移量为负数时，表示位置指针向文件头部移动。

第二，对于文本文件，offset 必须为 0。fseek(fp,oL,SEEK_SET); 相当于 rewind(fp);

双击桌面上的“Dev-C++”桌面快捷图标，打开 Dev-C++ 集成开发环境，然后单击菜单栏中的“文件 / 新建 / 源文件”命令（快捷键：Ctrl+N），新建一个源文件，并命名为“C12-21.c”，然后输入如下代码：

```
#include <stdio.h>
int main()
```

```
{
    //以只读模式打开二进制文件
    FILE *fp1 = fopen("myc2.txt", "rb");
    char ch ;
    fread(&ch,sizeof(char),1,fp1) ;
    printf("读取二进制文件中的第一个字符：%c\n",ch) ;
    //位置指针从开头向后移 4 字节
    fseek(fp1,4L*sizeof(char),SEEK_SET);
    fread(&ch,sizeof(char),1,fp1) ;
    printf("读取二进制文件中的第五个字符：%c\n",ch) ;
    fclose(fp1) ;
}
```

单击菜单栏中的“运行 / 编译运行”命令（快捷键：F11），运行程序，效果如图 12.40 所示。

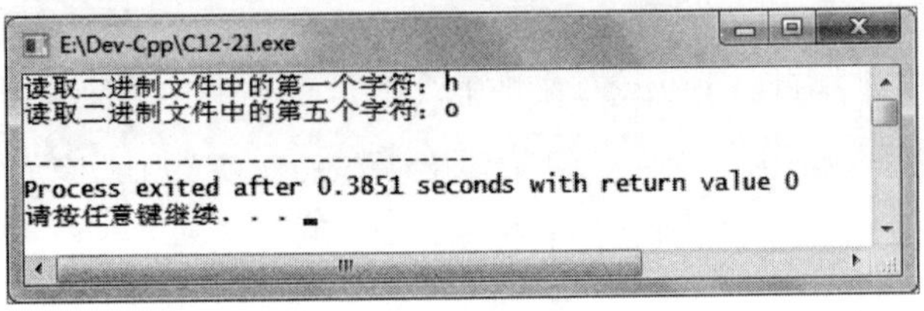

图 12.40　fseek() 函数

第 13 章

C 语言的线性表

一个线性表是 n 个数据元素的有限序列，序列中的每个数据元素，可以是一个数字，可以是一个字符，也可以是复杂的结构体。例如，1,2,3,4,5 是一个线性表，A,B,C,D,...,Z 是一个线性表，一列列车的车厢 1，车厢 2，...，车厢 n 是一个线性表。

本章主要内容包括：

- ➢ 线性表的前驱和后继
- ➢ 线性表的特征
- ➢ 顺序表的定义和初始化
- ➢ 向顺序表中插入数据元素
- ➢ 删除顺序表中的数据元素
- ➢ 查找顺序表中的数据元素
- ➢ 修改顺序表中的数据元素
- ➢ 链表概述
- ➢ 链表的定义及初始化
- ➢ 向链表中插入数据元素
- ➢ 删除链表中的数据元素
- ➢ 查找链表中的数据元素
- ➢ 修改链表中的数据元素

13.1 初识线性表

线性表是一个简单的、常用的数据结构，其数据元素之间的关系是一对一的关系。

13.1.1 线性表的前驱和后继

在线性表中，每个数据被称为元素，例如用（a_1，a_2，…，a_{i-2}，a_{i-1}，a_i，a_{i+1}，a_{i+2}…，a_n）表示一个顺序表，其中，a_1，a_2，a_{i-2}，a_{i-1}，a_i，a_{i+1}，a_{i+2} 都是元素。

某一元素的左侧相邻元素称为“直接前驱”，位于此元素左侧的所有元素都统称为“前驱元素”。例如，a_i 元素的直接前驱是 a_{i-1}，而从 a_1 到 a_{i-1} 都称为前驱元素。

某一元素的右侧相邻元素称为“直接后继”，位于此元素右侧的所有元素都统称为“后继元素”。例如，a_i 元素的直接后继是 a_{i+1}，而从 a_{i+1} 到 a_n 都称为后继元素。

13.1.2 线性表的特征

线性表的特征有如下 4 点：

第一，线性表有并且只有一个“第一个元素”。

第二，线性表有并且只有一个“最后一个元素”。

第三，线性表中除最后一个元素外，均有唯一的直接后继。

第四，线性表中除第一个元素外，均有唯一的直接前驱。

13.2 顺序表

线性表根据存储类型的不同，可分为两类，分别是顺序表和链表。下面先来讲解顺序表。

13.2.1 什么是顺序表

顺序表是指用一组地址连续的存储单元依次存储数据元素的线性数据结构。顺序表存储数据元素时，会提前申请一整块足够大小的物理内存空间，然后将数据依次存储起来，存储时做到数据元素之间不留一丝缝隙。

使用顺序表存储集合 {a,b,c,d,e}，数据最终的存储状态如图 13.1 所示。

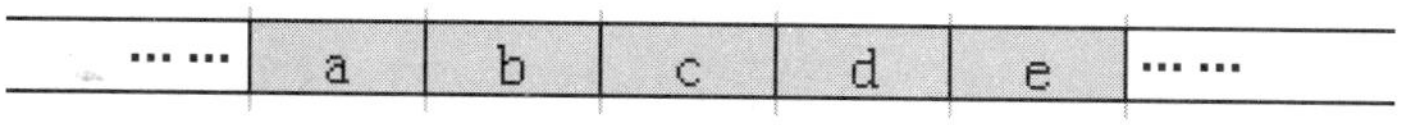

图 13.1　顺序表的存储

13.2.2 顺序表的初始化

要初始化顺序表，首先要定义一个顺序表，利用结构体定义一个顺序表，具体代码如下：

```
typedef struct  list
{
        char   *p ;                 //定义一个字符型指针，用来存放字符
        int    len ;                //用来统计顺序表中数据的个数
        int    size ;               //用来统计顺序表分配的空间，即顺序表的长度
} mylist ;
```

size 表示顺序表的最大容量，但可以随时扩容。

len 表示顺序表中有几个有效的数据，总是小于等于 size。

顺序表创建成功后，就可以进行初始化，具体代码如下：

```
mylist initmylist()
  {
   mylist list1;
   list1.p=(char*)malloc(6*sizeof(char));//创建一个空的顺序表，动态分配内存存储空间
   if (!list1.p)
   {
          printf("顺序表初始化失败！ " ) ;
          exit(0);
   }
   list1.len =0 ;                   //顺序表中的有效数据个数为 0 个
   list1.size = 6 ;                 //初始化时，默认字符空间个数为 6 个
   return list1 ;
  }
```

顺序表初始化，就是创建一个空的顺序表，即有效数据为 0 个，但要分配内存存储空间，在这里设置为 6 个字符。

下面通过具体实例来讲解顺序表的数据输入和显示。双击桌面上的“Dev-C++”桌面快捷图标，打开 Dev-C++ 集成开发环境，然后单击菜单栏中的“文件 / 新建 / 源文件”命令（快捷键：Ctrl+N），新建一个源文件，并命名为“C13-1.c”，然后输入如下代码：

```
#include <stdio.h>
#include <stdlib.h>
   //定义顺序表
  typedef struct  list
  {
          char   *p ;                //定义一个字符型指针，用来存放字符
          int    len ;               // 用来统计顺序表的长度
          int    size ;              //用来统计顺序表分配的空间
  } mylist ;
  //顺序表的初始化
 mylist initmylist()
```

```
    {
        mylist list1;
        list1.p=(char*)malloc(9*sizeof(char));// 创建一个空的顺序表，动态分配内存存储空间
        if (!list1.p)
        {
                printf("顺序表初始化失败！") ;
                exit(0);
        }
        list1.len =0 ;                      // 顺序表中的有效数据个数为 0 个
        list1.size = 9 ;                    // 初始化时，默认字符空间个数为 9 个
        return list1 ;
    }
int main()
{
    mylist myl = initmylist();
    int i ;
    // 向顺序表中添加数据
    for (i=0;i<myl.size;i++)
    {
            myl.p[i]=i+'A';
            myl.len++ ;
    }
    // 显示顺序表中的数据
    printf("顺序表中有效数据的个数是：%d，具体如下：\n",myl.len) ;
    for (i=0;i<myl.size;i++)
    {
            printf("%c\n",myl.p[i]) ;
    }
}
```

单击菜单栏中的“运行 / 编译运行”命令（快捷键：F11），运行程序，效果如图 13.2 所示。

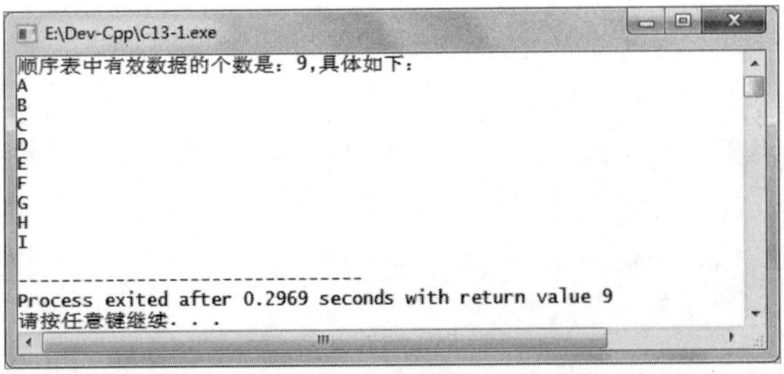

图 13.2　顺序表的初始化

13.2.3　向顺序表中插入数据元素

向顺序表中插入数据元素，有 3 种可能，分别是，插入成为第一个元素，插入成为最后一个元素，插入顺序表的中间任何一个位置。

无论插入顺序表的什么位置，都要先利用循环找到该位置，再把该位置中的元素及后继元素向后移一位，然后把要插入的元素放到该位置。

下面通过具体实例来讲解顺序表的数据插入和显示。双击桌面上的“Dev-C++”桌

面快捷图标，打开 Dev-C++ 集成开发环境，然后单击菜单栏中的“文件 / 新建 / 源文件”命令（快捷键：Ctrl+N），新建一个源文件，并命名为“C13-2.c”。

在这里利用前面创建的顺序表（C13-1.c 程序）。对于顺序表的创建、初始化，这里不再赘述。

编写向顺序表中插入数据元素函数，具体代码如下：

```
//向顺序表中插入数据元素函数，其中，myc 为插入的字符元素，add 为插入顺序表的位置
mylist addlist(mylist list, char myc, int add)
{
    //判断插入字符的位置
    if (add>list.len+1 || add<1)
    {
        printf("插入位置不对，要重新确定！");
        return list ;
    }
    //判断顺序表是否有多余的存储空间提供给插入的元素
    if (list.len==list.size)
    {
        list.p=(char *)realloc(list.p, (list.size+1)*sizeof(char));
        if (!list.p)
            {
                    printf("顺序表初始化失败！" ) ;
                    exit(0);
            }
        list.size = list.size +1 ;
    }
    //找到插入位置，然后该位置中的元素及后继元素向后移一位
    int i ;
    for (i=list.len-1; i>=add-1; i--)
    {
        list.p[i+1]=list.p[i];
    }
    //把要插入的元素放到该位置
    list.p[add-1]=myc ;
    //由于添加了元素，所以长度 +1
    list.len=list.len+1 ;
    return list;
}
```

在插入函数中，首先判断要插入的位置，该值不能小于 1，也不能大于所有字符个数的和。如果插入成为第一个元素，则插入位置为 1，插入成为最后一个位置，插入为 list.len+1。

如果要插入元素，则还要判断是否有存储空间要插入。如果存储空间已存满，就要增加新的存储空间。

接着利用 for 循环将插入位置的元素及后继元素后移一位，最后把要插入的元素放到该位置。另外，不要忘记，元素的长度要加 1。返回值仍是 mylist 类型。

接下来，在主函数中调用插入函数，具体代码如下：

```
int main()
{
    mylist myl = initmylist();
    //新定义一个 mylist 变量，用来接收插入函数的返回值
    mylist newmyl ;
```

```
    int i ;
    //向顺序表中添加数据
    for (i=0;i<myl.size;i++)
    {
            myl.p[i]=i+'A';
            myl.len++ ;
    }
    //显示顺序表中的数据
    printf("顺序表中有效数据的个数是：%d，具体如下：\n",myl.len) ;
    for (i=0;i<myl.size;i++)
    {
            printf("%c\n",myl.p[i]) ;
    }
    //调用插入函数，插入的字符是！，位置是第 5 个字符
    newmyl = addlist(myl, '!', 5) ;
    printf("插入！字符后，顺序表中有效数据的个数是：%d，具体如下：\n",newmyl.len) ;
    for (i=0;i<newmyl.size;i++)
    {
            printf("%c\n",newmyl.p[i]) ;
    }
}
```

注意：这里插入的字符是！，位置是第 5 个字符。单击菜单栏中的“运行 / 编译运行”命令（快捷键：F11），运行程序，效果如图 13.3 所示。

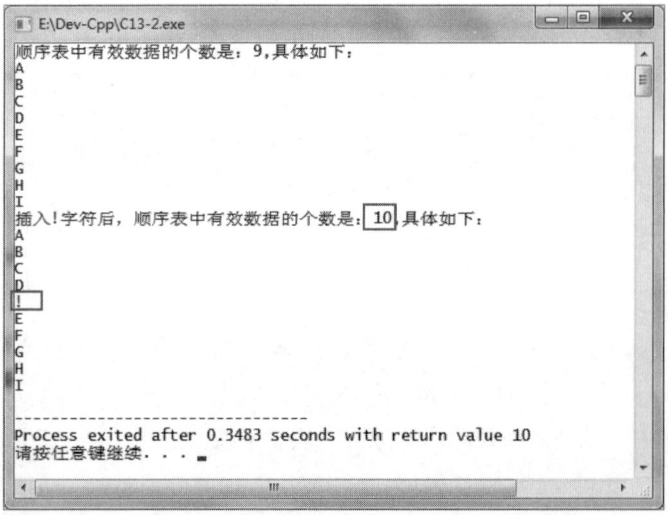

图 13.3　向顺序表中插入数据元素

13.2.4　删除顺序表中的数据元素

删除顺序表中的数据元素，比较容易实现。只要找到要删除的元素，然后将该元素的后继元素整体向前移一位即可。

下面通过具体实例来讲解顺序表的数据删除和显示。双击桌面上的“Dev-C++”桌面快捷图标，打开 Dev-C++ 集成开发环境，然后单击菜单栏中的“文件 / 新建 / 源文件”命令（快捷键：Ctrl+N），新建一个源文件，并命名为“C13-3.c”。

在这里利用前面创建的顺序表（C13-1.c 程序）。对于顺序表的创建、初始化，这里不再赘述。

编写删除顺序表中的数据元素函数，具体代码如下：

```
// 删除顺序表中的数据元素函数，del 为要删除字符的位置
  mylist dellist(mylist list ,int del)
  {
    // 判断要删除字符的位置
    if (del>list.len+1 || del<1)
    {
        printf("删除位置不对，要重新确定！");
        return list ;
    }
    // 删除操作
    int i ;
    for (i=del; i<list.len; i++)
    {
        list.p[i-1]=list.p[i];
    }
    // 由于删除了元素，所以长度减 1
    list.len=list.len-1 ;
    return list;
  }
```

在删除函数中，首先判断要删除的位置，该值不能小于 1，也不能大于所有字符个数的和。接着利用 for 循环将要删除的元素的后继元素整体向前移一位。另外，不要忘记，元素的长度要减 1。返回值仍是 mylist 类型。

接下来，在主函数中调用删除函数，具体代码如下：

```
int main()
{
    mylist myl = initmylist();
    //新定义一个 mylist 变量，用来接收删除函数的返回值
    mylist newmyl ;
    int i ;
    //向顺序表中添加数据
    for (i=0;i<myl.size;i++)
    {
            myl.p[i]=i+'A';
            myl.len++ ;
    }
    //显示顺序表中的数据
    printf("顺序表中有效数据的个数是：%d，具体如下：\n",myl.len) ;
    for (i=0;i<myl.size;i++)
    {
            printf("%c\n",myl.p[i]) ;
    }
    // 调用删除函数，删除字符是第 6 个字符
    newmyl = dellist(myl, 6) ;
    printf("删除字符后，顺序表中有效数据的个数是：%d，具体如下：\n",newmyl.len) ;
    for (i=0;i<newmyl.size;i++)
    {
            printf("%c\n",newmyl.p[i]) ;
    }
}
```

注意：这里删除的字符是第 6 个字符。单击菜单栏中的“运行 / 编译运行”命令（快捷键：F11），运行程序，效果如图 13.4 所示。

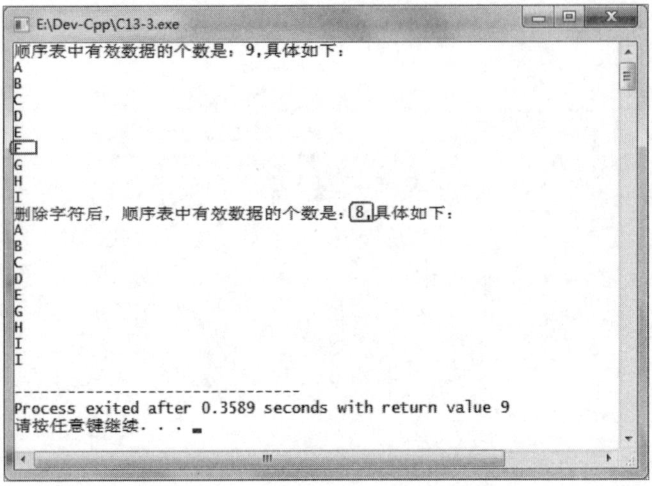

图 13.4　删除顺序表中的数据元素

13.2.5　查找顺序表中的数据元素

查找顺序表中的元素比较简单，下面通过实例来讲解。

双击桌面上的“Dev-C++”桌面快捷图标，打开 Dev-C++ 集成开发环境，然后单击菜单栏中的“文件 / 新建 / 源文件”命令（快捷键：Ctrl+N），新建一个源文件，并命名为“C13-4.c”。

在这里利用前面创建的顺序表（C13-1.c 程序）。对于顺序表的创建、初始化，这里不再赘述。

编写查找顺序表中的数据元素函数，具体代码如下：

```
//查找顺序表中的数据元素函数,myc为查找的字符
  int sellist(mylist list, char myc)
  {
   int i ;
   for (i=0; i<list.len; i++)
   {
       if (list.p[i]==myc)
          {
           return i+1;                    //返回所找字符的位置
       }
   }
   return -1;                             //如果查找失败，则返回 -1
}
```

接下来，在主函数中调用查找函数，具体代码如下：

```
int main()
{
    mylist myl = initmylist();
    int i ;
    //向顺序表中添加数据
    for (i=0;i<myl.size;i++)
    {
          myl.p[i]=i+'A';
```

```
            myl.len++ ;
      }
      //显示顺序表中的数据
      printf("顺序表中有效数据的个数是：%d，具体如下：\n",myl.len) ;
      for (i=0;i<myl.size;i++)
      {
            printf("%c\n",myl.p[i]) ;
      }
      //调用查找函数，查找字符 "C"
      int k ;
      k=sellist(myl,'C') ;
      if (k==-1)
      {
            printf("在顺序表中没有找到该字符！ ") ;
      }
      else
      {
            printf("该字符在顺序表中，是第%d个字符",k) ;
      }
}
```

在这时调用查找函数，查找字符“C”是否在顺序表中，如果在，是第几个字符。

单击菜单栏中的“运行 / 编译运行”命令（快捷键：F11），运行程序，效果如图 13.5 所示。

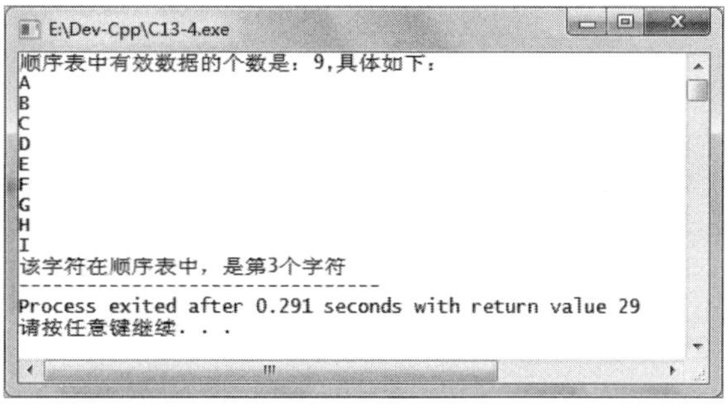

图 13.5　查找顺序表中的数据元素

13.2.6　修改顺序表中的数据元素

修改顺序表中的数据元素，首先找到要修改的元素的位置，然后直接修改即可。下面举例说明。

双击桌面上的“Dev-C++”桌面快捷图标，打开 Dev-C++ 集成开发环境，然后单击菜单栏中的“文件 / 新建 / 源文件”命令（快捷键：Ctrl+N），新建一个源文件，并命名为“C13-5.c”。

在这里利用前面创建的顺序表（C13-1.c 程序）。对于顺序表的创建、初始化，这里不再赘述。

下面来编写修改顺序表中的数据元素函数，要修改元素，首先要找到该元素，还要用到查找函数。直接复制“C13-4”中的查找函数即可，这里不再赘述。

```
// 修改顺序表中的数据元素函数
mylist uplist(mylist list,char myc,char newmyc)
{
    // 调用查找函数
    int k=sellist(list, myc);
    // 修改字符
    list.p[k-1]=newmyc;
    return list ;
}
```

接下来，在主函数中调用修改函数，具体代码如下：

```
int main()
{
    mylist myl = initmylist();
    // 新定义一个 mylist 变量，用来接收修改函数的返回值
    mylist newmyl ;
    int i ;
    // 向顺序表中添加数据
    for (i=0;i<myl.size;i++)
    {
            myl.p[i]=i+'A';
            myl.len++ ;
    }
    // 显示顺序表中的数据
    printf(" 顺序表中有效数据的个数是：%d，具体如下：\n",myl.len) ;
    for (i=0;i<myl.size;i++)
    {
            printf("%c\n",myl.p[i]) ;
    }
    // 调用修改函数，把 C 修改成 #
    newmyl = uplist(myl, 'C', '#') ;
    printf(" 把 C 修改成 # 字符后，顺序表中有效数据的个数是：%d，具体如下：\n",newmyl.len) ;
    for (i=0;i<newmyl.size;i++)
    {
            printf("%c\n",newmyl.p[i]) ;
    }
}
```

调用修改函数，把 C 修改成 #。单击菜单栏中的“运行 / 编译运行”命令（快捷键：F11），运行程序，效果如图 13.6 所示。

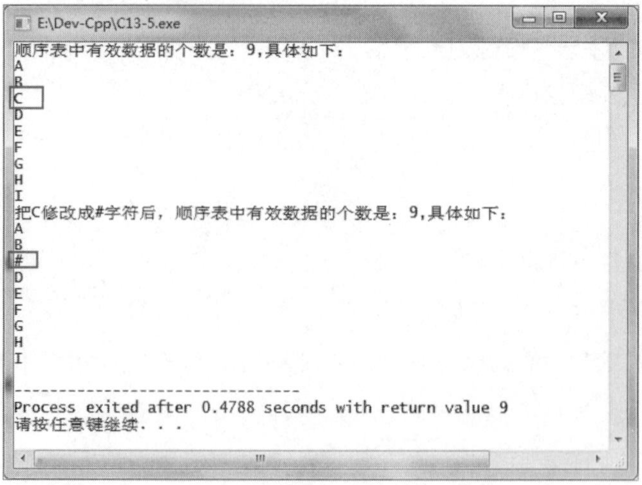

图 13.6　修改顺序表中的数据元素

13.3 链表

前面讲解了顺序表，下面来讲解链表。

13.3.1 链表概述

链表是一种物理存储单元上非连续、非顺序的存储结构，数据元素的逻辑顺序是通过链表中的指针链接次序实现的。链表由一系列结点（链表中每一个元素称为结点）组成，结点可以在运行时动态生成。每个结点包括两个部分：一个是存储数据元素的数据域；另一个是存储下一个结点地址的指针域。

需要注意的是，一个完整的链表，要包括头指针和结点，而结点又分为 3 种，分别是头结点、首元结点和其他结点，如图 13.7 所示。

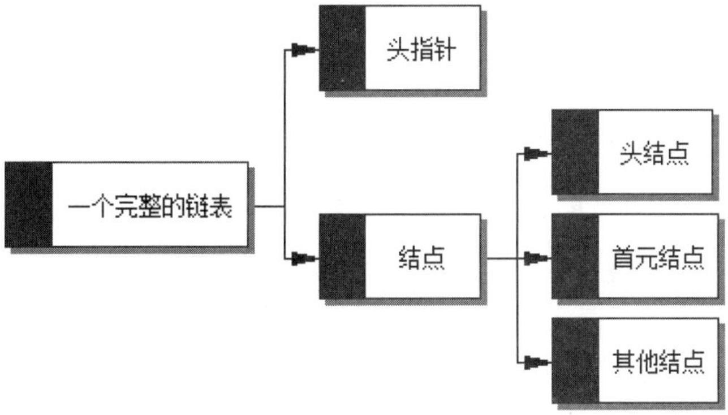

图 13.7　一个完整的链表

1. 头指针

链表中第一个结点的存储位置叫作头指针，整个链表的存取必须从头指针开始。头指针用于指明链表的位置，便于其后找到链表并使用表中的数据。

提醒：头指针可以理解成链表的名字。头指针是一个普通的指针。无论链表是否为空，头指针都会存在。

2. 头结点

头结点是为了操作的统一和方便而设立的，放在第一个数据元素结点之前，其数据域一般无意义（当然有些情况下也可存放链表的长度、用作监视等）。

提醒：链表如果有头结点，那么在第一个数据元素结点前插入结点或删除第一个结点，其操作方法与其他数据元素结点就一样了，但头结点不是链表所必需的。

3. 首元结点

首元结点是键表中的第一个数据元素结点，它是头结点后面的第一个数据元素结点。

4. 其他结点

链表中其他的结点，不做详细介绍。

链表的存储结构如图 13.8 所示。

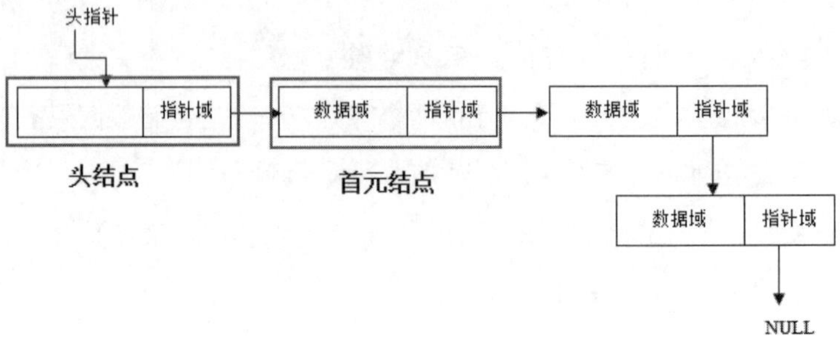

图 13.8　链表的存储结构

13.3.2　链表的定义及初始化

要初始化链表，首先要定义一个链表，利用结构体定义一个链表，具体代码如下：

```
typedef struct  lnode
{
   int   num ;
   char  data;
   struct lnode   *next ;
} mynode;
```

上述链表有两个数据成员，分别是 num 和 data，还有一个指针成员，即 *next，用于链表中结点的相连。

链表创建成功后，就可以进行初始化。链表的初始化有两种情况：一种含有头结点；另一种不含头结点。

不含头结点的链表初始化，具体代码如下：

```
mynode *initmynode()
{
    mynode  *p=NULL;                                      //创建头指针
    mynode  *temp = (mynode*)malloc(sizeof(mynode));      //创建首元结点
    //首元结点先初始化
    temp->num = 1;
    temp->data ='a' ;
    temp->next = NULL;
    p = temp;  //头指针指向首元结点
    //从第二个结点开始创建
    int i ;
    for (i=2; i<8; i++)
    {
           //创建一个新结点并初始化
```

```
        mynode *a=(mynode*)malloc(sizeof(mynode));
        a->num = i;
        a->data = i+'a' ;
        a->next=NULL;
        //将 temp 结点，即首元结点与新建立的 a 结点建立逻辑关系
        temp->next = a;
        //指针 temp 每次都指向新链表的最后一个结点，其实就是 a 结点，这里写 temp=a 也对
        temp=temp->next ;
    }
    return p;    //返回头指针
}
```

含有头结点的链表初始化，具体代码如下：

```
mynode *initmynode()
{
    mynode  *p=(mynode*)malloc(sizeof(mynode));          //创建一个头结点
    mynode  *temp=p;      //声明一个指针指向头结点
    //生成链表
    int i ;
    for (i=1; i<=8; i++)
    {
        //创建一个新结点并初始化
        mynode *a=(mynode*)malloc(sizeof(mynode));
        a->num = i;
        a->data = i+'a' -1;
        a->next=NULL;
        temp->next=a;
        temp=temp->next;
    }
    return p;
}
```

下面通过具体实例来讲解链表的数据输入和显示。双击桌面上的“Dev-C++”桌面快捷图标，打开 Dev-C++ 集成开发环境，然后单击菜单栏中的“文件 / 新建 / 源文件”命令（快捷键：Ctrl+N），新建一个源文件，并命名为“C13-6.c”，然后输入如下代码：

```
#include <stdio.h>
#include <stdlib.h>
//定义链表
typedef struct  lnode
{
    int   num ;
    char  data;
    struct lnode  *next ;
} mynode;
//初始化链表
mynode *initmynode()
{
    mynode  *p=NULL;                                        //创建头指针
    mynode  *temp = (mynode*)malloc(sizeof(mynode));      //创建首元结点
    //首元结点先初始化
    temp->num = 1;
    temp->data ='a' ;
    temp->next = NULL;
    p = temp;                                               //头指针指向首元结点
    //从第二个结点开始创建
    int i ;
    for (i=2; i<=8; i++)
    {
            //创建一个新结点并初始化
        mynode *a=(mynode*)malloc(sizeof(mynode));
```

```
        a->num = i;
        a->data = i+'a' ;
        a->next=NULL;
        //将temp结点，即首元结点与新建立的a结点建立逻辑关系
        temp->next = a;
        //指针temp每次都指向新链表的最后一个结点，其实就是a结点，这里写temp=a也对
        temp=temp->next ;
    }
    return p;                                                  //返回头指针
}
int main()
{
    mynode *sp1=initmynode();
    printf("显示链表中的内容：\n");
    //只要sp1指针指向的结点的next不是Null，就执行输出语句
     while (sp1)
     {
        printf("%d\t",sp1->num) ;
        printf("%c\t",sp1->data) ;
        sp1= sp1->next ;
        printf("\n") ;
    }
}
```

单击菜单栏中的“运行 / 编译运行”命令（快捷键：F11），运行程序，效果如图 13.9 所示。

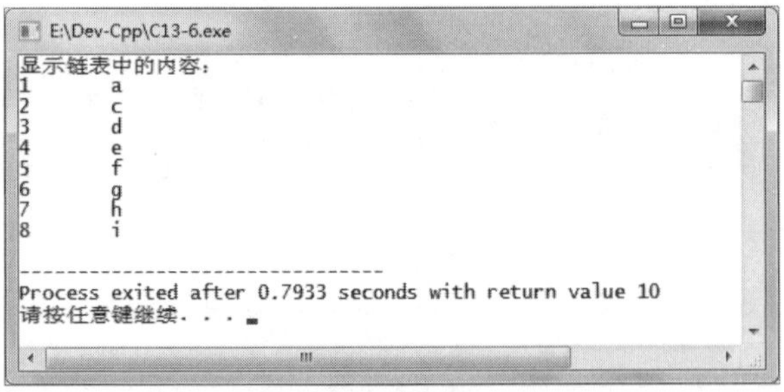

图 13.9　链表的数据输入和显示

上述代码用的是不含头结点的链表初始化。如果使用含头结点的链表初始化，那么该如何显示链表中的数据呢？

双击桌面上的“Dev-C++”桌面快捷图标，打开 Dev-C++ 集成开发环境，然后单击菜单栏中的“文件 / 新建 / 源文件”命令（快捷键：Ctrl+N），新建一个源文件，并命名为“C13-7.c”。

这里的头文件、链表的创建都与“C13-6.c”相同。链表的初始化改成含头结点的链表初始化。接下来编写主函数，显示链表中的数据，具体代码如下：

```
int main()
{
    mynode *sp1=initmynode();
    printf("显示链表中的内容：\n");
    //头指针先指向头结点，只要不为NULL，就执行输出语句
     while (sp1->next)
     {
```

```
            // 头结点没有数据，所以先指向首元结点，然后输出数据信息
            spl= spl->next ;
        printf("%d\t",spl->num) ;
        printf("%c\t",spl->data) ;
        printf("\n") ;
    }
}
```

单击菜单栏中的“运行 / 编译运行”命令（快捷键：F11），运行程序，效果如图 13.10 所示。

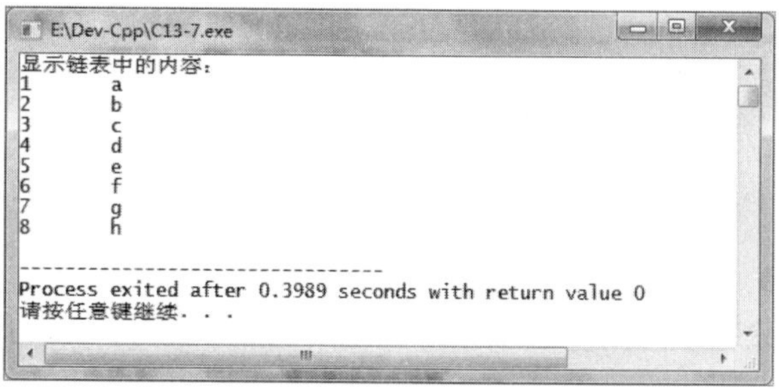

图 13.10　含头结点的链表初始化和显示

13.3.3　向链表中插入数据元素

向链表中插入数据元素，有 3 种可能，分别是，插入成为第一个元素，插入成为最后一个元素，插入顺序表的中间任何一个位置。

无论插入链表的什么位置，都要先利用循环找到该位置，然后将新结点的 next 指针指向插入位置后的结点，最后将插入位置前结点的 next 指针指向插入结点。

下面通过具体实例来讲解链表的数据插入和显示。双击桌面上的“Dev-C++”桌面快捷图标，打开 Dev-C++ 集成开发环境，然后单击菜单栏中的“文件 / 新建 / 源文件”命令（快捷键：Ctrl+N），新建一个源文件，并命名为“C13-8.c”。

在这里利用前面创建的链表(C13-7.c 程序)。对于链表的创建、初始化，这里不再赘述。

编写向链表中插入数据元素函数，具体代码如下：

```
mynode *insnode(mynode *p,int mynum,char myc,int add)
{
    mynode *temp=p;                              // 创建临时结点 temp
    int i ;
    // 首先找到要插入位置的上一个结点
    for (i=1; i<add; i++)
    {
        if (temp==NULL)
          {
           printf(" 插入位置不对，要重新确定！ \n");
           return p;
        }
        temp=temp->next;
    }
    // 创建插入结点 c
```

```
    mynode *c=(mynode*)malloc(sizeof(mynode));
    c->num =mynum;
    c->data = myc;
    //向链表中插入结点
    c->next=temp->next;
    temp->next=c;
    return  p;
}
```

接下来，再定义显示函数，具体代码如下：

```
void show(mynode *p)
{
    mynode *temp=p;                                  //将 temp 指针重新指向头结点
    //只要 temp 指针指向的结点的 next 不是 Null，就执行输出语句
    while (temp->next)
    {
        temp=temp->next;
        printf("%d\t",temp->num) ;
        printf("%c\t",temp->data) ;
        printf("\n") ;
    }
    printf("\n");
}
```

定义主函数，调用插入函数和显示函数，显示插入数据前后的链表内容信息，具体代码如下：

```
int main()
{
    mynode *sp1=initmynode();
    mynode *sp2 ;
    printf("显示链表中的内容：\n");
    show(sp1);
   printf("插入数据后，显示链表中的内容：\n");
    sp2 = insnode(sp1,88,'@',5) ;
    show(sp2);
}
```

在这里插入的数据是 88 和 @，位置是第 5 个字符。

单击菜单栏中的“运行 / 编译运行”命令（快捷键：F11），运行程序，效果如图 13.11 所示。

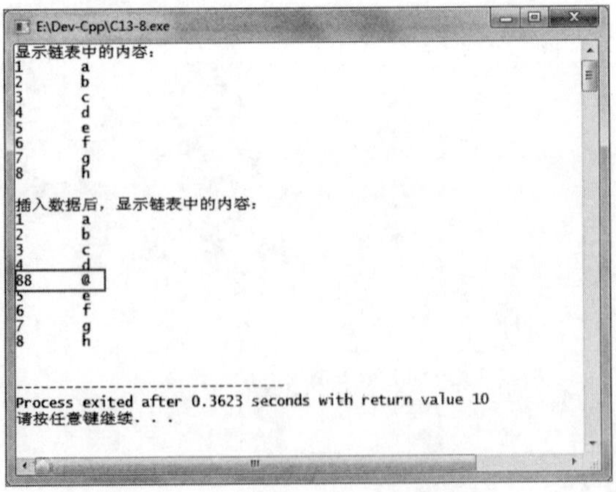

图 13.11　向链表中插入数据元素

13.3.4 删除链表中的数据元素

删除链表中的数据元素，比较容易实现。只要找到要删除的元素，将数据元素从链表中摘下来，即只需找到该结点的直接前驱结点连接即可。但需要注意的是，还要手动释放掉结点，回收被结点占用的内存空间。

下面通过具体实例来讲解链表的数据删除和显示。双击桌面上的“Dev-C++”桌面快捷图标，打开 Dev-C++ 集成开发环境，然后单击菜单栏中的“文件 / 新建 / 源文件”命令（快捷键：Ctrl+N），新建一个源文件，并命名为“C13-9.c”。

在这里利用前面创建的链表（C13-8.c 程序）。对于链表的创建、初始化、显示，这里不再赘述。

下面来编写删除链表中的数据元素函数，具体代码如下：

```
mynode  *delnode(mynode *p,int del)
{
    mynode *temp=p;
    int i ;
    //temp 指向被删除结点的上一个结点
    for (i=1; i<del; i++)
     {
           if (temp==NULL)
           {
            printf("删除结点位置不对，要重新确定！ \n");
            return p;
        }
        temp=temp->next;
    }
    mynode *mydel= temp->next;    //单独设置一个指针指向被删除结点，以防丢失
    temp->next=temp->next->next;  //删除某个结点的方法就是更改前一个结点的指针
    free(mydel);                  //手动释放该结点，防止内存泄漏
    return p;
}
```

定义主函数，调用删除函数，显示删除数据前后的链表内容信息，具体代码如下：

```
int main()
{
    mynode *sp1=initmynode();
    mynode *sp2 ;
    printf("显示链表中的内容：\n");
    show(sp1);
   printf("删除数据后，显示链表中的内容：\n");
    sp2 = delnode(sp1,3) ;
    show(sp2);
}
```

注意：这里要删除的是第三条数据。

单击菜单栏中的“运行 / 编译运行”命令（快捷键：F11），运行程序，效果如图 13.12 所示。

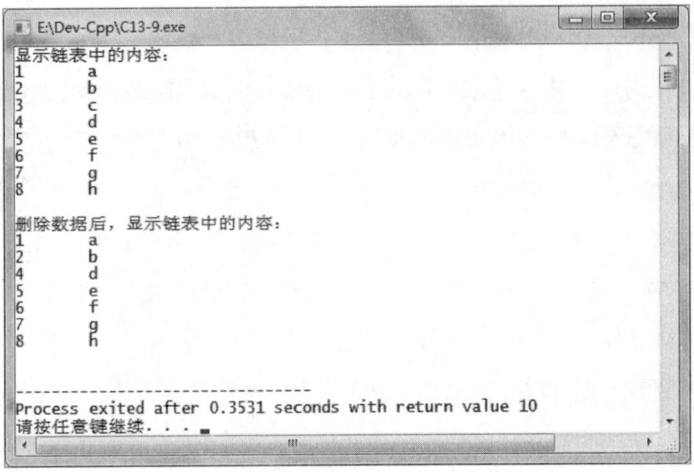

图 13.12　删除链表中的数据元素

13.3.5　查找链表中的数据元素

查找链表中的元素比较简单，下面通过实例来讲解。

双击桌面上的“Dev-C++”桌面快捷图标，打开 Dev-C++ 集成开发环境，然后单击菜单栏中的“文件 / 新建 / 源文件”命令（快捷键：Ctrl+N），新建一个源文件，并命名为“C13-10.c”。

在这里利用前面创建的链表（C13-8.c 程序）。对于链表的创建、初始化、显示，这里不再赘述。

编写查找链表中的数据元素函数，具体代码如下：

```
//查找函数，myc 为查找的字符
int selnode(mynode *p, char myc)
{
    //新建一个指针 t，初始化为头指针 p
    mynode *t=p;
    int i=1;
    //由于头结点的存在，因此 while 中的判断为 t->next
    while (t->next)
    {
        t=t->next;
        if (t->data==myc)
        {
                //返回数据元素所在的位置
            return i;
        }
        i++;
    }
    //查找失败，返回 -1
    return -1;
}
```

定义主函数，调用查找函数，看要查找的字符是否在链表中。如果在，则看是第几个字符，具体代码如下。

```
int main()
{
    mynode *sp1=initmynode();
    int k ;
    printf("显示链表中的内容：\n");
    show(sp1);
    //调用查找函数
   k = selnode(sp1,'g') ;
   if (k==-1)
   {
          printf("在链表中，没有找到字母g!") ;
   }
   else
   {
          printf("字母g在链表中，是第 %d 个字符！",k) ;
   }
}
```

在这时调用查找函数，查找字符“g”是否在链表中，如果在，则看是第几个字符。

单击菜单栏中的“运行 / 编译运行”命令（快捷键：F11），运行程序，效果如图 13.13 所示。

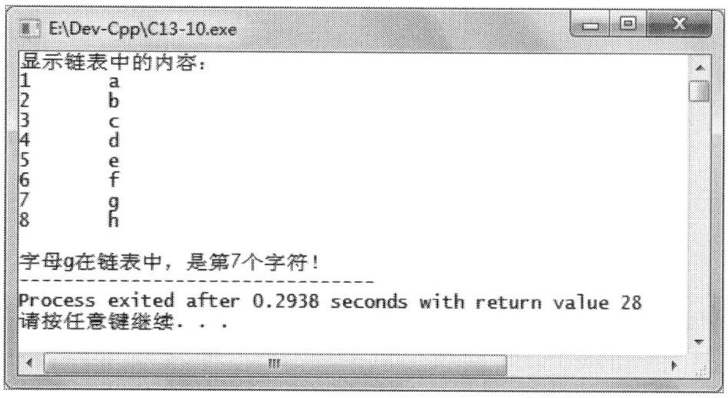

图 13.13　查找链表中的数据元素

13.3.6　修改链表中的数据元素

修改链表中的数据元素，首先找到要修改的元素的位置，然后直接修改即可。下面举例说明。

双击桌面上的“Dev-C++”桌面快捷图标，打开 Dev-C++ 集成开发环境，然后单击菜单栏中的“文件 / 新建 / 源文件”命令（快捷键：Ctrl+N），新建一个源文件，并命名为“C13-11.c”。

在这里利用前面创建的链表（C13-8.c 程序）。对于链表的创建、初始化、显示，这里不再赘述。

编写修改链表中的数据元素函数，具体代码如下：

```
//修改函数,add为修改的字符位置，newnum和newmyc是新的数据元素
mynode *upnode(mynode *p,int add,int newnum,char newmyc)
{
```

```
    mynode *temp=p;
    int i ;
    temp=temp->next;                          //在遍历之前，temp 指向首元结点
    //遍历到被更新结点
    for (i=1; i<add; i++)
   {
        temp=temp->next;
    }
    //修改数据元素的内容
    temp->num = newnum;
    temp->data = newmyc ;
    return p;
}
```

接下来，在主函数中调用修改函数，具体代码如下：

```
int main()
{
    mynode *spl=initmynode();
    mynode *newspl ;
    int k ;
    printf("显示链表中的内容：\n");
    show(spl);
    newspl = upnode(spl,4,88,'$') ;
    printf("显示修改后链表中的内容：\n");
    show(newspl);
}
```

要修改的字符是第 4 个字符，修改后内容分别为 88 和 $。

单击菜单栏中的“运行 / 编译运行”命令（快捷键：F11），运行程序，效果如图 13.14 所示。

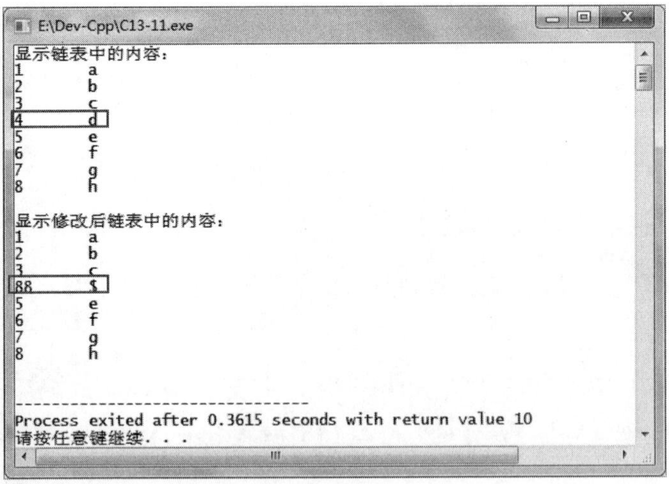

图 13.14　修改链表中的数据元素

第 14 章

C 语言的栈和队列

栈和队列都是操作受限制的线性表，它们和线性表一样，数据元素之间都存在“一对一”的关系。不同之处在于，栈是只允许在一端进行插入或删除操作的线性表，其最大的特点是“后进后出”；队列是只允许在一端进行插入，另一端进行删除操作的线性表，其最大的特点是“先进后出”。

本章主要内容包括：

- 初识栈和队列
- 顺序栈的定义与初识化
- 向顺序栈中添加数据元素
- 利用 for 循环向顺序栈中添加字符并显示
- 删除顺序栈中的数据元素
- 链栈的定义与初识化
- 向链栈中插入数据元素
- 显示链栈中的数据元素
- 删除链栈中的数据元素
- 顺序队列的定义与初识化
- 向顺序队列中添加数据元素并显示
- 删除顺序队列中的数据元素
- 顺序队列中的溢出现象和循环队列
- 链队列的定义与初识化
- 向链队列中插入数据元素并显示
- 删除链队列中的数据元素

14.1　初识栈

栈是限定仅在表头进行插入和删除操作的线性表。它按照先进后出的原则存储数据，先进入的数据被压入栈底，最后的数据在栈顶，需要读数据的时候从栈顶开始弹出数据（最后一个数据被第一个读出来），所以栈也称为后进先出表。栈如图 14.1 所示。

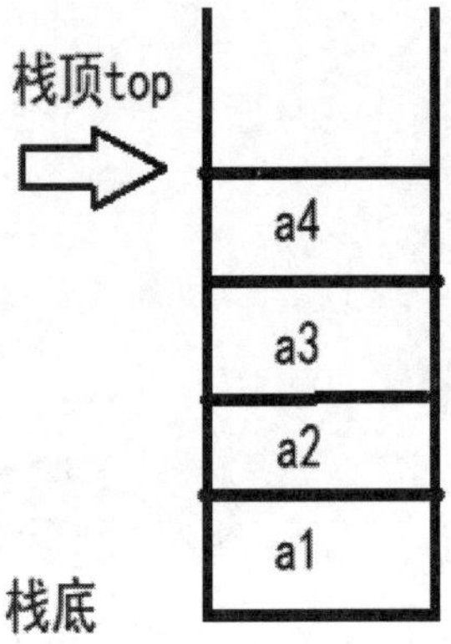

图 14.1　栈

14.2　顺序栈

栈是特殊的线性表，所以栈也可以分为两类，分别是顺序栈和链栈。下面先来讲解顺序栈。

14.2.1　顺序栈的定义与初识化

顺序栈是指用顺序表实现栈存储结构的栈。定义一个顺序栈，具体代码如下：

```
    char  mych[61] ;          //定义字符型数组
    int top ;                 //定义一个整型变量，用来记录栈中数据元素的个数
```

该栈最多可以存放 60 个字符，而栈中数据元素的个数用整型变量 top 来统计。

定义好顺序栈后，即可进行初始化。在这里定义一个空栈，即栈中数据元素为空，当数据元素为空时，变量 top 赋初值为 0，具体代码如下：

```
top =0;
```

14.2.2　向顺序栈中添加数据元素

顺序栈创建并初始化后，就可以向顺序栈中添加数据元素。向顺序栈中添加数据元素的操作，称为进栈或入栈（Push）。下面通过具体实例来讲解进栈。

双击桌面上的“Dev-C++”桌面快捷图标，打开 Dev-C++ 集成开发环境，然后单击菜单栏中的“文件 / 新建 / 源文件”命令（快捷键：Ctrl+N），新建一个源文件，并命

名为“C14-1.c”，然后输入如下代码：

```
#include <stdio.h>
#include <stdlib.h>
//入栈函数
int mypush(char *a,int top,char myc)
{

    a[top]=myc;
    top++ ;
    if(top>60)
    {
           printf("栈已满，不能再入栈！ ") ;
           exit(0) ;
    }
    return top;
}
int main()
{
   char  mych[61] ;                   //定义字符型数组
   int top ;                          //定义一个整型变量，用来记录栈中数据元素的个数
   top = 0 ;
   printf("当前栈中数据元素的个数是:%d\n",top) ;
   if (top==0)
   {
          printf("当前栈为空栈！ \n") ;
   }
   char  ch ;
   printf("请输入一个入栈字符：") ;;
   scanf("%c",&ch) ;
   //调用入栈函数
   top = mypush(mych,top,ch) ;
   printf("已成功入栈一个字符！ \n") ;
   printf("当前栈中数据元素的个数是：%d",top) ;
}
```

单击菜单栏中的“运行 / 编译运行”命令（快捷键：F11），运行程序，如图 14.2 所示。

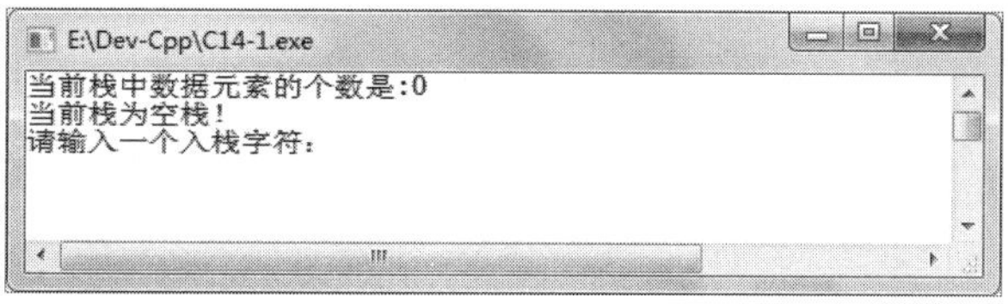

图 14.2　程序运行效果

在这里可以看到当前栈中数据元素的个数是 0，即是一个空栈。

这时提醒“请输入一个入栈字符”，这里输入“X”，然后回车，效果如图 14.3 所示。

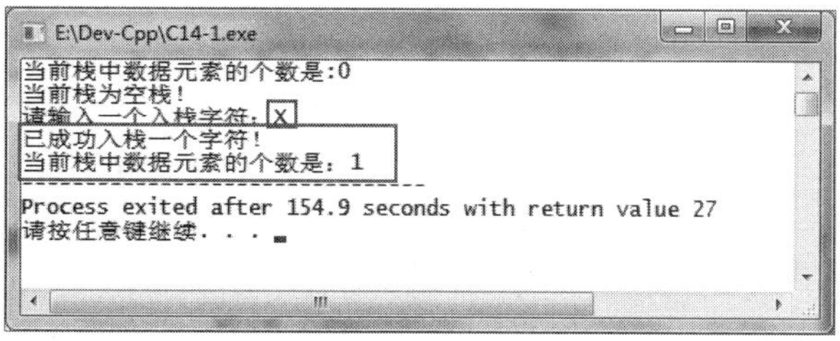

图 14.3　入栈

在这里可以看到，已成功入栈一个字符，即当前栈中数据元素的个数为 1。

14.2.3 利用 for 循环向顺序栈中添加字符并显示

双击桌面上的“Dev-C++”桌面快捷图标，打开 Dev-C++ 集成开发环境，然后单击菜单栏中的“文件 / 新建 / 源文件”命令（快捷键：Ctrl+N），新建一个源文件，并命名为“C14-2.c”，然后输入如下代码：

```
#include <stdio.h>
#include <stdlib.h>
//入栈函数
int mypush(char *a,int top,char myc)
{

    a[top]=myc;
    top++ ;
    if(top>60)
    {
            printf("栈已满，不能再入栈！") ;
            exit(0) ;
    }
    return top;
}
//显示栈中数据元素函数
void myshow(char *a,int top)
{
    int i ;
    for(i=0;i<top;i++)
    {
            printf("栈中第 %d 个数据元素是：%c\n",i+1,a[i]) ;
    }
 }
//主函数
int main()
{
    char  mych[61] ;                //定义字符型数组
    int top ;                       //定义一个整型变量，用来记录栈中数据元素的个数
    top = 0 ;
    printf("当前栈中数据元素的个数是 :%d\n",top) ;
    if (top==0)
    {
            printf("当前栈为空栈！\n") ;
    }
    char  ch ;
    printf("请输入一个入栈字符：") ;;
    scanf("%c",&ch) ;
    //调用入栈函数
    top = mypush(mych,top,ch) ;
    printf("已成功入栈一个字符！\n") ;
    printf("当前栈中数据元素的个数是：%d\n",top) ;
    int i ;
    for (i=0;i<15;i++)
    {
            char mychar='a'+i ;
            //调用入栈函数
            top = mypush(mych,top,mychar) ;
    }
    printf("利用循环添加数据元素后，当前栈中数据元素的个数是：%d\n",top) ;
    printf("\n\n") ;
```

```
    myshow(mych,top) ;
}
```

单击菜单栏中的“运行 / 编译运行”命令（快捷键：F11），运行程序，提醒“请输入一个入栈字符”，在这里输入“X”，然后回车，效果如图 14.4 所示。

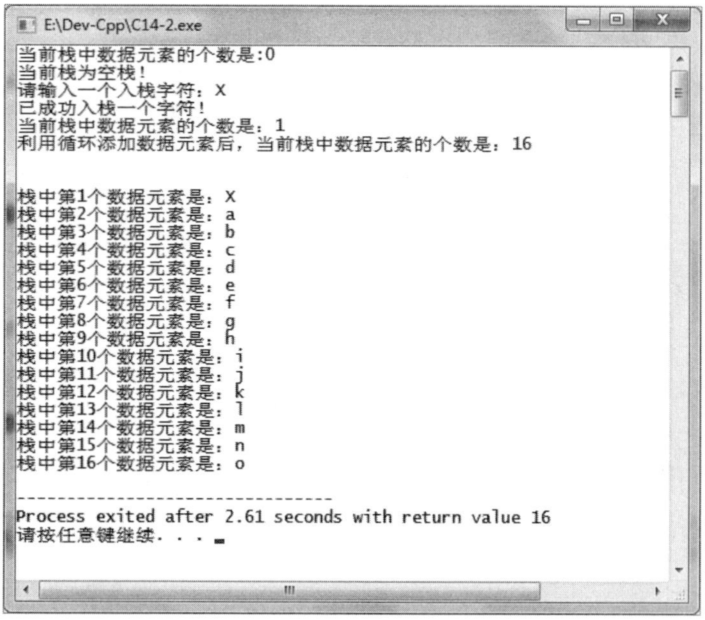

图 14.4　利用 for 循环向栈中添加字符并显示

14.2.4　删除顺序栈中的数据元素

删除顺序栈中的数据元素，称为退栈或出栈（Pop）。双击桌面上的“Dev-C++”桌面快捷图标，打开 Dev-C++ 集成开发环境，然后单击菜单栏中的“文件 / 新建 / 源文件”命令（快捷键：Ctrl+N），新建一个源文件，并命名为“C14-3.c”。

入栈函数和显示栈中数据元素函数采用“C14-2”中的程序，直接复制到“C14-3”中即可。接下来编写出栈函数，具体代码如下：

```
//出栈函数
int mypop(char * a,int top)
{
    if (top==0)
    {
        printf("当前已是空栈，不能再出栈了！");
        return -1;
    }
    top--;
    printf("出栈的数据元素是：%c\n",a[top]);
    return top;
}
```

接下来编写主函数，显示出栈前和出栈后，栈中数据元素信息，具体代码如下。

```
int main()
{
    char  mych[61] ;                    //定义字符型数组
    int top ;                           //定义一个整型变量，用来记录栈中数据元素的个数
    top = 0 ;
    int i ;
    for (i=0;i<15;i++)
    {
          char mychar='a'+i ;
          //调用入栈函数
          top = mypush(mych,top,mychar) ;
    }
    printf("当前栈中数据元素的个数是：%d\n",top) ;
    //调用显示栈中数据元素函数
    myshow(mych,top) ;
    printf("\n\n") ;
    //利用 for 循环出栈 5 个数据元素
    for(i=0;i<5;i++)
    {
          //调用出栈函数
          top =mypop(mych,top) ;
     }
    printf("出栈 5 个元素后，栈中数据元素的个数是：%d\n",top) ;
    //调用显示栈中数据元素函数
    myshow(mych,top) ;
}
```

单击菜单栏中的“运行 / 编译运行”命令（快捷键：F11），运行程序，效果如图 14.5 所示。

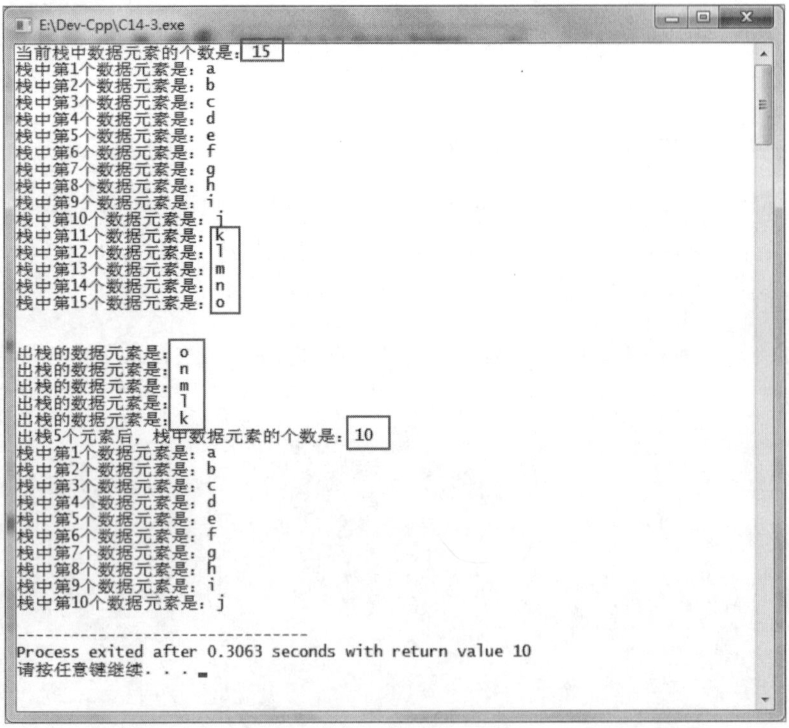

图 14.5　出栈操作

14.3 链栈

前面讲解了顺序栈，下面来讲解链栈。

14.3.1 链栈的定义与初识化

链栈是指用链表实现栈存储结构的栈。定义一个链栈，具体代码如下：

```
typedef struct mylinkstack
{
    char mych;
    struct mylinkstack  *next ;
} myls;
```

链栈的数据元素是字符。初始化链栈，具体代码如下：

```
myls  *myls1= NULL;
```

14.3.2 向链栈中插入数据元素

链栈定义和初始化后，就可以向链栈中插入数据元素。双击桌面上的“Dev-C++”桌面快捷图标，打开 Dev-C++ 集成开发环境，然后单击菜单栏中的“文件 / 新建 / 源文件”命令（快捷键：Ctrl+N），新建一个源文件，并命名为“C14-4.c”，具体代码如下：

```
#include <stdio.h>
#include <stdlib.h>
//定义链栈
typedef struct mylinkstack
{
    char mych;
    struct mylinkstack  *next ;
} myls;
//向链栈中插入数据元素函数
myls  *mypush(myls *myls2,char ch)
{
    myls *line=(myls*)malloc(sizeof(myls));
    line->mych = ch ;
    line->next = myls2 ;
    myls2 = line ;
    return  myls2 ;
}
//主函数
int main()
{
   myls  *myls1= NULL;
   int i ;
   for (i=0;i<10;i++)
   {
           myls1 = mypush(myls1,'A'+i) ;
   }
   printf(" 已成功向链栈中插入 10 个数据元素 ") ;
}
```

单击菜单栏中的“运行 / 编译运行”命令（快捷键：F11），运行程序，效果如图 14.6 所示。

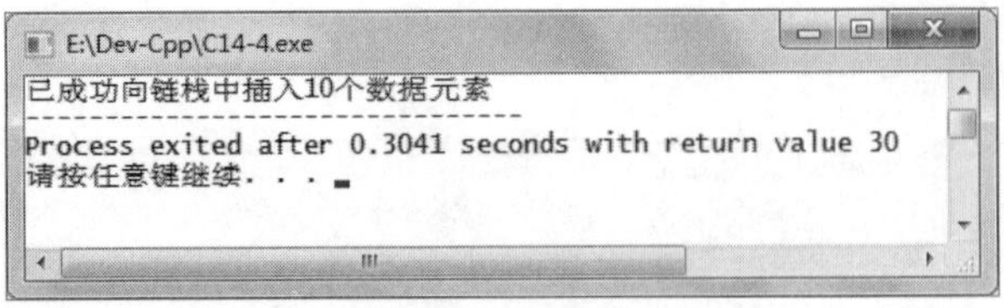

图 14.6　向链栈中插入数据元素

14.3.3　显示链栈中的数据元素

下面来显示链栈中的数据元素。双击桌面上的“Dev-C++”桌面快捷图标，打开 Dev-C++ 集成开发环境，然后单击菜单栏中的“文件 / 新建 / 源文件”命令（快捷键：Ctrl+N），新建一个源文件，并命名为“C14-5.c”。

链栈的定义与数据元素的插入，采用“C14-4.c”中的代码，这里不再重复。

定义显示链栈中的数据元素函数，具体代码如下：

```
//显示链栈中的数据元素函数
void myshow(myls *myls3)
{
   myls *temp=myls3;
   while(temp)
   {
          printf("%c\n", temp->mych) ;
          temp = temp->next ;
   }
}
```

在主函数中调用链栈，向链栈中插入数据元素函数，显示链栈中的数据元素函数，从而显示链栈中的数据元素信息，具体代码如下：

```
int main()
{
   myls  *myls1= NULL;
   int i ;
   for (i=0;i<10;i++)
   {
          myls1 = mypush(myls1,'A'+i) ;
   }
   printf(" 已成功向链栈中插入 10 个数据元素 \n\n") ;
   printf(" 链栈中的数据元素如下: \n") ;
   //调用显示链栈中的数据元素函数
   myshow(myls1);
}
```

单击菜单栏中的“运行 / 编译运行”命令（快捷键：F11），运行程序，效果如图 14.7 所示。

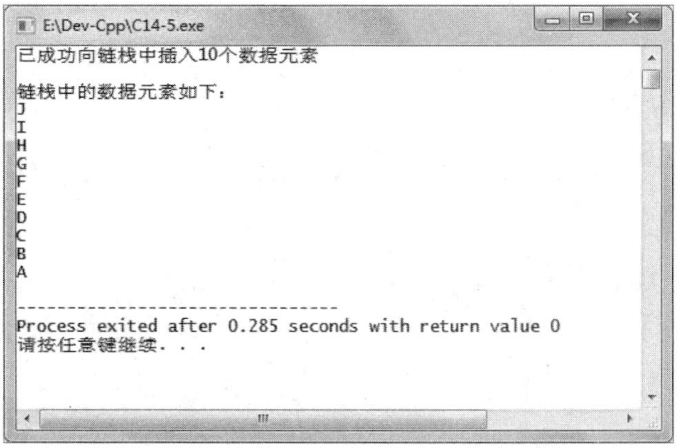

图 14.7　显示链栈中的数据元素

14.3.4　删除链栈中的数据元素

双击桌面上的“Dev-C++”桌面快捷图标，打开 Dev-C++ 集成开发环境，然后单击菜单栏中的“文件 / 新建 / 源文件”命令（快捷键：Ctrl+N），新建一个源文件，并命名为“C14-6.c”。

链栈的定义、数据元素的插入以及数据元素的显示，采用“C14-5.c”中的代码，这里不再重复。

定义删除链栈中的数据元素函数，具体代码如下：

```
myls *mypop(myls *myls3)
{
     if (myls3)
    {
          myls  *p=myls3;
          myls3=myls3->next;
          printf(" 出栈元素：%c\t",p->mych);
          // 判断栈中是否还有数据元素
          if (myls3)
              {
               printf(" 栈顶元素：%c\n",myls3->mych);
          }
              else
              {
               printf(" 栈已空 \n");
          }
          free(p);  // 释放内存空间
     }
    else
    {
          printf(" 栈内没有元素 ");
     }
     return myls3;
}
```

接下来编写主函数，显示出栈前和出栈后，栈中数据元素信息，具体代码如下：

```
int main()
```

```
{
    myls  *myls1= NULL;
    int i ;
    for (i=0;i<10;i++)
    {
            //调用入栈函数
            myls1 = mypush(myls1,'A'+i) ;
    }
    printf("已成功向链栈中插入10个数据元素\n\n") ;
    printf("链栈中的数据元素如下：\n") ;
    //调用显示链栈中的数据元素函数
    myshow(myls1);
    for (i=0;i<3;i++)
    {
            //调用出栈函数
            myls1 = mypop(myls1) ;
    }
    printf("删除3个元素后，链栈中的数据元素如下：\n") ;
    //调用显示链栈中的数据元素函数
    myshow(myls1);
}
```

单击菜单栏中的“运行 / 编译运行”命令（快捷键：F11），运行程序，效果如图 14.8 所示。

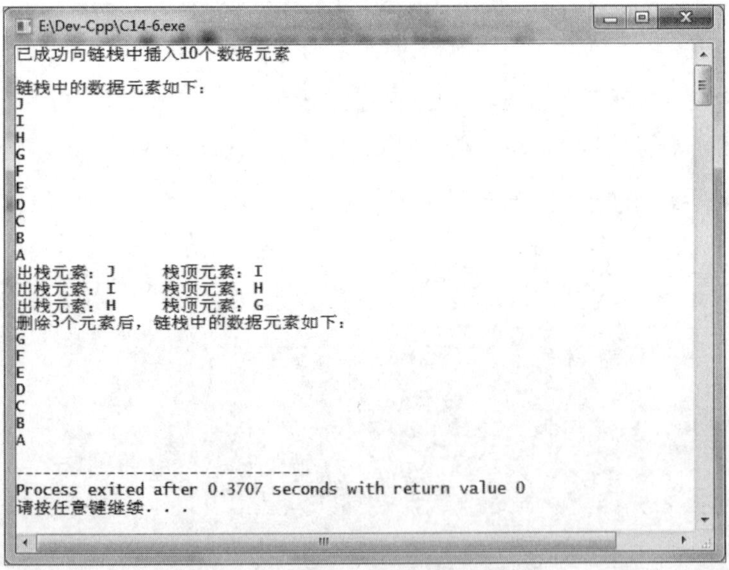

图 14.8　删除链栈中的数据元素

14.4　初识队列

队列是一种特殊的线性表，特殊之处在于它只允许在表的前端（front）进行删除操作，而在表的后端（rear）进行插入操作，与栈一样，队列是一种操作受限制的线性表。进行插入操作的端称为队尾，进行删除操作的端称为队头。队列中没有元素时，称为空队列。

队列的数据元素又称为队列元素。在队列中插入一个队列元素称为入队，从队列中删除一个队列元素称为出队。因为队列只允许在一端插入，在另一端删除，所以只有最早进入队列的元素才能最先从队列中删除，故队列又称为先进先出（first in first out，FIFO）线性表。

14.5　顺序队列

队列是特殊的线性表，所以队列也可以分为两类，分别是顺序队列和链队列。下面先来讲解顺序队列。

14.5.1　顺序队列的定义与初识化

顺序队列是指用顺序表实现队列存储结构的队列。定义一个顺序队列，具体代码如下：

```
char  mych[61] ;                            //定义字符型数组
int  front , rear ;                         //定义队列的头指针和尾指针
```

该队列最多可以存放 60 个字符。

定义好顺序队列后，即可进行初始化。在这里定义一个空队列，即队列中数据元素为空，当数据元素为空时，变量 front 和 rear 赋初值都为 0，具体代码如下：

```
front =0 ;               //当队列中没有元素时，队头和队尾指向同一块地址，即都为 0
rear =0 ;
```

14.5.2　向顺序队列中添加数据元素并显示

顺序队列创建并初始化后，就可以向顺序队列中添加数据元素。双击桌面上的“Dev-C++”桌面快捷图标，打开 Dev-C++ 集成开发环境，然后单击菜单栏中的“文件 / 新建 / 源文件”命令（快捷键：Ctrl+N），新建一个源文件，并命名为“C14-7.c”，具体代码如下：

```
#include <stdio.h>
#include <stdlib.h>
//向顺序队列中添加数据元素函数
int myq(char *a, int rear, char data)
{
    a[rear]=data;
    rear++;
    return rear;
}
//显示队列元素的函数
void myshow(char *a,int rear)
```

```
{
    int i ;
    for(i=0;i<rear;i++)
    {
            printf("队列中第 %d 个数据元素是: %c\n",i+1,a[i]) ;
    }

}
//主函数
int main()
{
    char mych[61] ;
    int front , rear ;      //定义队列的头指针和尾指针
    front =0 ;              //当队列中没有元素时，队头和队尾指向同一块地址，即都为 0
    rear =0 ;
    //调用向顺序队列中添加数据元素函数
    rear = myq(mych,rear,'A') ;
    int i ;
    //利用 for 循环，向队列中添加数据
    for (i=0; i<10;i++)
    {
            rear = myq(mych,rear,'B'+i) ;
    }
    //调用显示队列元素的函数
    myshow(mych,rear) ;
}
```

单击菜单栏中的“运行 / 编译运行”命令（快捷键：F11），运行程序，效果如图 14.9 所示。

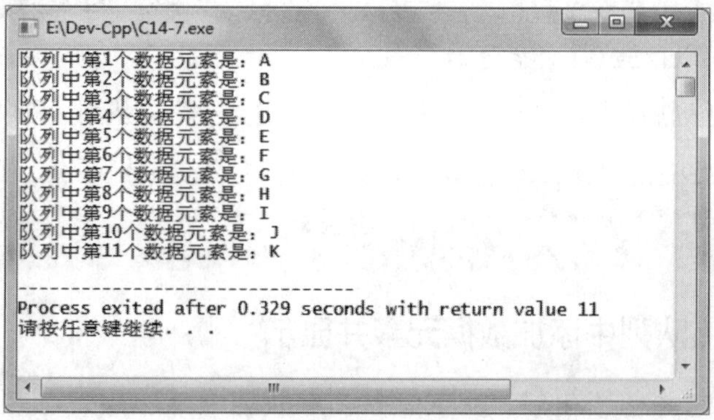

图 14.9　向顺序队列中添加数据元素并显示

14.5.3　删除顺序队列中的数据元素

双击桌面上的“Dev-C++”桌面快捷图标，打开 Dev-C++ 集成开发环境，然后单击菜单栏中的“文件 / 新建 / 源文件”命令（快捷键：Ctrl+N），新建一个源文件，并命名为“C14-8.c”。

顺序队列的定义、数据元素的插入以及数据元素的显示，采用“C14-7.c”中的代码，这里不再重复。

定义删除顺序队列中的数据元素函数，具体代码如下：

```
void delq(char *a,int front,int rear)
{
    // 如果 front==rear，则表示队列为空
    while (front!=rear)
    {
        printf(" 出队元素：%c\n",a[front]);
        front++;
    }
}
```

接下来编写主函数，显示删除队列中元素的顺序，具体代码如下：

```
int main()
{
    char mych[61] ;
    int front , rear ;        // 定义队列的头指针和尾指针
    front =0 ;                // 当队列中没有元素时，队头和队尾指向同一块地址，即都为 0
    rear =0 ;
    // 调用向顺序队列中添加数据元素函数
    rear = myq(mych,rear,'A') ;
    int i ;
    // 利用 for 循环，向队列中添加数据
    for (i=0; i<10;i++)
    {
            rear = myq(mych,rear,'B'+i) ;
    }
    // 调用显示队列元素的函数
    myshow(mych,rear) ;
    printf(" 删除队列中的元素的顺序：\n") ;
    // 删除队列中的元素
    delq(mych,front,rear) ;
}
```

单击菜单栏中的“运行 / 编译运行”命令（快捷键：F11），运行程序，效果如图 14.10 所示。

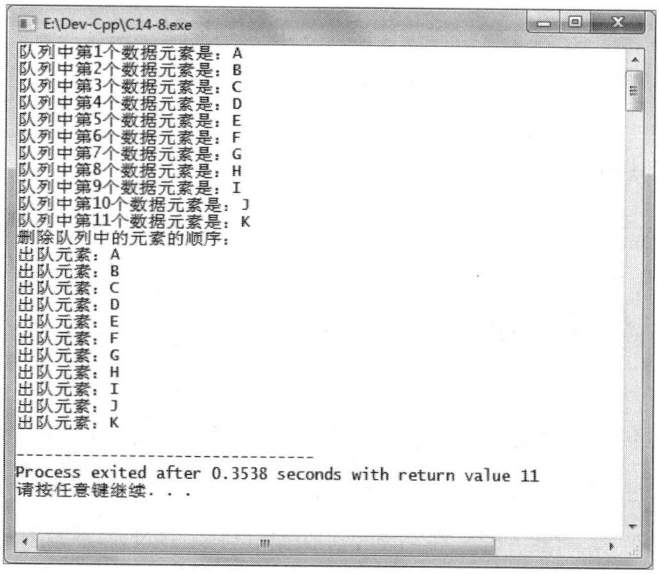

图 14.10　删除顺序队列中的数据元素

14.5.4 顺序队列中的溢出现象

顺序队列中的溢出现象有 3 种，分别是下溢现象、真上溢现象和假上溢现象，如图 14.11 所示。

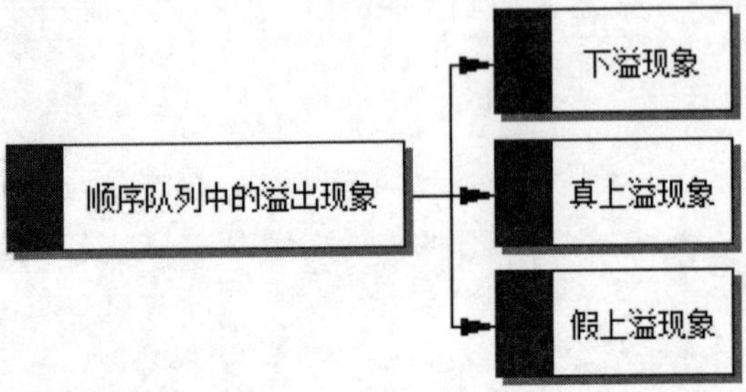

图 14.11 顺序队列中的溢出现象

1. 下溢现象

下溢现象是指当队列为空时，做出队运算产生的溢出现象。下溢是正常现象，常用作程序控制转移的条件。

2. 真上溢现象

真上溢现象是指当队列满时，做进队运算产生空间溢出的现象。真上溢是一种出错状态，应设法避免。

3. 假上溢现象

由于入队和出队操作中，头尾指针只增加不减小，致使被删元素的空间永远无法重新利用。当队列中实际的元素个数远远小于向量空间的规模时，也可能由于尾指针已超越向量空间的上界而不能做入队操作。该现象称为假上溢现象。

14.5.5 循环队列

在实际使用队列时，为了使队列空间能重复使用，往往对队列的使用方法稍加改进：无论插入或删除，一旦 rear 指针增 1 或 front 指针增 1 时超出了所分配的队列空间，就让它指向这片连续空间的起始位置。自己真从 MaxSize-1 增 1 变到 0，可用取余运算 rear%MaxSize 和 front%MaxSize 来实现。这实际上是把队列空间想象成一个环形空间，环形空间中的存储单元循环使用，用这种方法管理的队列也就称为循环队列。

双击桌面上的“Dev-C++”桌面快捷图标，打开 Dev-C++ 集成开发环境，然后单击菜单栏中的“文件 / 新建 / 源文件”命令（快捷键：Ctrl+N），新建一个源文件，并命名为“C14-9.c”，具体代码如下：

```
#include <stdio.h>
#include <stdlib.h>
#define MAX 5
//向顺序队列中添加数据元素函数
int myq(char *a, int front, int rear, char data)
{
    //添加判断语句，如果 rear 超过 MAX，则直接将其从 a[0] 重新开始存储，如果 rear+1 和
front 重合，则表示数组已满
    if ((rear+1)%MAX==front)
    {
        printf("队列空间已满！\n");
        return rear;
    }
    a[rear%MAX]=data;
    rear++;
    return rear;
}
//删除顺序队列中的数据元素函数
int delq(char *a,int front,int rear)
{
    //如果 front==rear，则表示队列为空
    if(front==rear%MAX) {
        printf("队列为空！");
        return front;
    }
    printf("出队的数据是：%c \n",a[front]);
    //front 不再直接加 1，而是加 1 后与 MAX 进行比较，如果等于 MAX，则直接跳转到 a[0]
    front=(front+1)%MAX;
    return front;
}
//主函数
int main()
{
   char mych[MAX] ;
   int front , rear ;      //定义队列的头指针和尾指针
   front =0 ;              //当队列中没有元素时，队头和队尾指向同一块地址，即都为 0
   rear =0 ;
   int i ;
   //利用 for 循环，向队列中添加数据
   for (i=0; i<4;i++)
   {
         rear = myq(mych,front,rear,'A'+i) ;
   }
   //出队
   front = delq(mych,front,rear) ;
   //调用向顺序队列中添加数据元素函数
   rear = myq(mych,front,rear,'E') ;
    //出队
   front = delq(mych,front,rear) ;
   //调用向顺序队列中添加数据元素函数
   rear = myq(mych,front,rear,'F') ;
    //出队
   front = delq(mych,front,rear) ;
   //调用向顺序队列中添加数据元素函数
   rear = myq(mych,front,rear,'G') ;
    //出队
   front = delq(mych,front,rear) ;
   //调用向顺序队列中添加数据元素函数
   rear = myq(mych,front,rear,'H') ;
}
```

单击菜单栏中的“运行 / 编译运行”命令（快捷键：F11），运行程序，效果如图 14.12 所示。

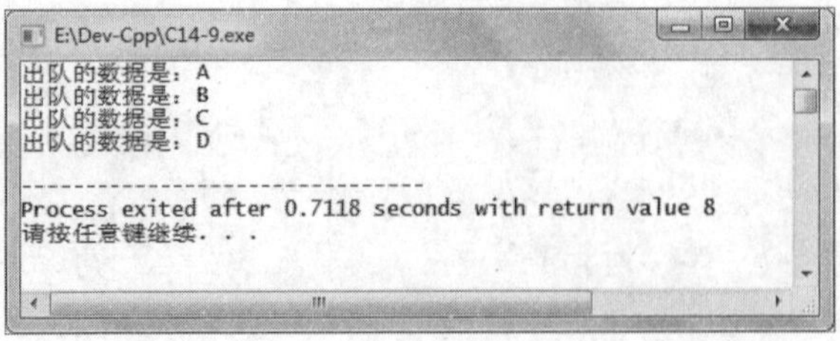

图 14.12　循环队列

14.6　链队列

前面讲解了顺序队列，下面来讲解链队列。

14.6.1　链队列的定义与初识化

链队列是指用链表实现存储结构的队列。定义一个链队列，具体代码如下：

```
typedef struct myq
{
    char mych;
    struct myq  *next ;
} myq1;
```

链队列的数据元素是字符。初始化链队列，具体代码如下：

```
myq1  *initq()
{
    myq1  *queue=(myq1*)malloc(sizeof(myq1));
    queue->next=NULL;
    return queue;
}
```

14.6.2　向链队列中插入数据元素并显示

双击桌面上的“Dev-C++”桌面快捷图标，打开 Dev-C++ 集成开发环境，然后单击菜单栏中的“文件 / 新建 / 源文件”命令（快捷键：Ctrl+N），新建一个源文件，并命名为“C14-10.c”，具体代码如下：

```
#include <stdio.h>
#include <stdlib.h>
typedef struct myq
{
    char mych;
    struct myq  *next ;
} myq1;
myq1  *initq()
{
    myq1  *queue=(myq1*)malloc(sizeof(myq1));
    queue->next=NULL;
    return queue;
```

```
}
//向链队列中插入数据元素函数
myql  *insq(myql * rear, char data)
{
     myql  *myk=(myql*)malloc(sizeof(myql));
     myk->mych =data;
     myk->next=NULL;
     //使用尾插法向链队列中添加数据元素
     rear->next=myk;
     rear=myk;
     return rear;
}
//显示链队列中的数据元素函数
void myshow(myql *myqp)
{
    myql *temp=myqp;
    while(temp)
    {
            printf("%c\n", temp->mych) ;
            temp = temp->next ;
    }
 }
int main()
{
     myql  *top,*rear;
     top=rear=initq();
     int i ;
     for (i=0;i<8;i++)
     {
            rear=insq(rear, 'A'+i);
     }
    printf("成功向链队列中添加 8 个元素! \n") ;
    myshow(top);
}
```

单击菜单栏中的“运行 / 编译运行”命令（快捷键：F11），运行程序，效果如图 14.13 所示。

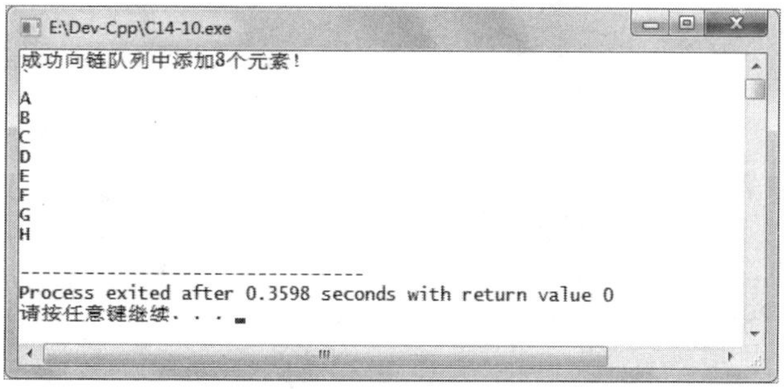

图 14.13　向链队列中插入数据元素并显示

14.6.3　删除链队列中的数据元素

双击桌面上的“Dev-C++”桌面快捷图标，打开 Dev-C++ 集成开发环境，然后单击菜单栏中的“文件 / 新建 / 源文件”命令（快捷键：Ctrl+N），新建一个源文件，并命名为“C14-11.c”。

链队列的定义、数据元素的插入以及数据元素的显示，采用“C14-10.c”中的代码，这里不再重复。

定义删除链队列中的数据元素函数，具体代码如下：

```
myql  *delq(myql *top , myql *rear)
{
    if (top->next==NULL)
    {
        printf("\n 链队列为空！");
        return rear;
    }
    myql *p=top->next;
    printf("%c\n",p->mych);
    top->next=p->next;
    if (rear==p)
    {
        rear=top;
    }
    free(p);
    return rear;
}
```

接下来编写主函数，显示链列表中数据元素的出列情况，具体代码如下：

```
int main()
{
    myql  *top,*rear;
    top=rear=initq();
    int i ;
    for (i=0;i<8;i++)
    {
          rear=insq(rear, 'A'+i);
    }
    printf("成功向链队列中添加 8 个元素！ \n") ;
    myshow(top);
    // 出队
    printf("链列表中数据元素出列顺序如下：\n") ;
    for (i=0;i<8;i++)
    {
          rear=delq(top, rear);
    }
}
```

单击菜单栏中的“运行 / 编译运行”命令（快捷键：F11），运行程序，效果如图 14.14 所示。

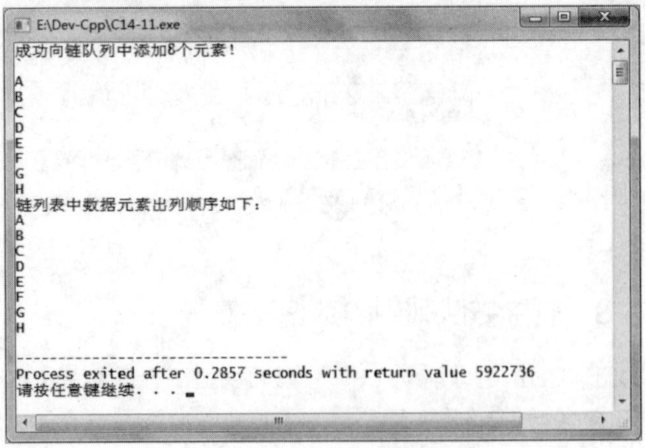

图 14.14　删除链队列中的数据元素

第 15 章

手机销售管理系统

通过 C 语言综合编程案例——手机销售管理系统，可以使读者提高对 C 语言编程的综合认识，并真正掌握编程的核心思想及技巧，从而学以致用。

本章主要内容包括：

- 手机销售管理系统主程序
- 增加手机信息
- 显示全部手机信息
- 保存手机信息
- 读取手机信息
- 利用价格查询手机信息
- 利用编号查询手机信息
- 利用库存数量查询手机信息
- 利用手机名查询手机信息
- 调用各种查询函数实现分类查找功能
- 购买手机功能
- 删除手机信息

15.1 手机销售管理系统主程序

手机销售管理系统可以实现手机信息的增加、显示、查找、删除、购买、保存、读取等功能。下面来编写手机销售管理系统主程序。

双击桌面上的“Dev-C++”桌面快捷图标，打开 Dev-C++ 集成开发环境，然后单击菜单栏中的“文件 / 新建 / 源文件”命令（快捷键：Ctrl+N），新建一个源文件，并命名为“C15-phone.c”。

首先导入头文件，具体代码如下：

```
#include<stdio.h>
#include<stdlib.h>
#include<string.h>
```

接下来编写主函数，具体代码如下：

```
int main()
{
    int myn = 1;
    while(myn != 8)
    {
            system("cls");          //实现清屏操作
            printf("=================  手机销售管理系统    =================\n") ;
            printf("=================     1.增加手机信息    =================\n") ;
            printf("================   2.显示全部手机信息    ================\n") ;
            printf("=================     3.查找手机信息    =================\n") ;
            printf("=================     4.删除手机信息    =================\n") ;
            printf("=================     5.购买手机功能    =================\n") ;
            printf("=================     6.保存手机信息    =================\n") ;
            printf("=================     7.读取手机信息    =================\n") ;
            printf("=================     8.退出当前系统    =================\n") ;
            printf("请选择操作的项（即输入数字 1~8）：");
            scanf("%d",&myn);
            if(myn >0 && myn <9)
            {
                    switch(myn)
                    {
                    case 1:
                            //myadd();
                            break;
                    case 2:
                            //myshow();
                            break;
                    case 3:
                            //myfind();
                            break;
                    case 4:
                            //mydel();
                            break;
                    case 5:
                            //mybuy();
                            break;
```

```
                    case 6:
                            //mysave();
                            break;
                    case 7:
                            //myread();
                            break;
                    }
            }
            else
            {
                    printf(" 输入有误，请输入 1~8 之间的数字，将返回主菜单 !\n");
                    system("pause");        // 实现冻结屏幕，便于观察程序的执行结果
            }
    }
}
```

在主函数，首先定义一个整型变量 myn 并赋值为 1。接下来是一个 while 循环，如果 myn 不等于 8，该循环就会一直运行。

还需要注意：这里调用 system("cls") 实现清屏操作。接下来利用 printf() 函数显示手机销售管理系统的菜单界面，然后利用 if 和 switch 来实现菜单功能的函数调用。注意：由于还没有编写这些函数，所以暂时按注释语句处理。

最后调用 system("pause")，实现冻结屏幕，便于观察程序的执行结果。

单击菜单栏中的“运行 / 编译运行”命令（快捷键：F11），运行程序，如图 15.1 所示。

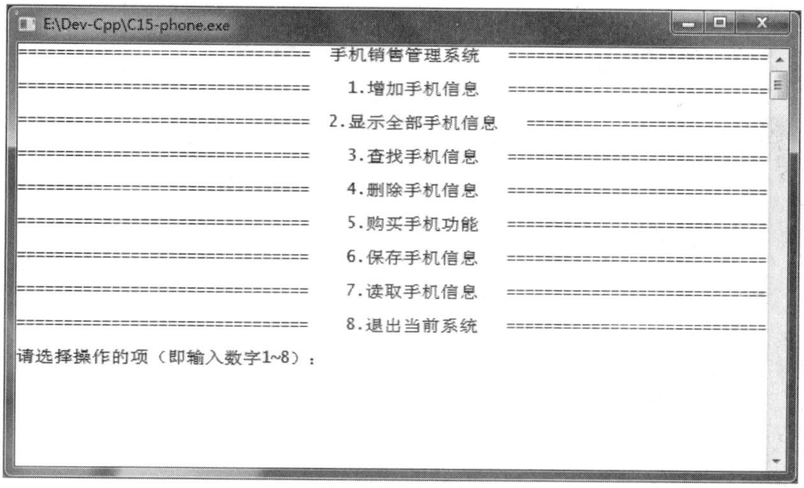

图 15.1　手机销售管理系统的菜单界面

这里提醒“请选择操作的项（即输入数字 1~8）”，如果输入“8”，回车，就会退出当前系统，即退出程序。

如果输入 1~7 的数据，则会调用不同的函数，实现相应的功能。注意：这里还没有编写函数，所以看不到任何效果。

如果输入的数不是 1~8 的数字，假如输入“10”，回车，就会显示“输入有误，请输

入 1~8 之间的数字，将返回主菜单！”，如图 15.2 所示。

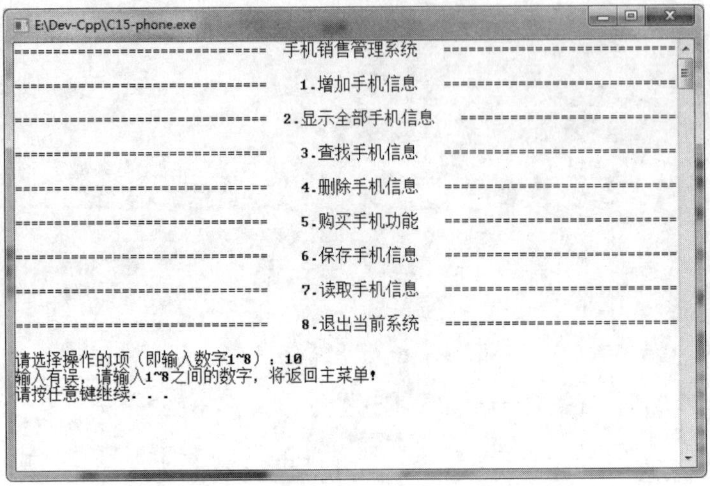

图 15.2　输入的数不是 1~8 的数字的提示信息

15.2　增加手机信息

下面编写代码，实现增加手机信息功能。首先定义一个存储手机信息的链表，具体代码如下：

```
typedef struct phone
{
    int  number;                                          // 编号
    char name[30];                                        // 手机名
    int  price;                                           // 价格
    int  num;                                             // 库存数量
    struct phone *next;
} myphone ;
myphone   *head,*p,*p1,*p2;        //head 表示开头 ,p 表示不同位置的数据
int n =0 ;
```

需要注意的是，该代码放在 #include<string.h> 后面。另外，还需要注意：这里定义一个全局变量 n，并赋值为 0。

编写增加手机信息函数 myadd()，具体代码如下：

```
void myadd()
{
    p1=(myphone*)malloc(sizeof(myphone));          // 开辟存储空间
    if(n==0)                                        // 判断链表开头
    {
            head=p1;                                //n=0 代表输入的是第一个数据
    }
    else
    {
            p2->next=p1;            //p2 的结尾所指向的地址是 p1，将它们连接起来
```

```
        }
        system("cls");                                      //清屏
        printf("请输入手机基本信息：\n手机编号：");
        scanf("%d",&p1->number);
        printf("手机名：");
        scanf("%s",&p1->name) ;
        printf("手机价格：");
        scanf("%d",&p1->price);
        printf("库存数量：");
        scanf("%d",&p1->num);
        p2=p1;                                              //p2 指向 p1 所在的地址
        p2->next=NULL;                                      //链表结束标志
        n+=1;                                               //n 判断是不是第一个数据
        system("pause");
        system("cls");                                      //清屏
    }
```

最后要把主函数中 //myadd(); 前的“//”删除，即当程序运行时，输入“1”就可以调用 myadd() 函数。

单击菜单栏中的“运行 / 编译运行”命令（快捷键：F11），运行程序，这时就会显示手机销售管理系统的菜单界面。

然后输入“1”，回车，就进入增加手机信息界面，如图 15.3 所示。

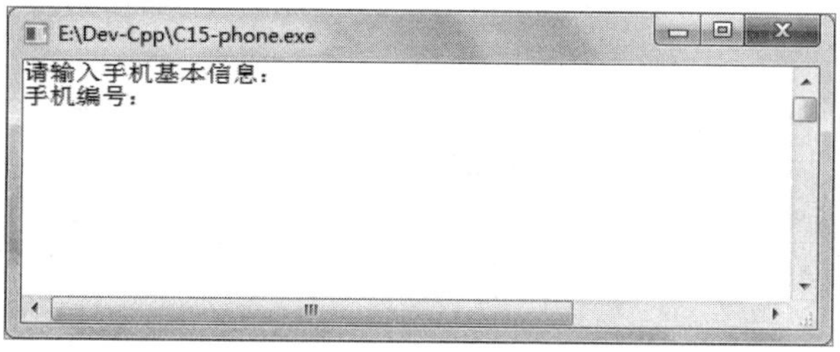

图 15.3　增加手机信息界面

首先动态输入手机编号，在这里输入“11”，然后回车，这时提醒“手机名”，在这里输入“iphone7”，然后回车，又提醒“手机价格”，在这里输入“3899”，然后回车，提醒“库存数量”，在这里输入“16”，然后回车，如图 15.4 所示。

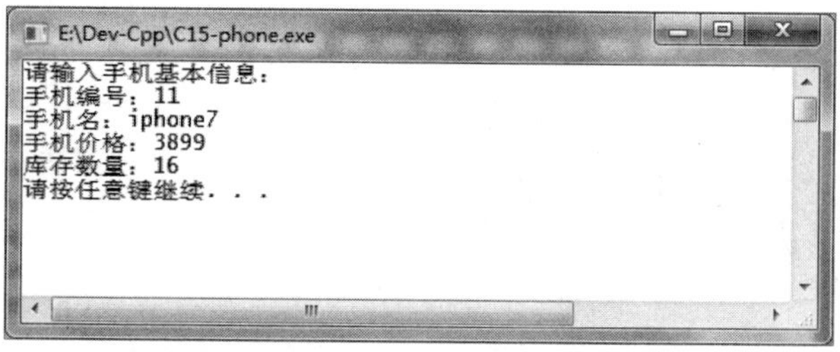

图 15.4　输入手机基本信息

这时按下键盘上的任一个键，就会返回手机销售管理系统的菜单界面。

15.3 显示全部手机信息

编写显示全部手机信息函数 myshow()，具体代码如下：

```
void myshow()
{
    if(n!=0)
    {
            p=head;                         //p 先指向开头
            system("cls");
            printf(" 编号 \t 手机名 \t 价格 \t 库存数量 \n");
            do
            {       printf("%-8d%-8s%-8d%-8d\n",p->number,p->name,p->price,p->num);
                    p=p->next;
            }while(p!=NULL);                // 只要 p 指向的内存区域有数据，就显示内容
    }
    else
            printf(" 还没有添加手机信息呢 !\n");
    system("pause");
    system("cls");
}
```

最后要把主函数中 //myshow(); 前的“//”删除，即当程序运行时，输入“2”就可以调用 myshow() 函数。

单击菜单栏中的“运行 / 编译运行”命令（快捷键：F11），运行程序，这时就会显示手机销售管理系统的菜单界面。

如果在没有输入任何数据之前，输入“2”，然后回车，就会显示“还没有添加手机信息呢！”，如图 15.5 所示。

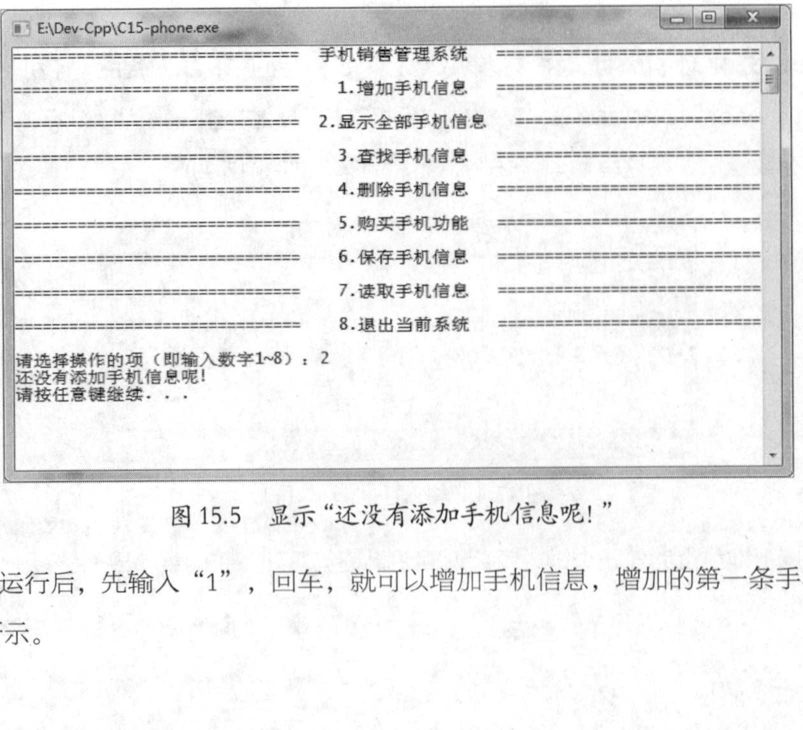

图 15.5　显示“还没有添加手机信息呢！”

程序运行后，先输入“1”，回车，就可以增加手机信息，增加的第一条手机信息如图 15.6 所示。

图 15.6　增加的第一条手机信息

然后按键盘上的任一键，返回到手机销售管理系统的菜单界面。输入“1”，回车，可以再增加一条手机信息。同理，可以增加多条手机信息。

增加多条手机信息后，再返回到手机销售管理系统的菜单界面，然后输入“2”，回车，就可以看到所有手机信息，如图 15.7 所示。

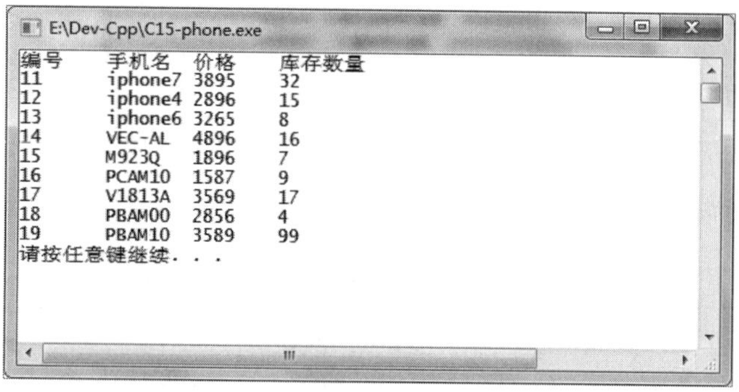

图 15.7　所有手机信息

15.4　保存手机信息

编写保存手机信息函数 mysave()，具体代码如下：

```
void mysave()
{
     FILE *fp;                                                  // 文件指针
     myphone *p;
    // 利用 fopen() 函数创建或打开一个二进制文本文件
     if((fp=fopen("data.txt","wb"))==NULL)
     {
             printf(" 不能打开文件 !");
     }
     p=head;                                                    //p 先指向开头
     // 如果 p 不为空，则利用 while 循环向文件中写入内容
     if (p==NULL)
     {
             printf(" 保存内容不能为空 !\n");
     }
    else
    {
```

```
            while(p!=NULL)
            {
                    if(fwrite(p,sizeof(myphone),1,fp)!=1)
                    {
                            printf("写入手机信息出错\n");
                            fclose(fp);
                            break;
            }
            p=p->next;
            }
      fclose(fp);
     printf("手机信息存储完成\n");                      //提示信息
     }
     system("pause");                                  //冻结屏幕
     system("cls");                                    //清屏
}
```

最后要把主函数中 //mysave(); 前的“//”删除，即当程序运行时，输入“6”就可以调用 mysave() 函数。

单击菜单栏中的“运行 / 编译运行”命令（快捷键：F11），运行程序，这时就会显示手机销售管理系统的菜单界面。

如果在没有输入任何数据之前，输入“6”，然后回车，就会显示“保存内容不能为空！”，如图 15.8 所示。

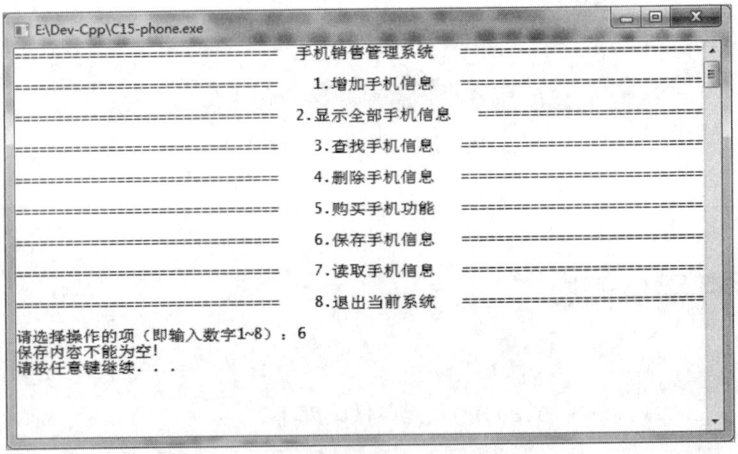

图 15.8　保存内容不能为空

下面来增加内容，即在手机销售管理系统的菜单界面中，输入“1”，就可以增加手机信息，在这里增加 10 条信息。

然后返回到手机销售管理系统的菜单界面，输入“2”，就可以看到所有手机信息，如图 15.9 所示。

下面把这些信息保存到文本文件中。按键盘上的任一键，返回到手机销售管理系统的菜单界面。输入“6”，回车，就可以把这些手机信息保存到 data.txt 文件中，并显示“手机信息存储完成”提示信息，如图 15.10 所示。

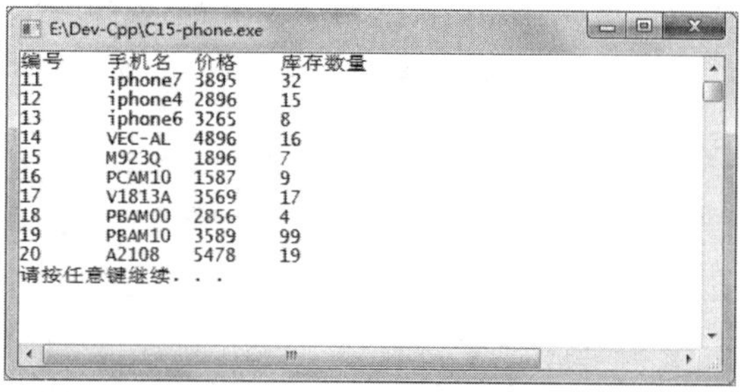

图 15.9 所有手机信息

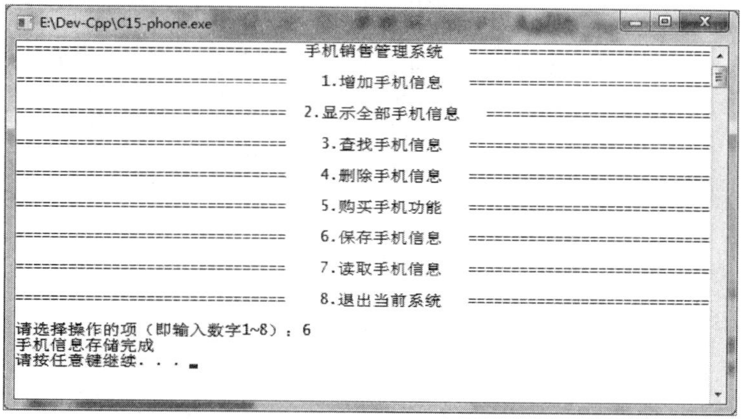

图 15.10 手机信息存储完成

需要注意的是，data.txt 文件与“C15-phone.c”在同一个文件夹中，都保存在“E:\Dev-Cpp”文件夹中，如图 15.11 所示。

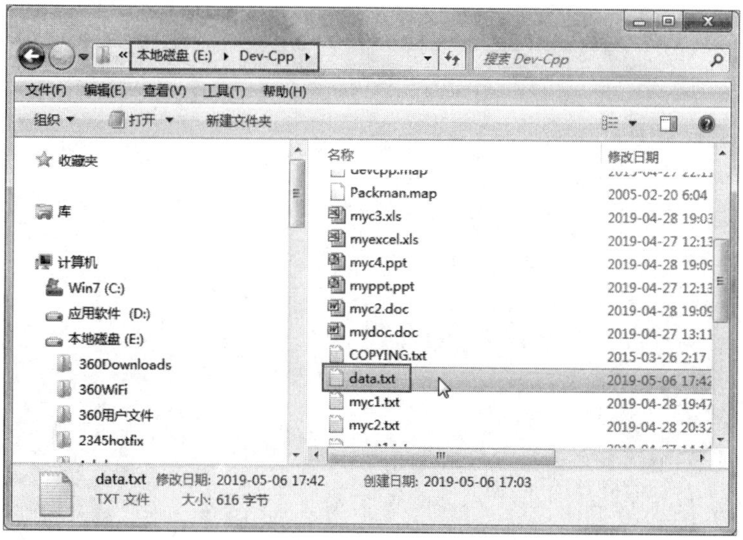

图 15.11 data.txt 文件的位置

这时双击 data.txt 文件，就可以打开该文件，会发现是乱码，如图 15.12 所示。

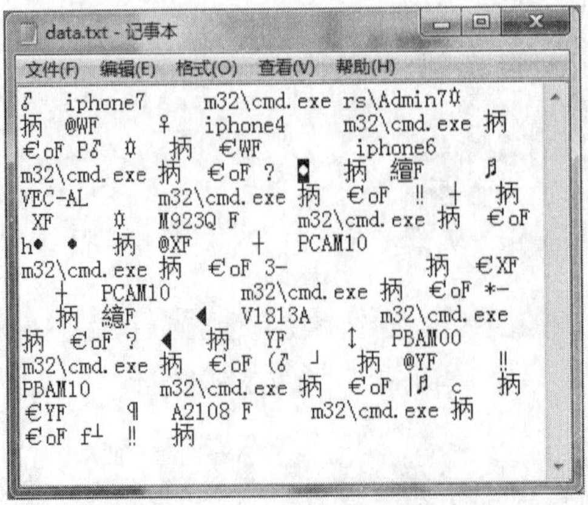

图 15.12　data.txt 文件的内容

文件内容是乱码的原因：这里是用二进制方式写入内容的，这样可以更好地保护商业数据，不易泄密。

15.5　读取手机信息

读取手机信息，即从文件 data.txt 中读取手机信息，这样就不用每次都要增加手机数据信息。

编写读取手机信息函数 myread()，具体代码如下：

```
void myread()
{
    FILE *fp;        //文件指针
    //以二进制方式打开文件
    if((fp=fopen("data.txt","rb+"))==NULL)
    {
            printf("不能打开文件！");
            exit(0);
    }
     do
    {
            p1=malloc(sizeof(myphone));
            if(n==0)                                    //判断链表开头
            {
                    head=p1;                            //n=0 代表输入的是第一个数据
            }
            else
            {
                            p2->next=p1;;               //p2 的结尾所指向的地址是 p1
            }
            fread(p1,sizeof(myphone),1,fp);
            p2=p1;
            n+=1;
     }while(p2->next!=NULL);
     fclose(fp);
    printf("手机信息读取完成！\n\n");
```

```
    system("pause");
    system("cls");
}
```

最后要把主函数中 //myread(); 前的“//”删除，即当程序运行时，输入“7”就可以调用 myread() 函数。

单击菜单栏中的“运行 / 编译运行”命令（快捷键：F11），运行程序，这时就会显示手机销售管理系统的菜单界面。然后输入“7”，回车，就会显示“手机信息读取完成！”，如图 15.13 所示。

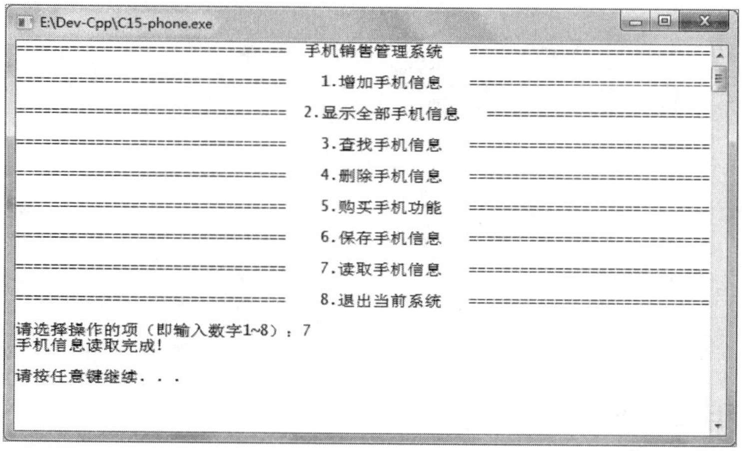

图 15.13　手机信息读取完成

按键盘上的任一键，返回到手机销售管理系统的菜单界面。输入“2”，回车，就可以显示读取的所有手机信息，如图 15.14 所示。

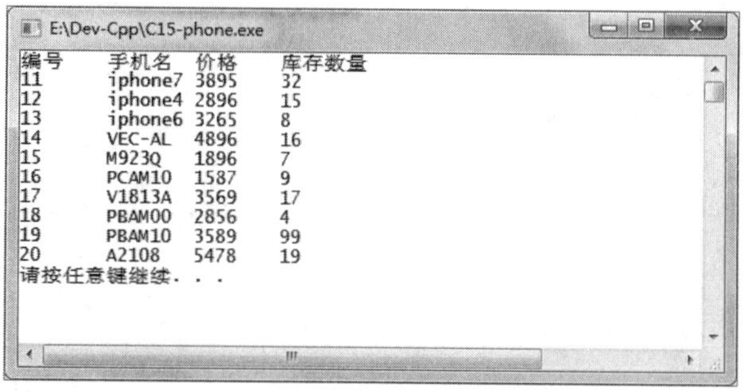

图 15.14　显示读取的所有手机信息

15.6　查找手机信息

查找手机信息，可以利用价格来查找，例如价格在 1000 到 4000 元之间的手机信息。

也可以利用编号来查找，还可以利用库存数量来查找。当然也可以利用手机名来查找。

15.6.1 利用价格查询手机信息

编写利用价格查询手机信息函数 findprice()，具体代码如下：

```
void findprice ()
{
    int myprice1,myprice2 ;
    printf("请输入要买手机的最高价格：");
    scanf("%d",&myprice1);
    printf("请输入要买手机的最低价格：");
    scanf("%d",&myprice2);
    p=head;            //p 先指向开头
    do
    {
            if(p->price>=myprice2 && p->price<=myprice1 )
            {
                    printf("编号\t手机名\t价格\t库存数量\n");
    printf("%-8d%-8s%-8d%-8d\n",p->number,p->name,p->price,p->num);
            }
            p=p->next;                      //指针指向下一个节点
    }while(p!=NULL);
    system("pause");
    system("cls");
}
```

15.6.2 利用编号查询手机信息

编写利用编号查询手机信息函数 findnumber()，具体代码如下：

```
void findnumber ()
{
    int mynumber ;
    printf("请输入要买手机的编号：");
    scanf("%d",&mynumber);
    p=head;                                 //p 先指向开头
    do
    {
            if(p->number==mynumber )
            {
                    printf("编号\t手机名\t价格\t库存数量\n");
    printf("%-8d%-8s%-8d%-8d\n",p->number,p->name,p->price,p->num);
            }
            p=p->next;                      //指针指向下一个节点
    }while(p!=NULL);
    system("pause");
    system("cls");
}
```

15.6.3 利用库存数量查询手机信息

编写利用库存数量查询手机信息函数 findnum()，具体代码如下：

```
void findnum ()
{
    int mynum1,mynum2 ;
    printf("请输入要买手机的最大库存数量：");
    scanf("%d",&mynum1);
```

```
    printf(" 请输入要买手机的最小库存数量: ");
    scanf("%d",&mynum2);
    p=head;         //p 先指向开头
    do
    {
            if(p->num>=mynum2 && p->num<=mynum1 )
            {
                    printf(" 编号 \t 手机名 \t 价格 \t 库存数量 \n");
    printf("%-8d%-8s%-8d%-8d\n",p->number,p->name,p->price,p->num);
            }
            p=p->next;                              // 指针指向下一个节点
    }while(p!=NULL);
    system("pause");
    system("cls");
}
```

15.6.4 利用手机名查询手机信息

编写利用手机名查询手机信息函数 findname()，具体代码如下：

```
void  findname ()
{
    char a[30];
    printf(" 请输入要买手机的名称: ");
    scanf("%s",&a);
    p=head;
    do
    {
            if(strcmp(a,p->name)==0)
            {
                    printf(" 编号 \t 手机名 \t 价格 \t 库存数量 \n");
    printf("%-8d%-8s%-8d%-8d\n",p->number,p->name,p->price,p->num);
            }
            p=p->next;                              // 指针指向下一个节点
    }while(p!=NULL);
    system("pause");
    system("cls");
}
```

15.6.5 调用各种查询函数实现分类查找功能

编写 myfind() 函数，调用各种查询函数实现分类查找功能，具体代码如下：

```
void myfind()
{
    if(n!=0)
    {
            int a;
            system("cls");
            printf("1. 按价格查找手机信息 \n2. 按编号查找手机信息 \n");
            printf("3. 按库存数量查找手机信息 \n4. 按手机名查找手机信息 \n\n");
            printf(" 请选择操作的项 (即输入数字 1~4) :") ;
            scanf("%d",&a);
            switch(a)
            {
            case 1:
                    findprice();
                    break;
            case 2:
                    findnumber();
                    break;
```

```
            case 3:
                    findnum();
                    break;
            case 4:
                    findname();
                    break;
            }
    }
    else
    {
            printf("还没有手机数据信息!\n");
            system("pause");
    }
}
```

最后要把主函数中 // myfind(); 前的“//”删除，即当程序运行时，输入“3”就可以调用 myfind() 函数。

15.6.6 查找手机信息效果

编写好各个查找手机信息函数后，下面来看一下运行效果。

单击菜单栏中的“运行 / 编译运行”命令（快捷键：F11），运行程序，这时就会显示手机销售管理系统的菜单界面。然后输入“3”，回车，这时显示“还没有手机数据信息！”，如图 15.15 所示。

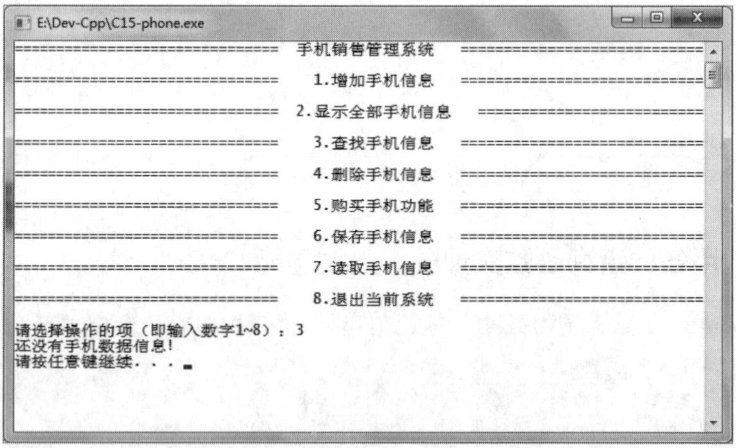

图 15.15　显示“还没有手机数据信息! ”

按键盘上的任一键，返回到手机销售管理系统的菜单界面。输入“7”，回车，就可以从 data.txt 文件中读取手机数据信息，如图 15.16 所示。

按键盘上的任一键，返回到手机销售管理系统的菜单界面。然后输入“3”，回车，这时如图 15.17 所示。

在这里输入“1”，即按价格查找手机信息；输入“2”，即按编号查找手机信息；输入“3”，即按库存数量查找手机信息；输入“4”，即按手机名查找手机信息。

在这里先输入“1”，然后回车，如图 15.18 所示。

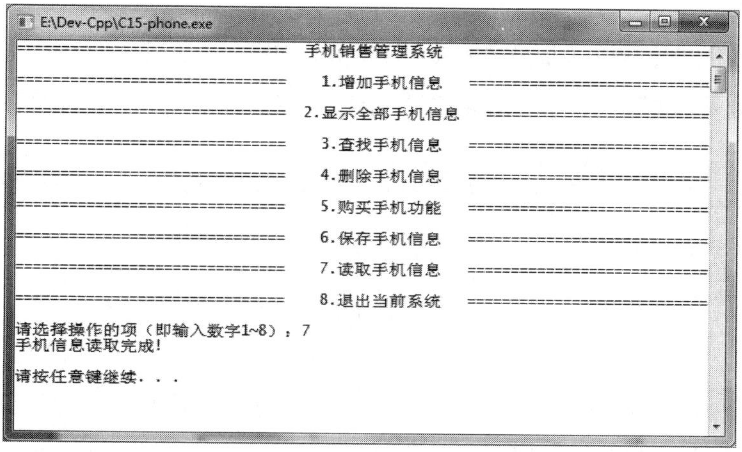

图 15.16　从 data.txt 文件中读取手机数据信息

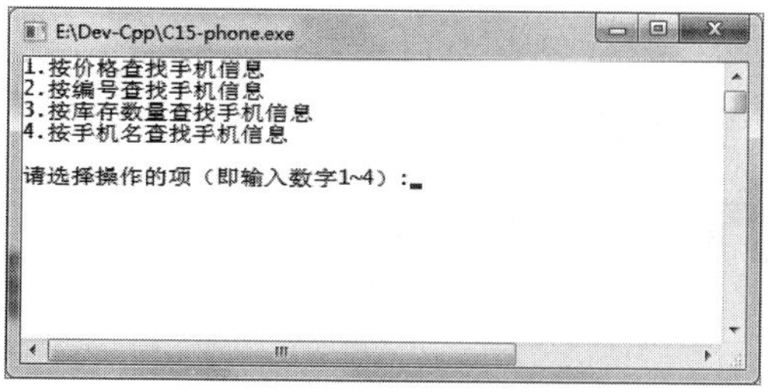

图 15.17　查找手机信息

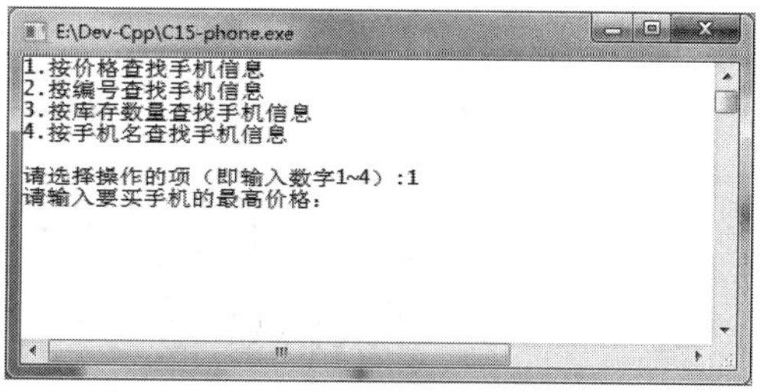

图 15.18　显示“请输入要买手机的最高价格”

在这里输入“4000”，然后回车，这时提醒“请输入要买手机的最低价格”，在这里输入“2000”，然后回车，就可以看到价格在 2000 到 4000 之间的手机信息，如图 15.19 所示。

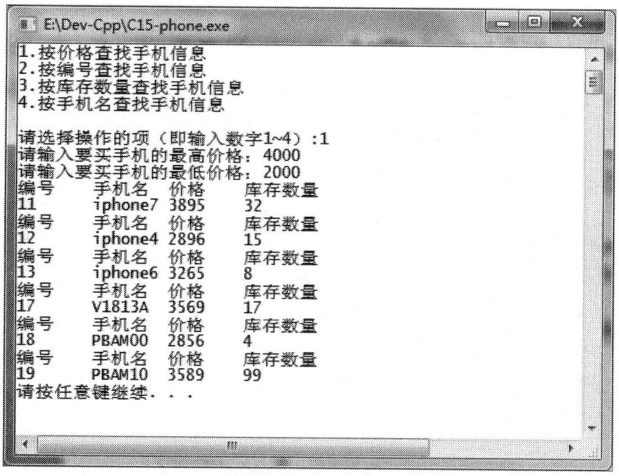

图 15.19　价格在 2000 到 4000 之间的手机信息

按键盘上的任一键，返回到手机销售管理系统的菜单界面。然后输入“3”，回车，进入查找手机信息界面。

然后输入“2”，回车，提醒“输入要买手机的编号”，如图 15.20 所示。

在这里输入“15”，然后回车，就可以看到编号为 15 的手机信息，如图 15.21 所示。

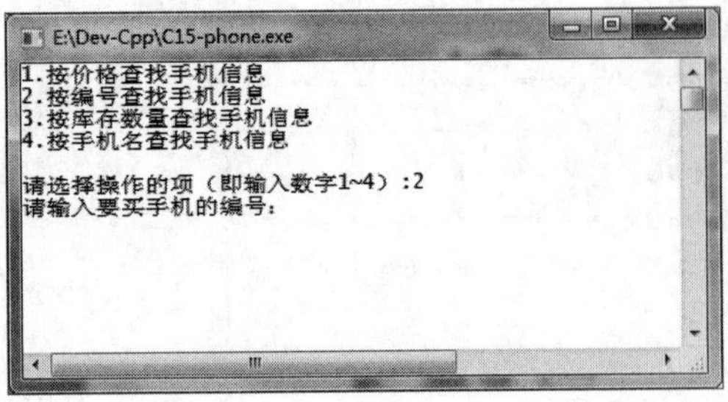

图 15.20　提醒“请输入要买手机的编号”

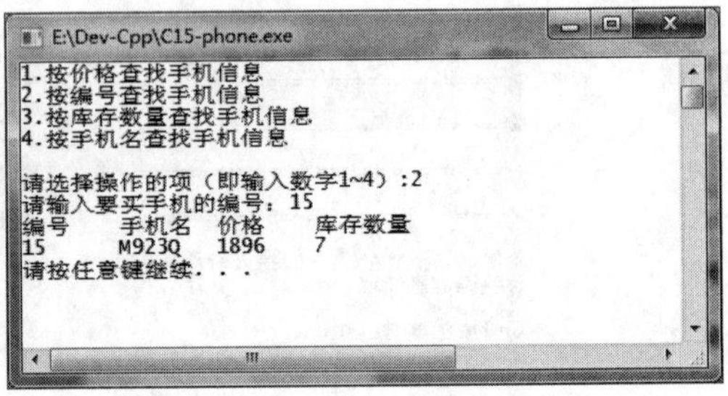

图 15.21　编号为 15 的手机信息

按键盘上的任一键，返回到手机销售管理系统的菜单界面。然后输入“3”，回车，进入查找手机信息界面。

然后输入“3”，回车，提醒“请输入要买手机的最大库存数量”，如图 15.22 所示。

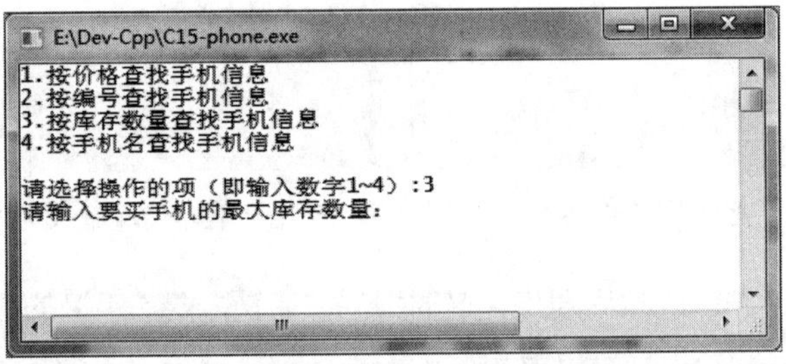

图 15.22　提醒“请输入要买手机的最大库存数量”

在这里输入“15”，然后回车，这时提醒“请输入要买手机的最小库存数量”，在这里输入“5”，然后回车，就可以看到库存数量在 5 到 15 之间的手机信息，如图 15.23 所示。

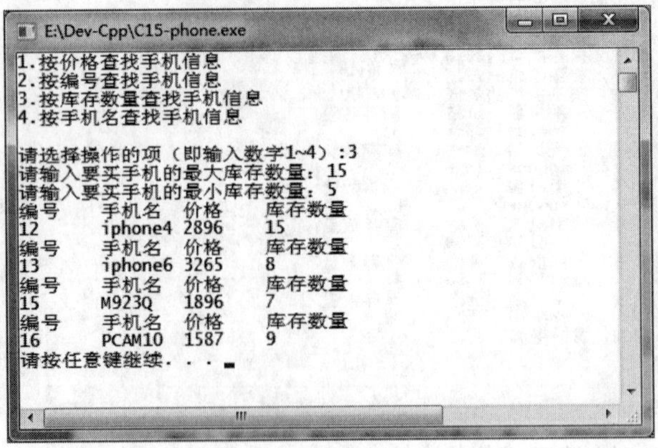

图 15.23　库存数量在 5 到 15 之间的手机信息

按键盘上的任一键，返回到手机销售管理系统的菜单界面。然后输入“3”，回车，进入查找手机信息界面。

然后输入“4”，回车，提醒“请输入要买手机的名称”，如图 15.24 所示。

在这里输入“iphone6”，然后回车，就可以看到手机名为 iphone6 的手机信息，如图 15.25 所示。

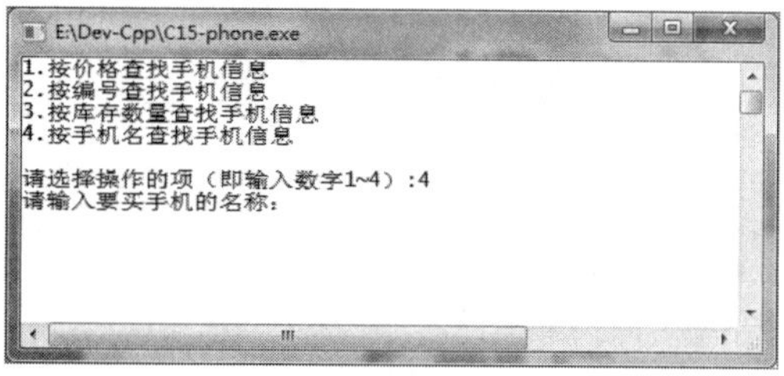

图 15.24　提醒“请输入要买手机的名称”

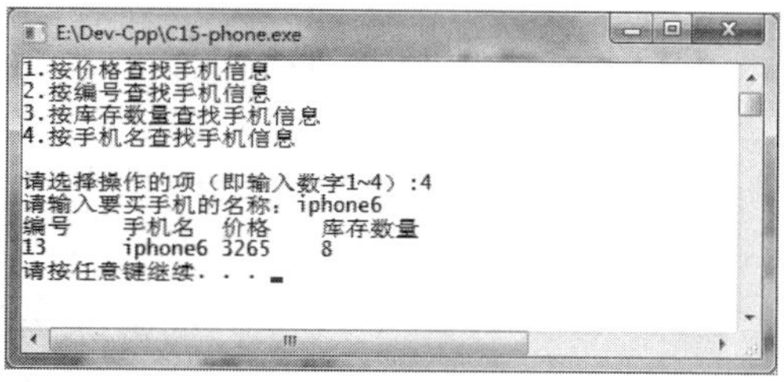

图 15.25　手机名为 iphone6 的手机信息

15.7　购买手机功能

用户通过查找手机信息功能，可以找到适合自己实际情况的手机，然后就可以购买了。

编写购买手机功能函数 mybuy()，具体代码如下：

```
void mybuy()
{
    if(n!=0)
    {
            int knumber;
            printf("请输入要购买手机的编号：");
            scanf("%d",&knumber);
            p=head;
            do
            {
                    if(p->number==knumber)
                    {
                            p->num = p->num -1 ;            //库存数量减1
                            printf("已成功购买编号为%d的手机!\n",knumber) ;
                            break;
                    }
                    p=p->next;                              //指针指向下一个节点
            }while(p!=NULL);
    }
    else
    {
            printf("还没有手机数据信息!\n");
    }
    system("pause");
    system("cls");
}
```

最后要把主函数中 // mybuy(); 前的“//”删除，即当程序运行时，输入“5”就可以调用 mybuy() 函数。

单击菜单栏中的“运行 / 编译运行”命令（快捷键：F11），运行程序，这时就会显示手机销售管理系统的菜单界面。然后输入“5”，回车，这时显示“还没有手机数据信息 !”，如图 15.26 所示。

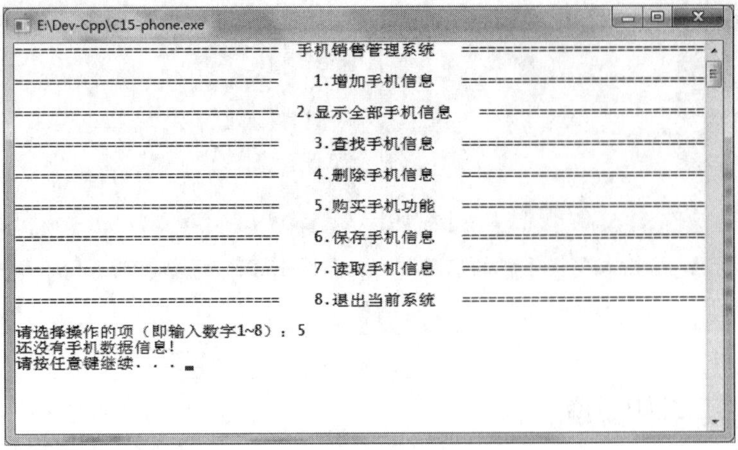

图 15.26　显示“还没有手机数据信息！”

按键盘上的任一键，返回到手机销售管理系统的菜单界面。输入“7”，回车，就可以从 data.txt 文件中读取手机数据信息。

这时再输入“5”，回车，就会提醒“请输入要购买手机的编号”，如图 15.27 所示。

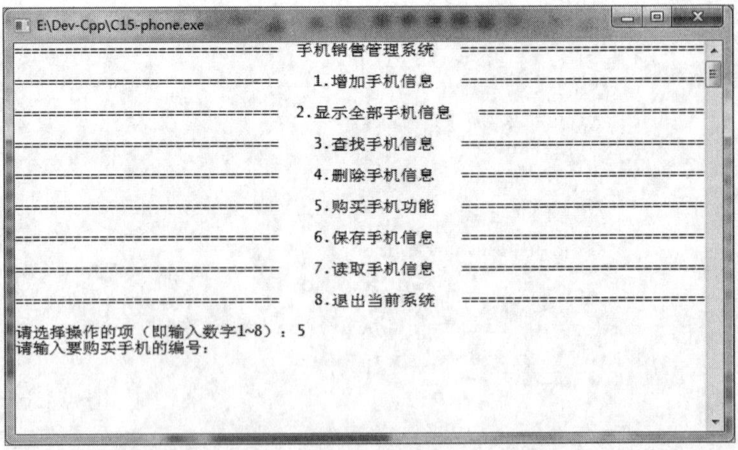

图 15.27　提醒“请输入要购买手机的编号”

在这里输入“11”，然后回车，就可以看到“已成功购买编号为 11 的手机 !”，如图 15.28 所示。

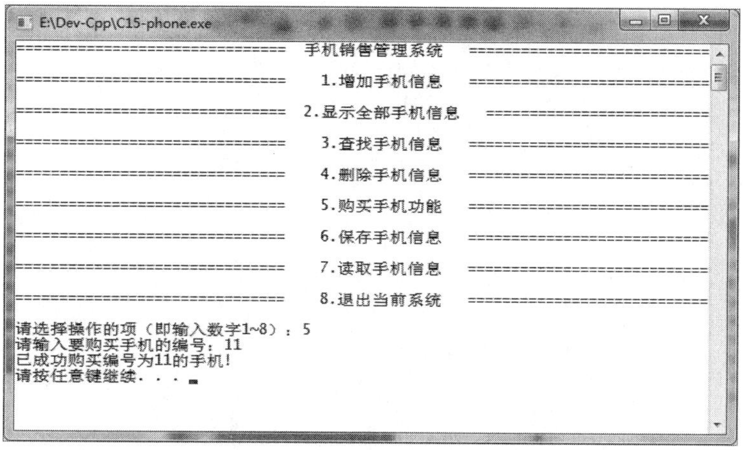

图 15.28　已成功购买编号为 11 的手机

按键盘上的任一键，返回到手机销售管理系统的菜单界面。输入“2”，回车，这时就会发现，编号为 11 的手机库存数量少了一个，即由 32 变成 31，如图 15.29 所示。

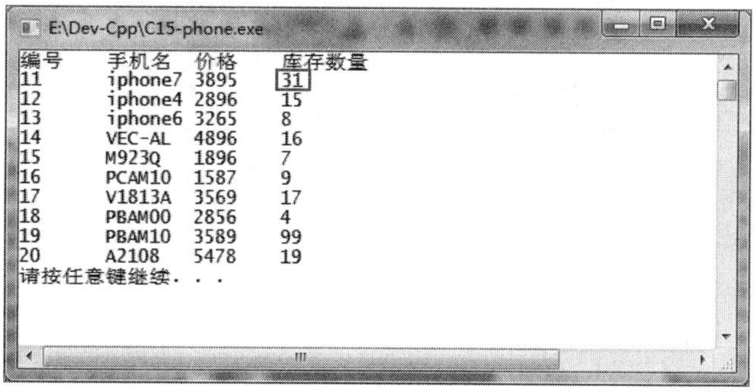

图 15.29　编号为 11 的手机库存数量少了一个

需要注意的是，这时只是文件指针中的数据修改了，但文本文件 data.txt 中的数据还没有修改。要想修改，还要再保存手机信息。

按键盘上的任一键，返回到手机销售管理系统的菜单界面，然后输入“6”，回车即可。

15.8　删除手机信息

编写删除手机信息函数 mydel()，具体代码如下：

```
void mydel()
{
    if(n!=0)
    {
        myphone *f,*l;          //定义新的指针 f 使用来指向要删除的数据用来释放内存！
        int knumber;
```

```
            printf("请输入要删除手机的编号：");
            scanf("%d",&knumber);
            p=head;
            if(head->number==knumber)
            {
                    f=head;
                    head=head->next;
                    free(f);
            }
            else
            {
                    do
                    {
                            if(p->number==knumber)
                            {
                                    f=p;
                                    l->next=p->next;
                                    free(f);
                                    break;
                            }
                            l=p;           // 不满足 if 表示这不是要删除的那一个节点
                            p=p->next;
                    }while(p!=NULL);
            }
          printf("编号为 %d 的手机数据信息已经被删除！\n",knumber);
    }
    else
    {
            printf("还没有手机数据信息！\n");
    }
    system("pause");                              // 冻结屏幕
    system("cls");                                // 清屏
}
```

最后要把主函数中 // mydel(); 前的“//”删除，即当程序运行时，输入“4”就可以调用 mydel() 函数。

单击菜单栏中的“运行 / 编译运行”命令（快捷键：F11），运行程序，这时就会显示手机销售管理系统的菜单界面。然后输入“4”，回车，这时显示“还没有手机数据信息！”，如图 15.30 所示。

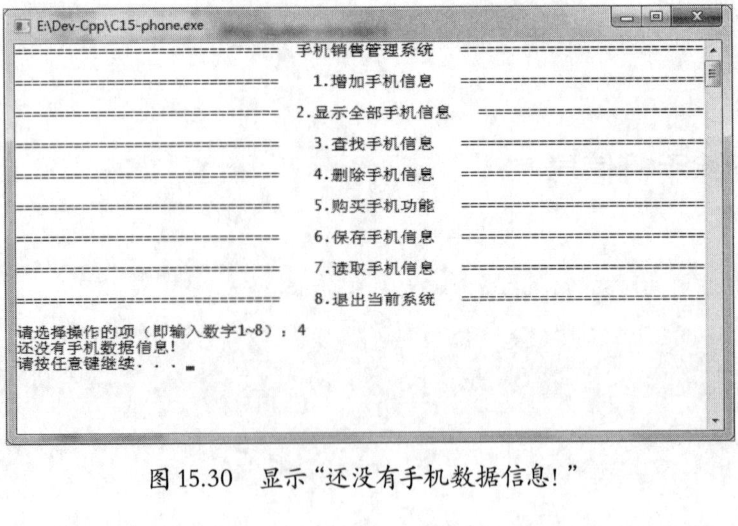

图 15.30　显示“还没有手机数据信息！”

按键盘上的任一键，返回到手机销售管理系统的菜单界面。输入“7”，回车，就可以从 data.txt 文件中读取手机数据信息。

这时再输入“4”，回车，就会提醒“请输入要删除手机的编号”，如图 15.31 所示。

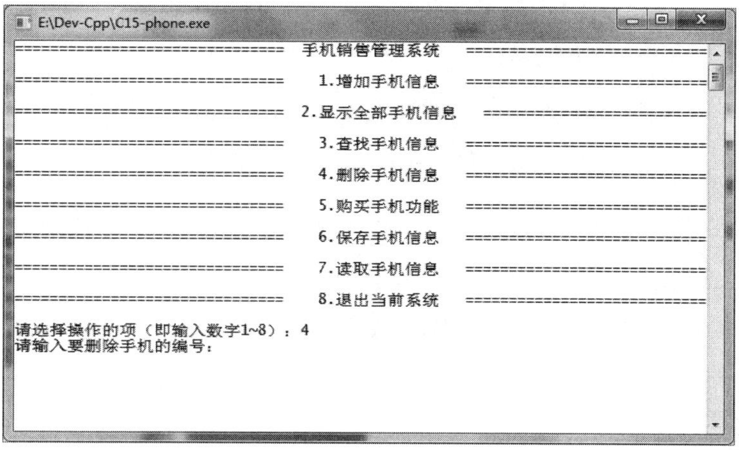

图 15.31　提醒“请输入要删除手机的编号”

在这里输入“11”，然后回车，就可以看到“编号为 11 的手机数据信息已经被删除 !”，如图 15.32 所示。

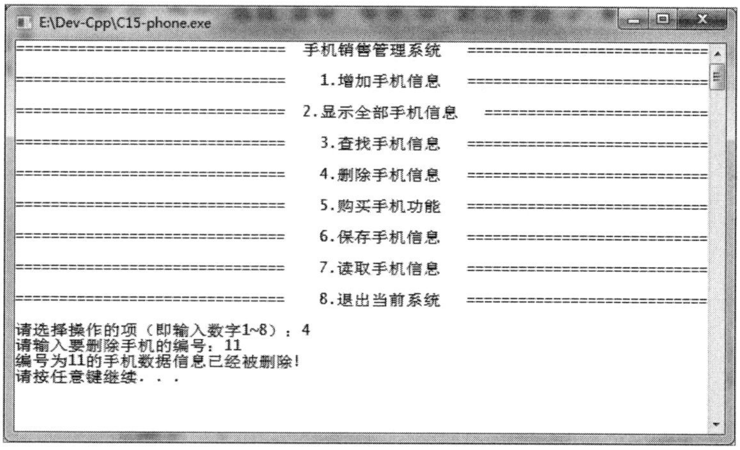

图 15.32　已成功删除编号为 11 的手机数据信息

按键盘上的任一键，返回到手机销售管理系统的菜单界面。输入“2”，回车，这时就会发现，编号为 11 的手机信息已不存在，如图 15.33 所示。

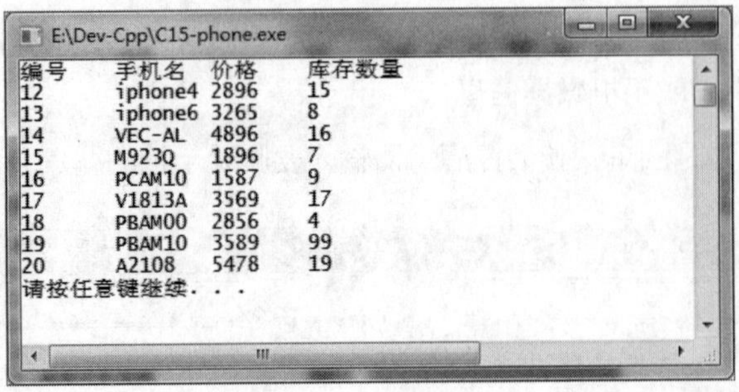

图 15.33　编号为 11 的手机信息已不存在

需要注意的是，这时只是文件指针中的数据删除了，但文本文件 data.txt 中的数据还没有删除。要想删除，还要再保存手机信息。

按键盘上的任一键，返回到手机销售管理系统的菜单界面，然后输入“6”，回车即可。